计算机类技能实战系列丛书
创新型计算机“十四五”精品教材

U0814716

# Scratch编程与算法

主　编◎刘汉杰　罗冬梅　梁金蓉
副主编◎马洪凯
主　审◎陈继红　胡　橘

哈尔滨工程大学出版社
Harbin Engineering University Press

## 内 容 简 介

本书是对图形化编程语言 Scratch 全面讲解的编程指南，系统地介绍了 Scratch 图形编程的各功能模块的使用。本书共 9 个项目，包括 Scratch 基本知识、运动和循环、逻辑决定分支结构、“大数据”利器——列表、“数”的基本知识、递归的用法、分形几何图、多种方法求 π 的近似值、进阶应用。

本书结构清晰，图文并茂，案例丰富，操作性强，既可作为职业院校相关专业的教材，也可作为动画设计师和编程爱好者的参考用书。

**图书在版编目（CIP）数据**

Scratch 编程与算法 / 刘汉杰，罗冬梅，梁金蓉主编. 哈尔滨 : 哈尔滨工程大学出版社，2025. 1. -- ISBN 978-7-5661-4643-4

Ⅰ. TP311.1

中国国家版本馆 CIP 数据核字第 2025BY4801 号

Scratch 编程与算法
Scratch BIANCHENG YU SUANFA

**策划编辑** 张林峰
**责任编辑** 吴振雷

| | |
|---|---|
| 出版发行 | 哈尔滨工程大学出版社 |
| 社　　址 | 哈尔滨市南岗区南通大街 145 号 |
| 邮政编码 | 150001 |
| 电　　话 | 0451-82519989 |
| 经　　销 | 新华书店 |
| 印　　刷 | 三河市中晟雅豪印务有限公司 |
| 开　　本 | 787 mm×1 092 mm　1/16 |
| 印　　张 | 13.5 |
| 字　　数 | 345 千字 |
| 版　　次 | 2025 年 1 月第 1 版 |
| 印　　次 | 2025 年 1 月第 1 次印刷 |
| 书　　号 | ISBN 978-7-5661-4643-4 |
| 定　　价 | 49.80 元 |

http://www.hrbeupress.com
E-mail:heupress@hrbeu.edu.cn

# 前　言

党的二十大报告指出，“坚持尊重劳动、尊重知识、尊重人才、尊重创造，实施更加积极、更加开放、更加有效的人才政策”“着力形成人才国际竞争的比较优势。加快建设国家战略人才力量”“深化人才发展体制机制改革……把各方面优秀人才集聚到党和人民事业中来”。

在当今数字化高速发展的时代，编程已经成为一项越来越重要的技能。对于学生来说，掌握编程技术不仅能够提升专业素养，更能为未来的职业发展开辟广阔的道路。Scratch 是一个理想的编程入门平台，它以直观的界面、丰富的功能和趣味性，深受广大学生的喜爱。本书具有以下特点。

（1）内容系统全面。本书涵盖了 Scratch 编程的各个方面，从基础的界面介绍、编程模块讲解，到复杂的项目开发和算法应用，逐步引导学生深入掌握 Scratch 编程技术。同时，书中融入了大量的实际案例和项目习题，帮助学生巩固所学知识，提高编程实践能力。

（2）强调算法思维。算法是编程的核心，也是计算机科学的重要组成部分。本书在介绍 Scratch 编程的同时，注重培养学生的算法思维，让学生了解算法的基本原理和应用场景，提高学生的逻辑思维能力和解决问题能力。

（3）注重实践操作。本书通过详细的步骤指导和丰富的案例分析，让学生在实际操作中感受编程的乐趣和魅力，同时培养动手能力。

本书由刘汉杰、罗冬梅、梁金蓉担任主编，由马洪凯担任副主编，由陈继红（眉山职业技术学院）、胡橘（四川财经职业学院）担任主审。本书的相关资料和售后服务可扫描封底微信二维码或登录 www.bjzzwh.com 下载获得。



由于编者水平有限，书中难免存在疏漏和不当之处，敬请广大读者批评指正。

编　者

# 目 录

# 绪　论

## 一、本书主要内容及学习建议

新世纪，计算思维的概念在许多教育领域的研讨中取得了较大进展。这一术语并非是指熟练操作计算机的能力，而是指一种将实际问题抽象概念化之后使用计算机来解决的能力。越来越多的人相信除了语言和基本的数学技能外，也需要培养这种计算思维的能力。

本书把 Scratch 编程的基本算法、工具和中小学的部分数学知识紧密结合起来，以数学知识为原理，以 Scratch 代码来解决一些经典有趣的数学问题，带领读者从一个全新的角度来认识编程、体验编程和学习编程。希望这样的尝试有助于读者了解编程教育的目的——促进数学等主要科目的学习，培养思维能力和解决实际问题的能力。

项目 1：介绍 Scratch 编程的环境；学习与数学有关的不同类型的积木块；完成一个 Scratch 3.0 程序，并学会保存程序文件。

项目 2：介绍 Scratch 的运动指令、画笔和循环结构，并使用它们画各种平面图形、画函数图像和解析几何图形。根据 Scratch 的特点，突出了用极坐标法画图的优势。

项目 3：介绍 Scratch 的分支结构以及逻辑关系运算，训练逻辑思维的益智小游戏制作，解决二分法猜测、求近似值等数学问题。

项目 4：介绍 Scratch 的列表的一些应用。统计计算、排序、高仿真模拟万花尺，模拟钟摆、画频率直方图、斐波拉契数列和黄金分割数，特别是用列表实现了 Scratch 所没有内置的复数运算，创建了曼德勃罗特集和朱利亚集，画出了复杂惊艳的分形图形。

项目 5：通过 Scratch 编程的算法练习，多种方法求最大公约数和最小公倍数，寻找到了自然常数 e、爱因斯坦台阶级数、完美数、素数、梅森素数、亲和数等著名的数，验证了冰雹(角谷)猜想和哥德巴赫猜想。

项目 6：主要介绍了如何用 Scratch 实现递归算法，求有规律的计算、数列问题、最大公约数问题、递归排序、汉诺塔问题、具有递推关系的组合数问题以及互相调用递推关系的数列问题。

项目 7：由于分形几何内容丰富多彩，对理解递归算法有直观有趣的效果二叉树、多叉树、蕨类图、毕达哥拉斯树、科赫(Koch)曲线及其变种、谢尔宾斯基分形(三角、地毯及变种)、莱维 C 型曲线、五边形梅花、皮亚诺曲线、H 分形、井字分形、多边形雪花等较复杂的分形，简要介绍了混沌游戏生成分形图。

项目 8：鉴于圆周率的独特地位，主要介绍了 10 余种用 Scratch 编程模拟求圆周率的方法：割圆术法、蒙特卡洛投点法、布封实验法、构成钝角三角形实验法、欧拉等式与查理斯实验方法、随机游走实验方法、公式法、沙波法、布朗开罗连分数法以及韦达公式法等。

项目 9：在前面已经积累了一些基本的算法实践和编程解数学问题技巧的基础上，介绍综合使用循环结构、分支结构、模拟矩阵的长列表、角色克隆、分治、递归、动态规划、遗传算法、元胞自动机等数据结构和算法，解决一些更富有挑战性的数学问题，如用 Scratch 变换坐标画立体心形图、画莫比乌斯带、画巴恩斯利蕨类分形，杨辉三角，画 90 个旋转的正三角形，大数乘法，01 背包问题，最长回文子串问题，遗传算法与旅行商问题，元胞自动机，最后以用微积分思想模拟蚂蚁爬绳问题结尾。

## 二、本书研究对象和学习目的

本书采用“项目教学法”，带领读者循序渐进，一步步去制作各种 Scratch 项目，解决一些典型的数学和算法问题。通过学习本书，会改变 Scratch 只能解决一些“小儿科”问题的刻板印象，能够在创意设计和创意实现的过程中，切身感受算法的魅力和数学的优美。

在项目讲解中会突出重点难点，不拘泥于繁杂的细节，随时展示功能实现的技巧，引导读者通过阅读和程序搭建，对更深入的内容进行必要的思考。同时，本书还会对一些典型积木指令块、变量、列表与其他编程语言进行联系与对比，比如自定义积木的返回值和列表项目的起始编号与 python 等其他语言不同，Scratch 没有矩阵和复数运算，可用“长列表”实现矩阵功能，用列表实现复数运算，让读者感受到 Scratch 和其他非图形化编程语言之间的异同，在替代功能的实现中，提高分析问题和解决问题的能力，在鲜活有趣的案例中潜移默化，感悟算法的精髓，这在后续学习其他编程语言时很有意义。

## 三、本书学习方法

本书所写源码均经编者动手编写并一一运行验证，基本完整展示与内容同步的源代码和运行结果截图，读者要建立程序，不能复制粘贴，必须手脑并用亲自搭建，这样看似不那么“方便”，事实上通过实践过手、试错并调试自己的代码块，读者将避免实操能力薄弱的问题，对每个代码块的功能有更深的理解。每个项目后均配备了一定数量且有一定挑战性的自主课后习题，这是本书重要的组成部分。

本书适合所有正在学习编程和想用编程学习算法和数学的读者，特别适合处于初级阶段的读者。如果是 Scratch 学习者，可以通过本书将自己不断增长的编程技能应用于解决数学中的一些几何、三角和代数典型趣题，其中用“初等方法”解决一些更前沿、更深入的数学算法问题，例如，无穷级数、递归分治算法、元胞自动机、遗传算法和内容丰富的分形图等非凡的项目，故本书也可供高校学生和喜欢编程的数学爱好者参考。

本书力图以 Scratch 项目平易、直观、灵动的特点，使得读者对算法和数学更加理解，跟上人工智能飞速发展的步伐。

## 项目导读

Scratch 是国际流行的图形化编程软件，哪怕没有编程基础、不会编程语言，只要有清晰的思路，就可以通过拖曳各个功能模块的方式，设计出智能互动项目，轻松地把创意变成现实。本项目主要介绍 Scratch 3.0 的基本使用方法，使读者知道使用简单的程序语言就能够学习编程，并能解决许多数学问题。

## 学习目标

- 掌握 Scratch 的编辑界面。
- 了解 Scratch 程序。
- 熟悉与数学有关的指令。
- 能独立完成一个由秦九韶公式计算三角形面积的程序。

## 思政目标

- 培养学生树立正确的科学观、价值观；提高美学素养，学会欣赏“代码之美”和“算法之美”。
- 激发学生科技报国的家国情怀和使命担当，成为德才兼备、全面发展的技能型人才。

01

# 项目1　Scratch基本知识

# 任务 1　Scratch 编程环境

## 任务概述

小明听朋友说 Scratch 编程很有趣，编程者就是编剧，通过搭建代码积木块形成脚本，让一些角色在一个舞台上按照脚本“表演”。他想在这个编程环境中，应该有关于角色操作的，有关于舞台布置的，也应该有搭建脚本的地方、绘制角色和背景的地方，还有做好的程序(脚本)应该有途径保存到文件中等。他和伙伴们急切地想见识这些场景，那就一起走进美妙的 Scratch 编程环境吧!

## 任务重点与实施

单击桌面快捷方式打开离线编辑器，进入 Scratch 项目编辑器，界面如图 1-1 所示。编辑界面大致包含三个部分：右上方的舞台、右下方的角色列表、左边与脚本相关的区域(积木区和脚本区)。左边标签页中除了脚本标签页外，还包括造型标签页和声音标签页。

登录 Scratch 官网，还能看到书包功能，此功能可以分享用户项目，并使用现有项目中的角色和脚本。

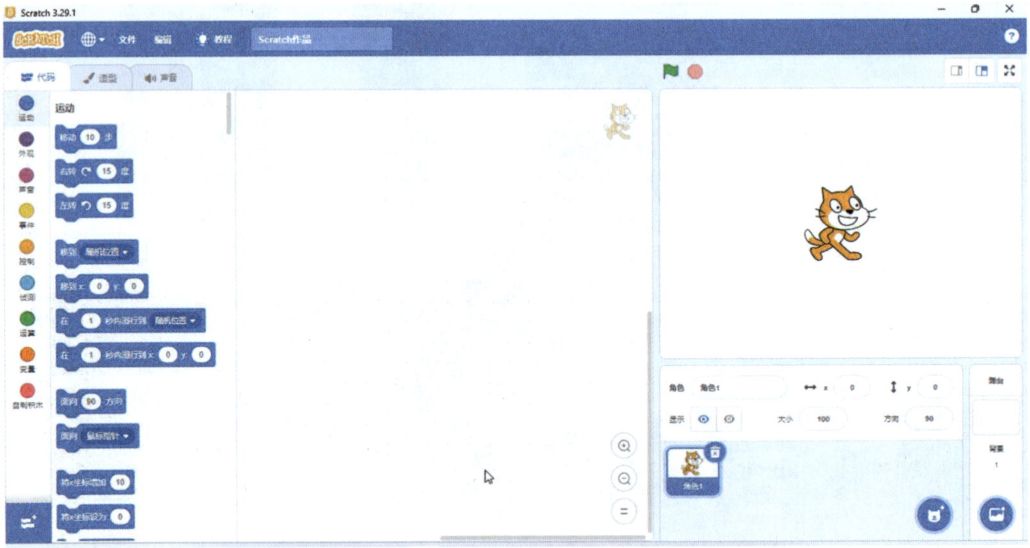


图 1-1　Scratch 3.0 的用户界面

在当前项目中，所有的角色名称及其缩略图都会显示在角色列表中。一个新的 Scratch 项目默认包含一个白色的舞台和一只猫咪的角色，并且只有一个造型，如图 1-2 所示。

图 1-2　新的 Scratch 项目的角色列表

## 1.1.1 角色、角色库和角色窗格

(1)单击，右边出现四个按钮，如图 1-3 所示。通过上传、在 Scratch 的素材库里随机选择、在内置的绘图编辑器里自己绘制(用户可以在这里手绘一个造型)、在 Scratch 的素材库里自主选择四种方式，向当前项目添加新的角色。

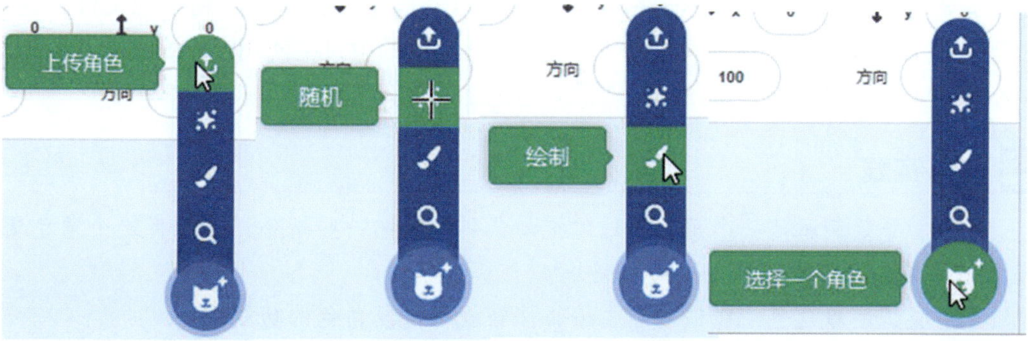


(a)　　(b)　　(c)　　(d)

图 1-3　添加角色的四种选项按钮

(2)尝试使用角色列表上的各种按钮，添加一些角色到当前项目中，用户可以拖拽角色缩略图改变角色列表的排放顺序。

### 1. 造型标签页操作

造型其实就是一张图像，可以把它想象成衣柜，一个衣柜里可以挂着许多衣服，但是角色在某一个时刻只能挑选一件衣服穿。换言之，角色在任何时刻只能展现出一个造型，可以通过改变角色的造型来改变角色的外观。

首先选中角色 Cat，然后单击造型标签页。造型标签页功能如图 1-4 所示，角色 Cat 默认包含两个造型：造型 1 和造型 2。高亮显示的造型(本例中是造型 1)代表当前选中的造型。

用鼠标右键单击造型缩略图，会看到一个菜单，其中包含两个选项：复制、导出。

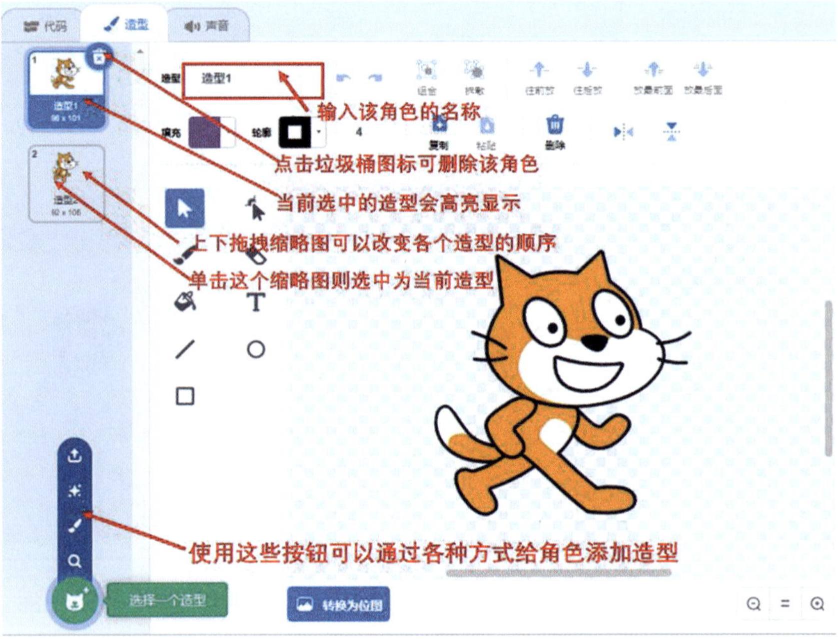
代码
造型
声音
输入该角色的名称
点击垃圾桶图标可删除该角色
当前选中的造型会高亮显示
上下拖拽缩略图可以改变各个造型的顺序
单击这个缩略图则选中为当前造型
使用这些按钮可以通过各种方式给角色添加造型
选择一个造型
转换为位图

图 1-4　造型标签页可以组织所有的造型

复制选项会新建出一个一模一样的造型，导出则会把这个造型保存到本地文件，这样就能导入(图1-4中的从本地文件中上传造型)到其他的项目中使用。Scratch 3.0 版把删除选项(删除当前右键选中的造型)改放在造型缩略图的右上角。

## 任务实践

(1)动手绘制新建一个角色并通过拖动代码块给它一些指令，然后将这个角色复制，看看这个角色有没有相应的代码块?

(2)尝试删除角色，能通过点击编辑按钮找到恢复角色的功能吗?

(3)尝试把一个角色的代码区的模块拖动到另一个角色的缩略图处，见到晃动就松开，观察目标角色的代码区有何变化?

(4)对舞台的背景、声音、外观等进行一些简单操作，看看舞台能不能运动?

### 2. 声音标签页操作

角色除了脚本和造型外，还能播放声音，这会让程序更生动！例如，当角色快乐或悲伤时发出不同的声音，当角色被击中或错过目标时发出不同的声音。

在声音标签页，可以管理角色播放的声音，如图 1-5 所示。Scratch 甚至可以编辑声音。如有需要，建议你自己探索其中的功能。

第一个按钮可以从 Scratch 素材库中选择声音，第二个按钮可以自己录制声音(如果计算机有麦克风)，第三个按钮可以随机从 Scratch 素材库中选择声音，第四个按钮可以导入现有声音文件。Scratch 可以导入 MP3 和 WAV 等格式的音频文件。

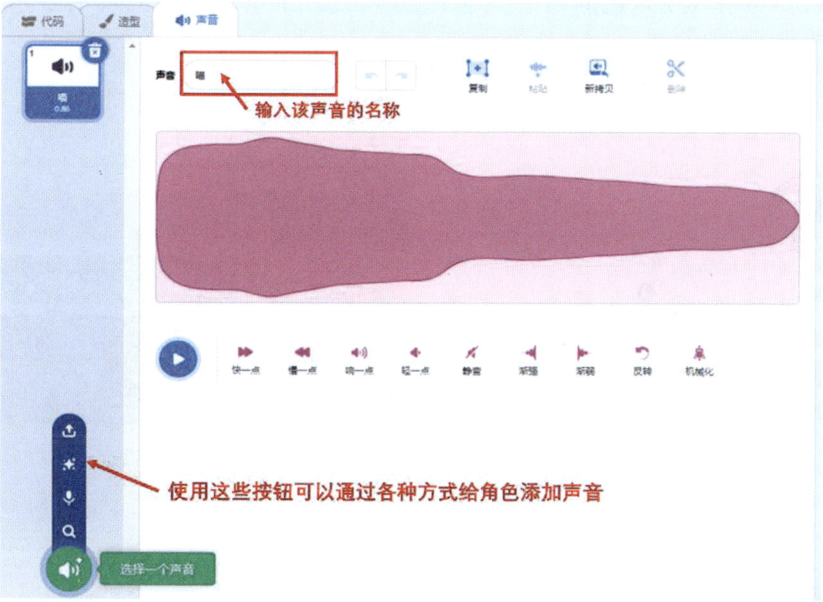


图 1-5　声音标签页管理角色的声音

### 3. 背景标签页操作

单击角色列表右侧的舞台缩略图，会发现中间的标签页名称从造型变成了背景。背景标签页可以管理舞台的背景图片，并在脚本中进行切换和特效处理。例如，在游戏开始前，可能会展示一个背景，当游戏开始后，切换到下一个背景。舞台的背景标签页等价于角色的造型标签页。

## 任务实践

在角色列表右侧舞台缩略图下方，单击从背景库中选择背景按钮，选择名为 xy-grid 的背景后单击确定。Scratch 会把 xy-grid 背景加入项目中并显示该背景。背景 xy-grid 就是一个二维笛卡儿坐标系，在使用动作模块的积木时很有帮助。重复刚才的步骤选择一个喜欢的背景。

### 4. 角色操作

单击角色缩略图的图标可以查看角色信息，如图 1-6 所示。角色信息包括角色的名称、当前($x$, $y$)坐标、当前方向、旋转模式、可视化状态等。各个选项的说明如下。

根据功能介绍，在左上方的编辑框①可以修改角色的名称。第二项 $x$ 和 $y$ 的值②说明了该角色在舞台上的当前坐标。拖动角色，这些数值也会随之而变。角色的方向③说明了角色将会朝哪个方向移动(与“移动…步”积木有关)。拖动蓝色的线能旋转角色。

旋转模式有三个选项：任意旋转、左右翻转、不旋转。当角色改变其方向时，这些选项便控制造型如何显示。为了理解它们的差别，创建如图 1-7 所示的脚本，然后分别选择不同的旋转模式并运行脚本。“等待…秒”在控制模块中。在大小④的框里输入数字(百分比)可以改变角色的大小。显示复选框⑤允许你在设计程序时显示/隐藏当前角色。

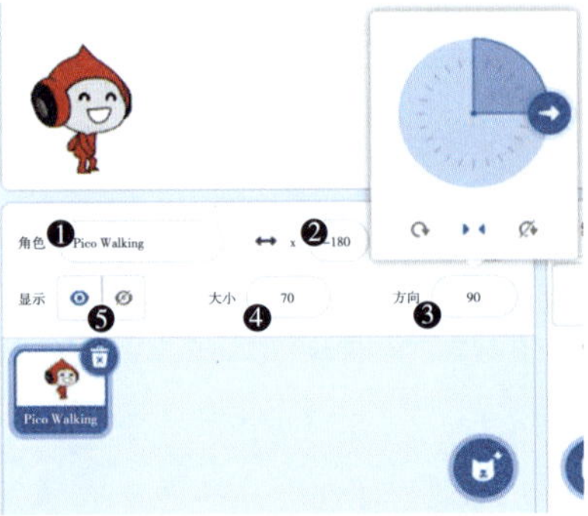


图 1-6　角色信息区域

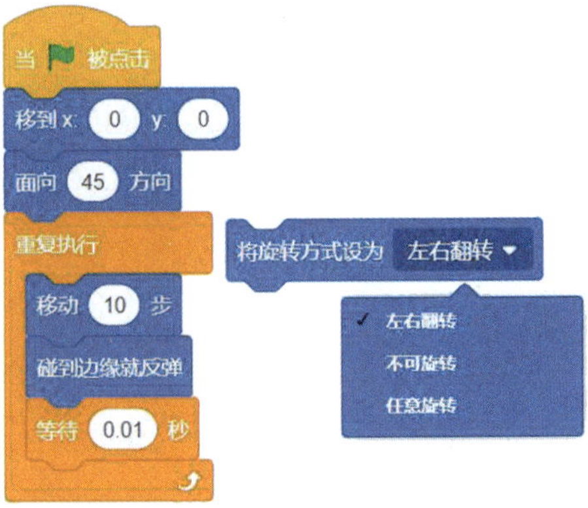


图 1-7　使用不同旋转模式运行该脚本

## 1.1.2　舞台、背景库、舞台窗格

舞台是角色进行移动、绘画、交互的场所。舞台宽为 480 步长、高为 360 步长，如图 1-8 所示。可以把舞台看成一个坐标系，点(0，0)是其中心点，舞台的中心点是 $x=0$ 和 $y=0$。

图 1-8　舞台界面

**专家指点**　单击演示(全屏)模式会隐藏所有的脚本和编程工具，并将舞台放大到全屏。单击绿旗按钮和停止按钮可以启动/停止程序。单击演示模式中左上角的图标或按 Esc 键可以退出演示模式。

根据舞台界面图可以发现在舞台的下方显示了当前选中角色的坐标值，当选中角色在舞台上拖动时，数字会不断地改变。通过这种方式便能得知角色在舞台上的坐标。

### 任务实践

在舞台上用鼠标拖到角色时，请仔细观察角色的坐标值。如果角色超过了舞台的边缘，数值会发生什么变化呢？如果再切换到演示(全屏)模式，舞台又有什么变化呢？

## 1.1.3 积木、积木区

Scratch 3.0 中的积木分为几大模块：运动、外观、声音、画笔、事件、控制、侦测、运算、变量、自制积木，以及更多模块。不同模块用不同的颜色标记，这样就能快速查找到某块积木。Scratch 3.0 包含了超过 100 种积木块，但某些积木仅在特定条件下才会出现。例如，数据模块中的积木仅在创建了变量或列表之后才会出现。下面主要介绍图 1-9 所示的积木区。

用户可以试着单击某块积木，例如，单击动作模块中的移动 10 步，角色将会在舞台上移动 10 个步长。再次单击，角色会继续向前移动 10 步。单击外观模块中的说“Hello！”积木块 2 s，角色就会在说话气泡中显示“Hello！”2 s。如果不了解某块积木的功能，可以单击屏幕顶部的功能块帮助(问号图标)，再单击该积木块。

有些积木块需要一个或更多的输入也叫作参数，它们能说明积木更多的细节。例如，刚才提到的移动 10 步的数字 10 就是一个参数。修改参数有多种方式，如图 1-10 所示。

第一种方式如积木移动 10 步，用户可以直接单击数字 10 的白色区域，然后输入新的数字，例如，图 1-10 中输入了 30。

图 1-9　积木区

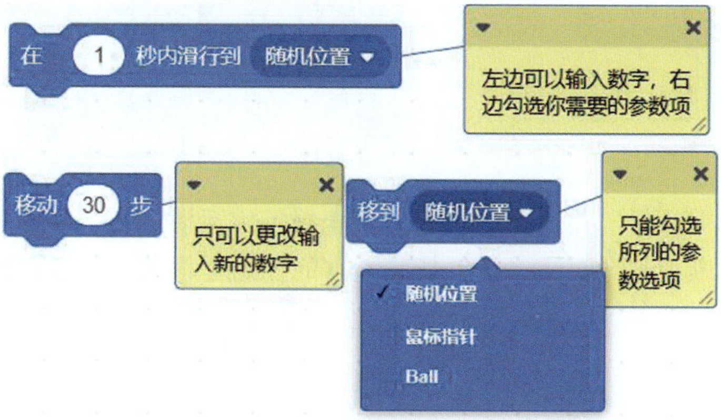


图 1-10　修改参数的多种方式

第二种方式如某个时间内滑行到随机位置或某个对象，单击小三角就能打开下拉菜单，你可以从中选择一个作为参数。同时这种积木比较特殊，因为它也有白色的可输入区域(就像第一种方式)，因此，用户可以在白色输入框内输入某个值作为参数。

第三种方式就像面向某个对象，只能从下拉菜单中选择一个值。

### 任务实践

选择积木区的外观模块并单击不同的积木，尝试修改其中的参数看看都有什么效果。例如，尝试将颜色特效设定为积木的参数分别为 10、20、30 的效果，然后多次单击直到猫咪变回最初的颜色。再尝试该积木下拉菜单的其他特效。如果想清除所有的特效，即还原最初的图像，单击清除所有图形的特效积木(也在外观模块中)。

## 1.1.4 脚本(代码)编辑区

为了让角色动起来，而不只是一张静态的图片，需要给角色编写程序。编程前先选择相应的角色或舞台，再把积木从积木区拖动到脚本区，最后将它们卡合在一起。若积木拖动到脚本区时有灰色高亮提示，说明当前积木块可以和另外一块积木形成有效的连接(图 1-11)。正是由于 Scratch 采用了积木块卡合的编程方式，因此与基于文本的编程语言(如 Python)相比，它可以完全避免因输入不当造成的语法错误。

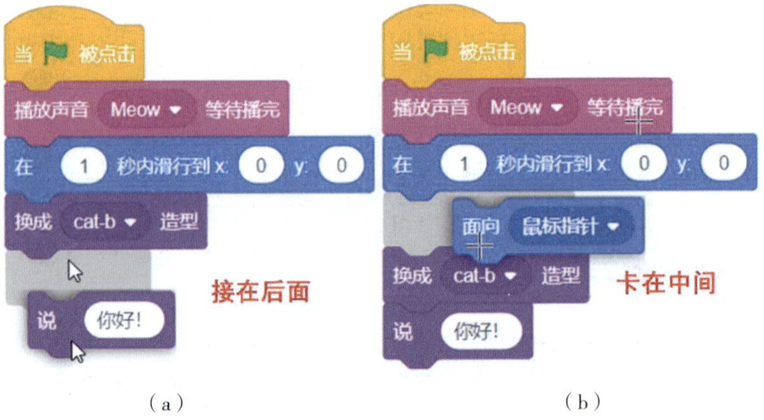

当 被点击
播放声音 Meow 等待播完
在 1 秒内滑行到 x: 0 y: 0
换成 cat-b 造型
说 你好!
接在后面
当 被点击
播放声音 Meow 等待播完
在 1 秒内滑行到 x: 0 y: 0
面向 鼠标指针
换成 cat-b 造型
说 你好!
卡在中间
(a)
(b)

图 1-11　把积木拖动到脚本区，卡合在一起后创建更大的脚本

在创建脚本时，通常并不是将所有的积木拖动完后才运行，换言之，可以在创建脚本的过程中不断地进行测试。单击某段脚本的任意一块积木，这段积木块就会全部运行。

### 任务实践

新建一个空白的 Scratch 项目，在角色 Cat 中创建如图 1-12 的脚本。(重复执行在控制模块中，其余都在动作模块中。)

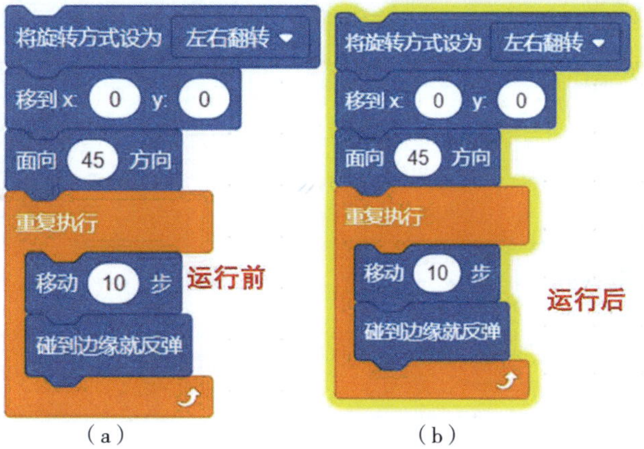
将旋转方式设为 左右翻转
移到x 0 y 0
面向 45 方向
重复执行
移动 10 步
碰到边缘就反弹
运行前
将旋转方式设为 左右翻转
移到x 0 y 0
面向 45 方向
重复执行
移动 10 步
碰到边缘就反弹
运行后
(a)
(b)

图 1-12　脚本运行时积木块周围呈现黄色

先单击脚本的任意一块积木让其运行，黄色边框表明脚本正在运行，如图 1-12(b)脚本所示。用户甚至可以在脚本运行时直接修改各种参数或者向脚本中添加其他积木。例如，在脚本运行时直接修改移动 10 步的参数数字 10。若要停止脚本，再点击一次脚本的任意积木块或者圆形红按钮即可。

假设某段脚本特别长，可以将这段脚本拆分成多个部分单独运行，这是理解调试脚本的最有效的方法。如果要移动整段脚本，用户应当拖动该脚本最上面(因为拖动下面的积木将会把脚本分离成两个部分)的第一块积木。这种拖动方式便于逐步建立自己的项目，每次只编写部分脚本并进行测试，看运行效果是否符合自己的想法，最后把各部分连成一个更大的脚本。

如果把当前角色的脚本复制到另一个角色中，只需把当前角色的脚本拖动到角色列表中另一个角色的缩略图上(需要晃动)松开鼠标即可。

## 1.1.5　代码区

代码区如图 1-13 所示。左边的代码区域，为了方便用户认识和选择不同的指令进行编程，Scratch 把不同的代码指令分成了运动、外观、声音、事件、控制等类型，不同类型的代码指令用不同的颜色表示。

在最左下角可以点击添加扩展按钮(如画笔、音乐、视频、翻译、朗读等功能按钮)，添加自己需要的其他指令。

中间这一块区域就是代码编辑区域，所有的代码都要利用中间的这个代码编辑器进行编辑。只需要根据自己的需要在左边的代码区选择不同的代码指令，用鼠标拖动到代码编辑区域即可。

指令的删除有两种方法。一种方法是点击鼠标右键，选择“删除”命令进行删除；另一种方法是把不需要的指令，用鼠标拖动到左边的代码区域，然后松开鼠标，即可删除。

图 1-13 代码区

## 1.1.6 积木块

Scratch 积木块的四种类型如图 1-14 所示，四种不同类型的积木分别为命令积木、控制积木、触发积木和功能积木。

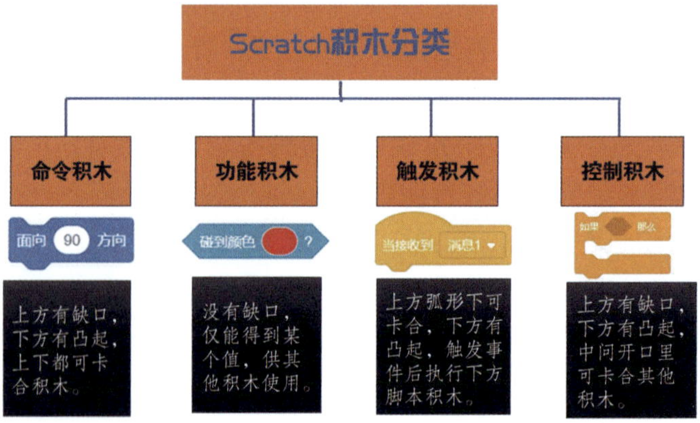


图 1-14 Scratch 积木块的四种类型

### 1. 命令积木和控制积木

命令积木和控制积木(也叫作堆栈积木)两者上方均有一个缺口，下方通常都有凸起，这些缺口和凸起可以卡合在一起形成更长的脚本。

### 2. 触发积木

触发积木(也叫作帽子)的上方是圆形的，无缺口，说明它总是处于一段脚本的起始位置。这种积木会等待某个事件，一旦事件触发，则立刻执行它下方的脚本。例如，按下某个按键或单击某个角色，包括之前的点击绿旗图标，则执行绿旗被点击下方的积木。

### 3. 功能积木

功能积木没有缺口和凸起，因此无法单独使用，通常是作为其他积木块的输入。

因此，功能积木的功能仅仅是得到一个值。如表 1-1 所示，圆角矩形的功能模块得到的是数字或字符串，六边形的功能模块得到的是布尔值(真或假)。

**表 1-1　不同形状的功能积木返回不同类型的数据**

| 圆角矩形功能模块得到数字或字符串 | 六边形功能模块得到布尔值(真/假) |
| --- | --- |
| 连接 apple 和 banana<br>鼠标的x坐标　当前时间的 年 | ( ) < 50　按下 空格 键?<br>不成立　碰到 鼠标指针 ? |

如果勾选功能模块复选框，舞台内就会出现一个值显示器，例如，勾选计时器 计时器 3.102 后，它将持续地显示当前功能模块的值。选择一个角色，选中动作模块中 $x$ 坐标积木前的复选框 x坐标，然后随意拖动该角色，值显示器的内容也会随之变化。

**任务实践**

拖拽积木块到代码编辑区，尝试右键点击某个积木，进行复制、删除和添加注释等操作。

## 1.1.7　工具栏、文件打开与保存

在 Scratch 顶部的工具栏的最顶端有多个下拉菜单，提供不同的功能，如图 1-15 所示。旧版本 Scratch 2.0 在顶部工具栏使用复制和删除按钮可以复制和移动角色、造型、声音、积木块或脚本。放大按钮可以放大角色，缩小按钮则相反。只需要先单击一下放大或缩小按钮，然后对准舞台上的角色单击即可放大或缩小。如果要从放大或缩小还原回鼠标指针状态，单击舞台的空白区域即可。Scratch 3.0 把这些放在其他地方，第一个地球图标的按钮可以切换各种语言。

图 1-15　Scratch 的顶部工具栏

在“文件”菜单中可以创建新的项目、上传(打开)项目、下载(保存)当前项目。

Scratch 3.0 项目的文件名后缀为 .sb3，这样就能与旧版本 Scratch 2.0 项目的文件名后缀 .sb2、旧版本 Scratch 的后缀 .sb 区分开来。

Scratch 2.0 在“编辑”菜单中，撤销删除能将上一步误删的积木块、脚本、角色、造型或者声音还原回来，注意：撤销删除，仅能撤销一步。

新版本 Scratch 3.0 把角色、造型的复制、删除(撤销仍在“编辑”菜单中)功能放到缩略图上。舞台布局模式(放在绿旗所在的一栏)会将舞台缩小，这样脚本区就会更大一些。加速模式(编辑)会加快某些积木块的执行速度。例如，执行 1 000 次移动积木，普通模式可能需要 70 s，而加速模式仅需要 0.2 s。加速模式对复杂的数学运算(如高级数的递归调用)最有效，将在后面的实例中多次用到。

## 1.1.8 绘图编辑器

Scratch 的图形编辑器可以绘制角色的造型和背景。下面介绍基本功能和用法。使用绘图编辑器(图 1-16)可以创建或编辑造型、背景。

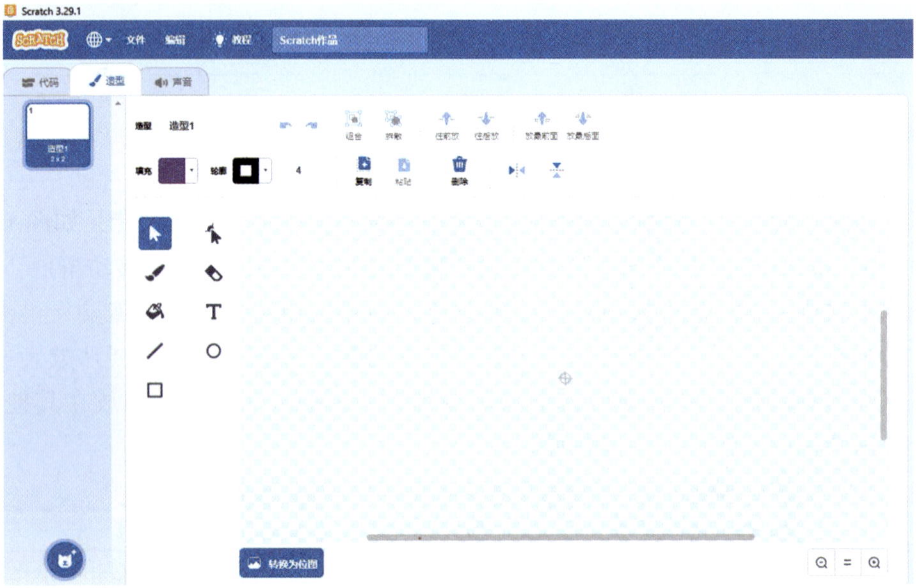


图 1-16　绘图编辑器界面

绘图类型：在 Scratch 中可以绘制两种类型的图像——位图和矢量图，还可以点击下方“转换为位图”“转换为矢量图”切换两种类型。

位图模式：位图模式的造型功能(矢量图模式类似)如表 1-2 所示。该模式下绘制窗口包含造型工具栏、绘图工具栏、绘图区、绘图类型切换、放大缩小。

**表 1-2　位图模式的造型功能(1)**

| 功能 | 子功能 | 介绍 |
|---|---|---|
| | 10 | 画笔：可用来绘制任意图像<br>子功能：<br>画笔大小：设置画笔的粗细 |
| | 1 | 线段：可用来绘制直线<br>子功能：<br>线段大小：设置线段的粗细 |
| | 轮廓 1 | 圆形：可用来绘制椭圆形；<br>小技巧：按住 Shift 键可以绘制正圆形<br>子功能：<br>轮廓：选择绘制空心圆或实心圆；<br>粗细：设置圆形轮廓的粗细。粗细为 0 就是实心 |
| | 轮廓 1 | 方形：可用来绘制方形；<br>小技巧：绘制时按住 Shift 键，可以绘制正方形<br>子功能：<br>轮廓：选择绘制空心方形或实心方形；<br>粗细：设置方形轮廓的粗细，粗细为 0 就是实心 |
| T | Sans Serif | 输入文本：选中文本框进行放大缩小操作，可以改变文字大小<br>子功能：<br>字体：选择文本字体 |
| 转换为位图 | — | 转换：将矢量图转为位图 |

| 功能 | 子功能 | 介绍 |
|---|---|---|
| | — | 填充：为封闭区域填充颜色 |
| | 40 | 橡皮擦：可用来擦除绘制的图像<br>子功能：<br>橡皮擦大小：设置橡皮擦的大小 |
| | 复制 粘贴<br>删除<br>组合 拆散<br>往前放 往后放<br>放最前面 放最后面 | 选择：用来选择一块区域，可对选中的图形进行放大缩小、挪动旋转等操作<br>子功能：<br>(1) 复制选择的区域；粘贴已经复制的区域<br>(2) 删除：删除选择的区域<br>(3) 将选择的区域进行左右翻转、上下翻转、组合或拆散<br>(4) 将所选区域往前或往后放，放最前面或最后面 |
| | 曲线 折线 | 对选中区域进行变形操作<br>子功能：<br>拖拽变形点时，三点间的线段呈曲线或折线状 |

造型工具栏：在此配置所选造型的属性及通用绘图功能。点击填充功能可以弹出下拉框，显示位图模式常用绘图，可以拖动滚动条选择颜色、饱和度、亮度。左下角的斜线按钮代表选择透明色。右下角的滴管按钮可用来选取界面上的颜色作为填充色。位图模式的造型功能如表 1-3 所示。

**表 1-3 位图模式的造型功能(2)**

| 功能 | 介绍 | 功能 | 介绍 |
|---|---|---|---|
| 造型 背景1 | 造型名称：填入被绘制图形名称 | | 可用来绘制方形；<br>小技巧：按住 Shift 键，可以绘制正方形 |
| | 撤销：撤销上一步操作 | 实心 轮廓 粗细 10 | 选择绘制实心空心块以及空心的粗细 |
| | 重做：还原被撤销的操作 | T | 输入文本。选中文本框进行放大缩小操作，可以改变文字大小 |
| | 画笔：可用来绘制任意图像 | 复制 粘贴 | 复制：将所选图形复制到粘贴板；<br>粘贴：将复制的图形粘贴到当前位置 |
| | 线段：可用来绘制直线 | 删除 | 删除：将所选图形删除 |
| | 圆形：可用来绘制椭圆形；<br>小技巧：按住 Shift 键可以绘制正圆形 | | 填充：为封闭区域填充颜色 |
| 实心 轮廓 粗细 10 | 选择绘制实心空心圆以及空心的粗细 | | 橡皮擦：可用来擦除绘制的图像 |
| 放最前面 | 放最前面：将图形挪到最顶层 | | 选择：用来选择一块区域，可对选中的图形进行放大缩小、挪动旋转等操作 |
| 转换为矢量图 | 将绘制的位图转换为矢量图 | | 将选择的区域进行左右翻转、上下翻转 |

## 任务实践

(1)尝试绘制一个红色的背景图，屏幕正中输入几个汉字。

(2)用位图模式绘制一个卡通造型的角色，并用矢量模式改变大小。

# 任务 2 数学相关的积木——指令

## 任务概述

小明听说 Scratch 不仅能画动画、演奏音乐和编游戏，还有强大的数学方面的能力，他很想见识一下。

下面主要介绍 Scratch 中的运算积木(图 1-17)。即使没有计算器，也不用太担心，因为有了 Scratch 的数字与逻辑运算模块，用户可以在 Scratch 中做出自己的计算器。

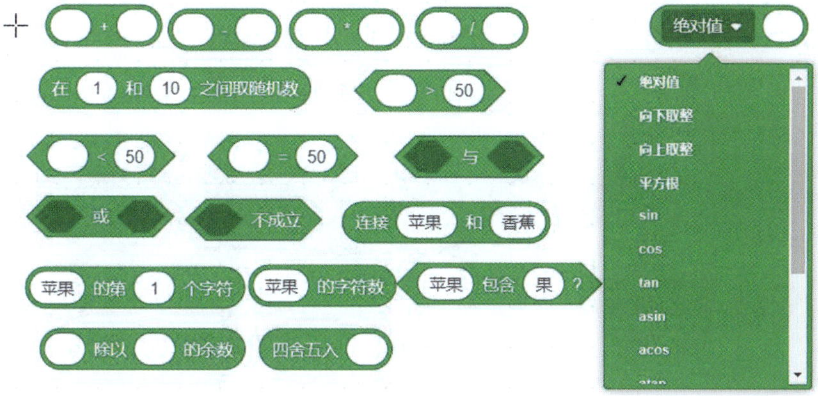


图 1-17　Scratch 运算积木

## 任务重点与实施

大部分编程语言第一个程序都是屏幕显示（打印）字符“Hello，world!”，由于很多语言是基于文本的，这就意味着需要输入如下代码。

```
std::cout << " Hello,world!" << std::end1;          (C++ 编程语言);
System. out . print ("Hello,world!");              (Java 编程语言);
print(' Hello,world! ')                            (Python 编程语言)。
```

创建 Scratch 程序无须输入任何复杂的命令或者代码，用户要做的仅仅是连接一些图形化的积木块。图 1-18 为实现显示“Hello，world！”的 Scratch 程序。

图 1-18　实现显示“Hello，world！”的 Scratch 程序

图 1-18 中的猫咪被称为角色，它能理解并执行程序所发出的指令。紫色的积木就是一个指令，它命令猫咪在说话气泡中显示“Hello，world!”。用户可以使用各种积木块，让角色移动、旋转、说话、画图、演奏音乐甚至做数学题。

创建 Scratch 程序需要将各种不同颜色的积木块卡合在一起，卡合在一起的多块积木被称为脚本。图 1-19 展示了一段脚本，其功能是连续四次改变角色（Cat）的颜色。在这段脚本中，角色每次改变颜色时都会等待 2 s，并展示了四只猫颜色的变化过程。

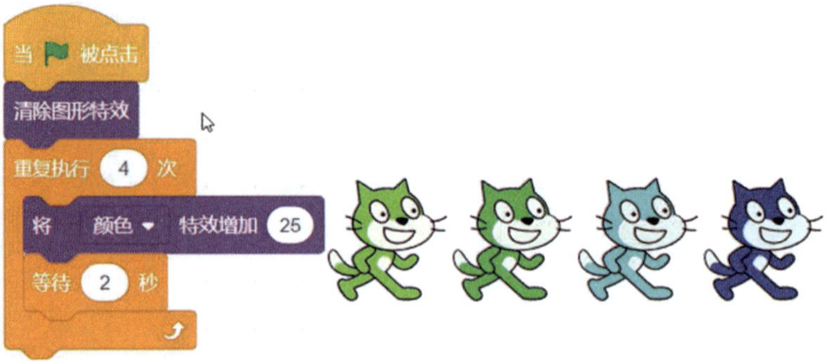

当 被点击
清除图形特效
重复执行 4 次
将 颜色 特效增加 25
等待 2 秒

（a）　　　　（b）

图 1-19　使用一段脚本改变角色 Cat 的颜色

## 1.2.1 运算

Scratch 支持四种基本的算术运算：加法(+)、减法(-)、乘法(×)和除法(/)。这四种算术运算对应的积木通常也叫作操作符。由于这些积木块会生成一个数字，因此，如果某块积木能接受数字参数，即能接受数字作为输入，那么这四种操作符便能放入其中。例如，外观代码块中“说…”模块，它的空格里面可以放入运算操作符积木块，放入 3 乘以 7 的操作符，角色就会说结果 21，如图 1-20 所示。

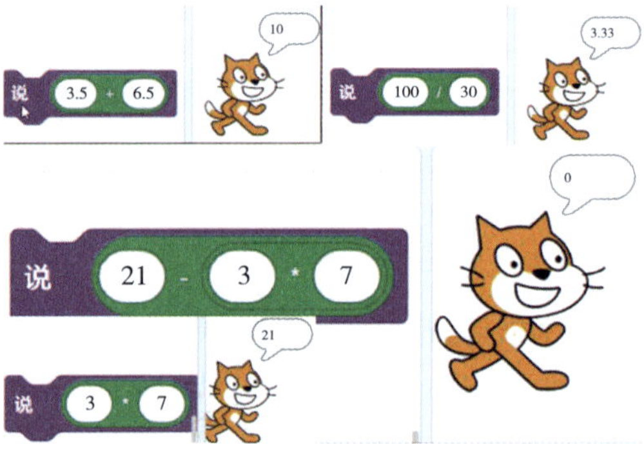

说 3.5 + 6.5
10
说 100 / 30
3.33
说 21 - 3 * 7
0
说 3 * 7
21

图 1-20　Scratch 支持的四则运算

Scratch 还支持取余数操作符(mod)，它会得到两个数字相除后的余数。例如，10 mod 3 返回数字 1。取余数操作符通常用来测试一个数能否被另一个数整除。如果可以被整除，两数相除的余数必为 0。能够使用整除判断一个数字是奇数还是偶数吗？图 1-21 中第二个布尔值为假(false)就表明 13 不是偶数。

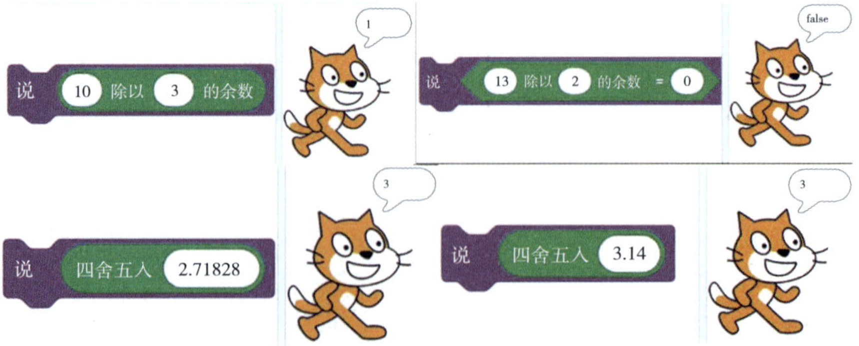

说 10 除以 3 的余数
1
说 13 除以 2 的余数 = 0
false
说 四舍五入 2.71828
3
说 四舍五入 3.14
3

图 1-21　Scratch 中的取余、取整运算符

**专家指点**

常用的操作符：四舍五入(round)，它会将数字保留到整数位。例如，3.14=3，2.718=3，3.6=4。

在编写程序时，尤其是创建游戏和模拟实验时，有可能需要生成随机数让程序富有变化。为此，Scratch 专门提供了在…到…间随机选一个数这块积木。

这块积木每次都会随机生成一个数字。两个参数可以指定生成数字的范围，Scratch 就从这个范围内随机选取一个数字(包括指定的范围)。表 1-4 为在…和…之间取随机数的使用案例。

**表 1-4　在…和…之间取随机数的使用案例**

| 随机数指令 | 输出结果 |
| --- | --- |
| 在 0 和 1 之间取随机数 | {0，1} |
| 在 0 和 10 之间取随机数 | {0，1，2，…，10} |
| 10 * 在 -2 和 2 之间取随机数 | {-20，-10，0，10，20} |
| 在 0 和 2.5 之间取随机数 | {0，…0.01，…1.15，…，2.5}，0 到 2.5 之间的所有小数 |
| 在 0 和 100 之间取随机数 / 100 | {0，0.01，…0.59，…，1.0}，0 到 1 之间的保留两位的小数 |

## 任务实践

比较在 0 到 1 之间随机选一个数和在 0 到 1.0 之间随机选一个数的差别。前者返回的只是 0 或 1，后者会得到 0 和 1 之间(包括 0 和 1)的所有数字。只要该积木中任何一个参数有小数点，或者范围内的数经运算后产生小数，那么它就会返回小数，而不仅是整数。

## 1.2.2　数学函数

Scratch 提供了许多数学函数。在平方根积木的下拉菜单中，总共包含了 14 个数学函数，包括绝对值、上下取整、平方根、三角函数、反三角函数、对数(常用对数、自然对数)、指数(e 为底、10 为底)等。图 1-22 为 Scratch 数学函数积木示例，还有逻辑值(布尔值)数据、字符型数据等。特别注意，Scratch 的三角函数使用的是角度制。

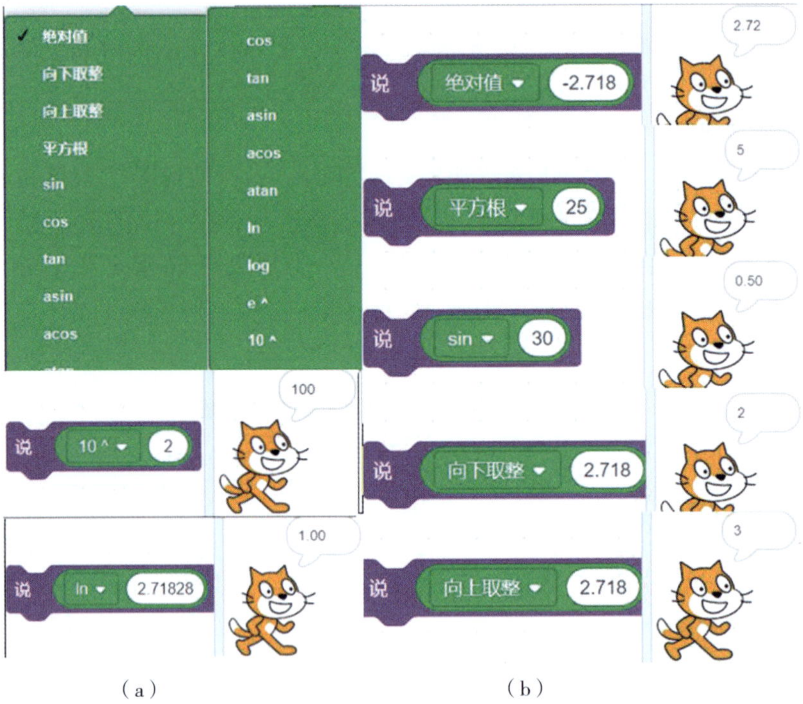


图 1-22　Scratch 数学函数积木示例

## 1.2.3 变量

变量是被命名的计算机内存区域。用户可以把变量想象成一个盒子，程序随时都能存放盒子中的数据（数字和文本）。图 1-23 为一个名为 side 的变量，它存放了一个数字 50。

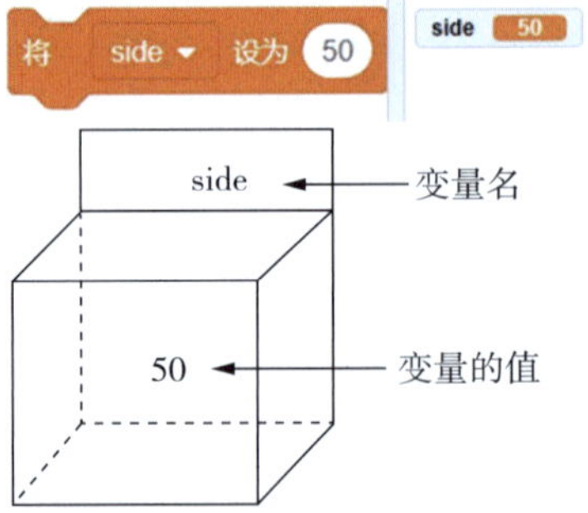


图 1-23　一个名为 side 的变量，它存放了一个数字 50

### 1. 创建并使用变量

当用户创建一个变量时，程序会开辟一块内存区域存储它，同时给这块内存区域一个变量名。创建后只需要使用变量名，即可获取并修改它的值。鼠标点击建立一个变量，就进入新建变量界面，输入变量名，点确定即可，如图 1-24 所示。

图 1-24　建立新变量

例如，建立两个变量 $a$ 和 $b$，先给 $a$ 赋值 1，接着又给 $a$ 赋值 2，然后把 $b$ 的值设为 $a$，如图 1-25 所示。

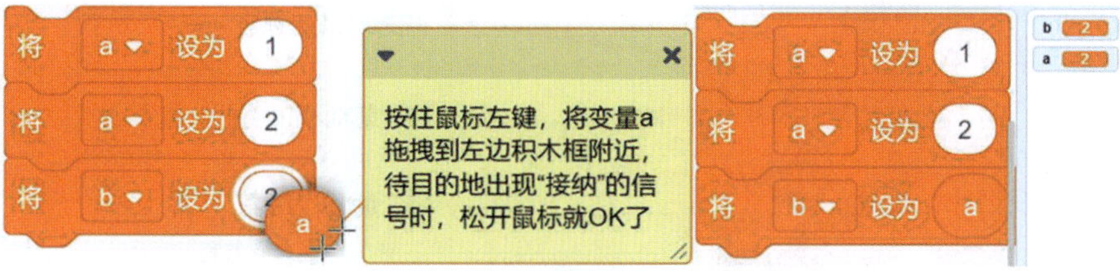


（a）　　（b）

图 1-25　结果变量 $a$ 和 $b$ 的值都是 2

图 1-26 为变量赋值示意图。

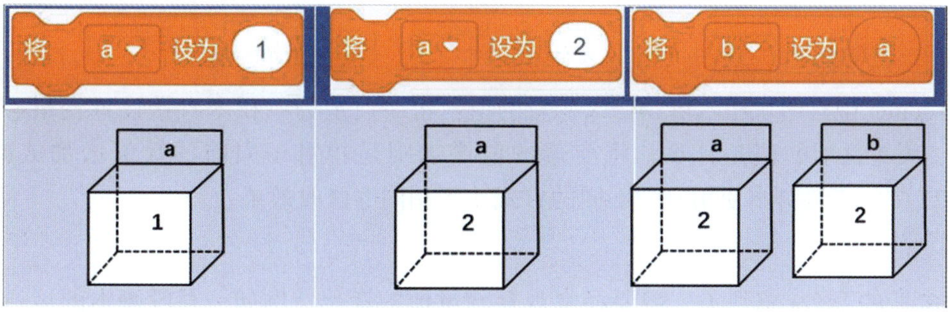


（a）　　（b）　　（c）

图 1-26　变量赋值示意图

### 2. 变量的作用范围(全局变量、局部变量)

变量的作用范围(作用域)是一个非常重要的概念，它决定了角色可以访问哪些变量。在创建变量时可以选择其作用范围，如建立新变量的对话框里的选项，如图 1-27 所示。如果选择了仅适用于当前角色，那么变量只能在当前角色内访问，其他的角色只能读取，但不能修改。

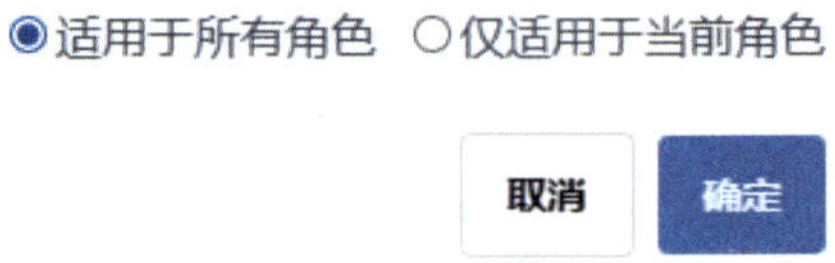

适用于所有角色
仅适用于当前角色
取消
确定

图 1-27　新变量的对话框里的选项

Scratch 并没有提供在 A 角色中修改 B 角色变量的积木。如果允许修改，那么 B 的脚本运行后就有可能出现不可预期的结果。在实践中，一个仅被当前角色修改的变量通常设置其作用范围是仅适用于当前角色。

仅适用于当前角色叫作局部范围，相应的变量叫作局部变量。不同的角色可以使用相同名称的局部变量。适用于所有角色的变量叫作全局变量，它由所有的角色共享，任何角色都能修改，有利于角色间的信息交流和同步。

### 3. 变量的数据类型

当用户创建一个变量后，Scratch 并不知道这个变量的用途是数字、字符串还是布尔类型。与其他编程语言不同的是，变量能存放任何类型的数据。Scratch 会根据上下文自动转换数据类型。搭建如图 1-28 中所有的积木，并逐条运行。

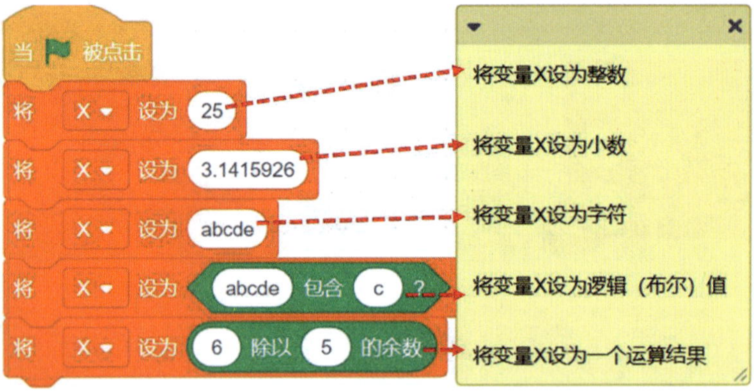

当 被点击
将 X 设为 25
将 X 设为 3.1415926
将 X 设为 abcde
将 X 设为 abcde 包含 c ?
将 X 设为 6 除以 5 的余数
将变量X设为整数
将变量X设为小数
将变量X设为字符
将变量X设为逻辑（布尔）值
将变量X设为一个运算结果

图 1-28　变量能存放任何类型的数据

#### (1) 修改变量的值操作

Scratch 中有两块积木可以修改变量的值：将…设定为…积木直接设置变量一个新的值，无论之前的值是什么；将变量的值增加则是相对于当前的数值增加或减少。图 1-29 中的三段脚本使用三种不同的方式达到相同的修改效果。

#### (2) 变量值显示器操作

或许你已经注意到了，需要经常观察变量值的变化。例如，某段脚本的运行结果与你所想不一致时，你可能想跟踪某些变量值是否正确。变量值显示器便能完成这项任务。选中变量名积木前的复选框即可显示或隐藏变量值显示器，如图 1-30 所示。还可以在脚本中使用积木进行控制。

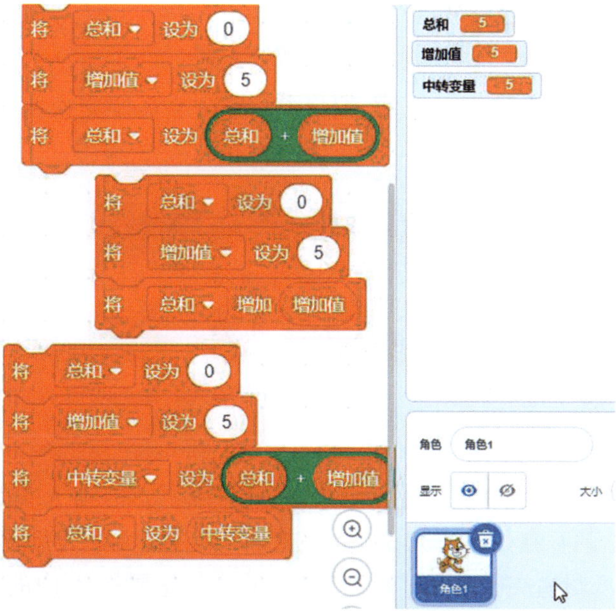


图 1-29　变量值修改

（a）　　　　（b）　　　　（c）

图 1-30　滑块设置和不同作用范围变量区别示意图

滑块状态下的变量值显示器可以在脚本运行时动态地修改变量的数值，有利于用户和程序间的交互。

注意：变量值显示器还能指示其作用范围。若是局部变量也叫作私有变量，那么在变量名之前还会显示角色名，表明这个变量专属于这个角色，如图 1-30(c)所示。若是全局变量，其值显示器仅显示变量名(变量可以共用)。

## 任务实践

(1)给某个角色建立一个私有变量，勾选这个变量，看屏幕显示情况。

(2)勾选该角色的 $x$ 坐标、$y$ 坐标、方向、造型、背景、大小、音量等默认变量的复选框，查看显示效果。

## 1.2.4 交换两个变量的值

在有关数学运算(如排顺序问题)的编程中，经常会需要交换两个变量的值，例如，将图 1-31 中的情况变成变量 $A$ 中是 9，变量 $B$ 中是 6。

将 A 设为 6
将 B 设为 9
A 6
B 9

图 1-31　交换两个变量的值的界面

用户可能认为将 A 设为 B，再将 B 设为 A 就可以了，但当 A 设为 B 时，A 和 B 里面都是 9，A 中原本的 6 在 A 设为 B 的时候被“冲”走了，A 中是新值 9。因此要完成这个交换任务，还需要设置一个中转“容器”变量 C，首先要把 A 中的 6 保存下来，以便最后传给 B。这是一个看似简单，却是最基本的操作方法，后文会遇到交换列表里面某两项(甚至某两段)的内容也需要一个中转变量(中转列表)。图 1-32 为交换两个变量值的积木。

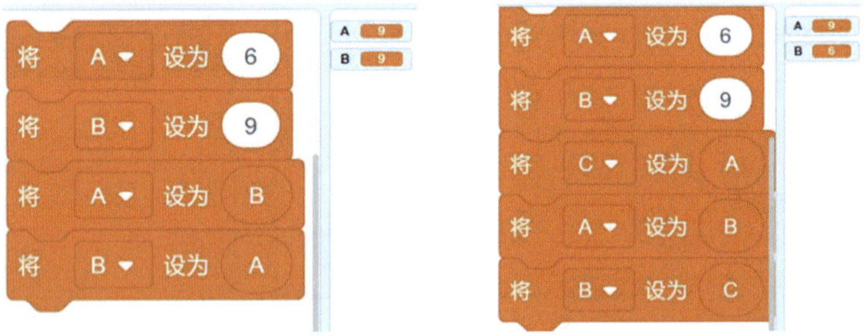
将 A 设为 6
将 B 设为 9
将 A 设为 B
将 B 设为 A
A 9
B 9
将 A 设为 6
将 B 设为 9
将 C 设为 A
将 A 设为 B
将 B 设为 C
A 9
B 6

(a)　　(b)

图 1-32　交换两个变量值的积木

# 项目小结

本项目主要介绍了 Scratch 基本知识，首先介绍了 Scratch 的编程环境和用户界面中的各种元素；其次介绍了 Scratch 的算术操作符和数学函数。通过本项目的学习，读者能够深入地学习 Scratch 的有关指令和算法，逐步提高读者的编程技巧和解决数学问题的能力。

# 项目习题

1. 写出表 1-5 中各个表达式的运算结果，可以使用说…积木和相关的操作符来验证答案是否正确。

**表 1-5　表达式**

| 表达式 | 值 |
| --- | --- |
| 3+(5×2)-(8/2) | |
| (11-6)×(7+8)/3 | |
| arcsin (0.5)+arctan ($\sqrt{3}$) | |
| (6+12) mod 4 | |
| $10^2$+ln3 | |
| \| 7-9 \| ×0.5 | |
| $3^4$-lg100 | |

2. 写出下列各个积木块的结果，并说明这些乘积之间的规律，如图 1-33 所示。

3. 将上题中的 1 全部改为 9，即 9×9，99×99，999×999 等，分别用说…积木展示这些乘积的结果，仔细观察是否存在规律，并说明原因。

4. 已知 $x=2$，$y=4$，计算下列表达式的值，如图 1-34 所示。

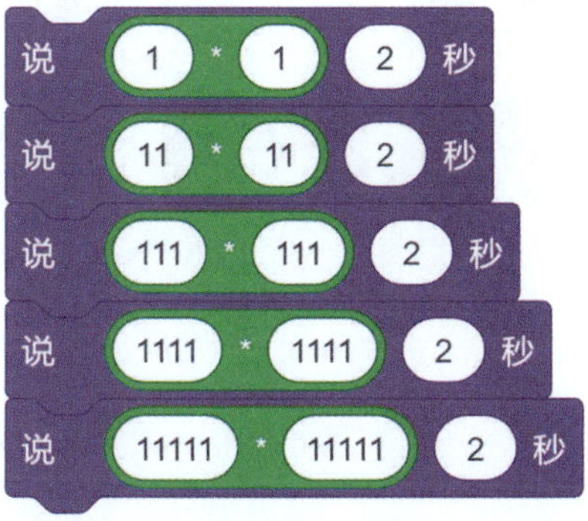

说 1 * 1 2 秒
说 11 * 11 2 秒
说 111 * 111 2 秒
说 1111 * 1111 2 秒
说 11111 * 11111 2 秒

图 1-33　计算表达式的值

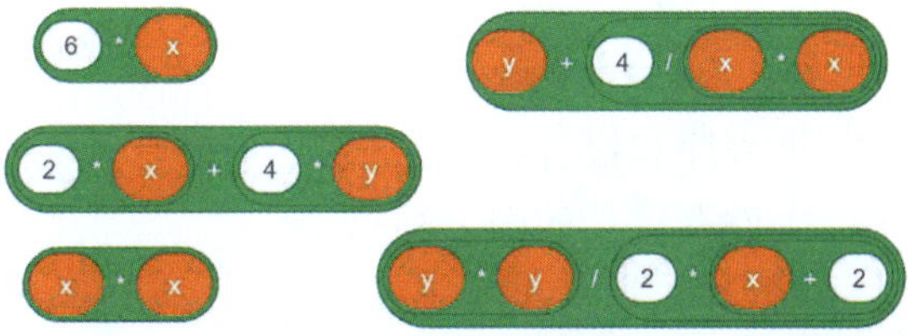

6 * x
2 * x + 4 * y
x * x
y + 4 / x * x
y * y / 2 * x + 2

图 1-34　各个积木块的结果

5. 使用说…积木以及数字和逻辑运算模块中的相关积木，计算如下表达式。

(1) $\sqrt{32}$　　(2) sin 30°

(3) cos 60°　　(4) 99.459 四舍五入

6. 计算 90、95、98 的平均数，结果用说…积木展示。

7. 四舍五入操作符默认是将小数保留到整数位。例如，将 5.356 7 保留到十分位(保留一位小数)，只需要如下三个步骤。

(1)5.356 7×10= 53.567 (将这个数字乘以 10)。

(2)将 53.567 四舍五入为 54(将上一步的结果四舍五入到整数位)。

(3)54/10= 5.4(将上一步的结果除以 10)，如果将数字四舍五入到百分位(保留两位小数)，那么上述三个步骤中有什么变化？创建一段脚本将 5.356 7 四舍五入到十分位或百分位，然后在说…积木中展示结果。

8. 已知△$ABC$ 的三边长 $a$、$b$、$c$，求它的三个内角(提示：用余弦定理和反余弦函数，余弦定理之一：$\cos A=\dfrac{b^2+c^2-a^2}{2bc}$，其余轮换。最后的角度数四舍五入)，并命名保存。

9. 已知△$ABC$ 的三边长为 $a$、$b$、$c$，求它的面积。

【分析】本题没有告诉内角与高的数据，$S=\dfrac{1}{2}$底边×高，$S=\dfrac{1}{2}bc\sin A$ 等公式不能使用，根据“秦九韶—海伦公式”$S=\sqrt{s(s-a)(s-b)(s-c)}$，这里的 $s$ 是三角形的半周长。使用四则运算和求平方根的函数即可。

【过程】

(1)创建三个变量 $a$、$b$、$c$，存放边长的值，创建变量 $s$ 存放半周长，变量 $S$ 存放面积，如图 1-35 所示。

(2)赋值，计算半周长，计算面积，如图 1-36 所示。

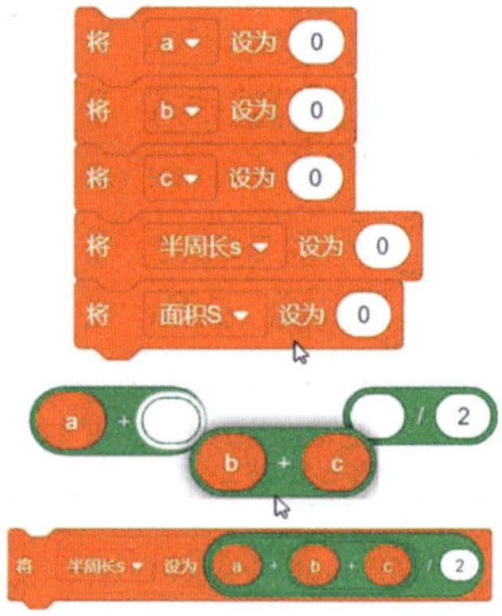
将 a 设为 0
将 b 设为 0
将 c 设为 0
将 半周长s 设为 0
将 面积S 设为 0
将 半周长s 设为 a + b + c / 2

图 1-35　建变量，计算半周长

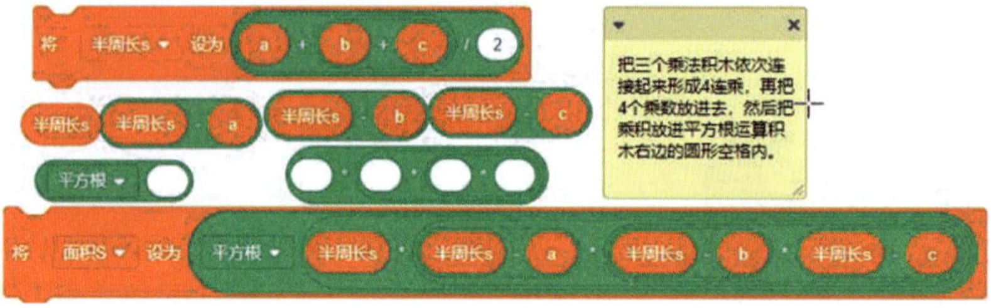
将 半周长s 设为 a + b + c / 2
把三个乘法积木依次连接起来形成4连乘，再把4个乘数放进去，然后把乘积放进平方根运算积木右边的圆形空格内。
将 面积S 设为 平方根 半周长s * 半周长s - a * 半周长s - b * 半周长s - c

图 1-36　用公式和函数计算面积

(3)主程序和报告结果，如图 1-37 所示。

(4)文件存盘，如图 1-38 所示。

面积S 6
三角形面积为6

图 1-37　主程序和报告结果

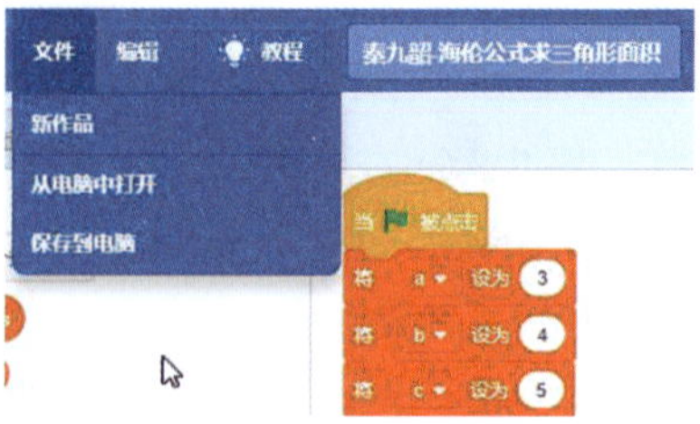
文件
编辑
教程
秦九韶-海伦公式求三角形面积
新作品
从电脑中打开
保存到电脑

图 1-38　文件存盘

在项目实践中把一些过程写在脚本区的注释框内，由于 Scratch 的代码是图形化的，这样比较清晰和方便。

【提示】如果输入一组数据，三角形的两边长之和刚好等于第三边长（$a=3$，$b=5$，$c=8$），运行结果会怎么样？小于第三边的运行结果又会怎么样？尝试写出已知三角形三边长，求出它们的各个内角？

【延伸】四川安岳籍数学家秦九韶（1202—1261）精研星象、音律、算术、营造之学，所著《数书九章》被称为“算中宝典”，代表了当时我国数学的先进水平，在世界数学史上享有崇高地位。希腊数学家海伦就是以海伦公式扬名于世的，虽古希腊年代较早，但秦九韶是自己独立算出这个面积公式的。

## 项目概述

Scratch 中的循环和运动紧密相关，通过结合循环和运动指令，可以实现各种动态效果和动画。在 Scratch 中，通过合理地使用循环和运动指令，可以创造出丰富多样的动态效果和动画，从而让编程学习变得更加有趣和富有创造性。

## 学习目标

- 了解 Scratch 中运动和画笔模块的积木。
- 熟练使用角色制作动画并在舞台上移动。
- 掌握绘制富有艺术感的几何图形并让其旋转。
- 掌握绘制函数和解析几何图形。

## 思政目标

- 激发学生对算法设计的热爱之情，增强学好专业的使命感和责任感。
- 强化学生工科思想素养和行为习惯，提高明辨是非的能力和工程伦理意识。

02

# 项目2 运动和循环

# 任务1　运动指令

## 任务概述

小明正在和同学们分享和讨论用 Scratch 编程自主解决一些数学题目。有同学提出如果要做一个动画或者小游戏，用什么样的指令让角色动起来呢？

## 任务重点与实施

使用运动指令即运动模块中的积木来移动角色是最常见的操作。角色的移动是指命令角色移动到舞台中某一个具体的点，或者是旋转到一个特定的方向。本任务主要介绍角色的移动。

### 2.1.1　绝对移动和坐标

舞台是一个 480×360 的矩形网格，其中心点为(0，0)。在 Scratch 运动模块中的绝对移动积木，它们能精确地把角色移动到舞台的某个具体位置。图 2-1 为绝对移动积木。

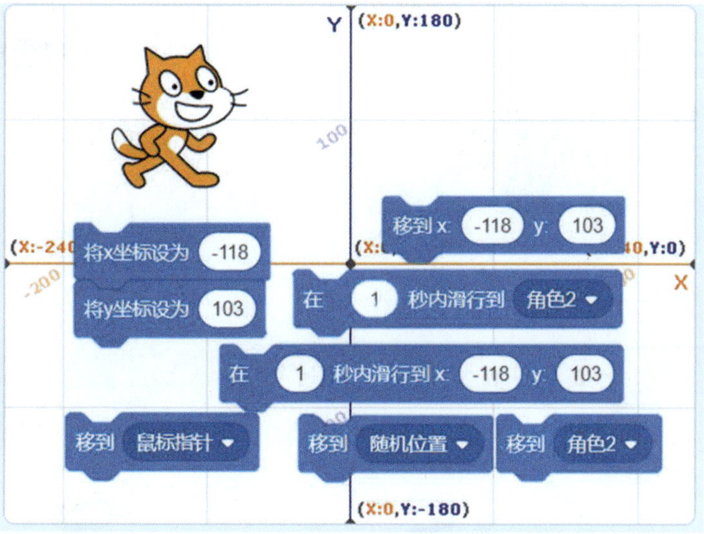

Y
(X:0,Y:180)
移到x: -118 y: 103
将x坐标设为 -118
将y坐标设为 103
在 1 秒内滑行到 角色2
在 1 秒内滑行到x: -118 y: 103
X
移到 鼠标指针
移到 随机位置
移到 角色2
(X:0,Y:-180)

图 2-1　绝对移动积木

假设陨石角色的初始位置是(207，145)，要击中目标角色火星，目标的位置坐标是(−206，−180)，最简单的方式就是使用绝对运动积木，如图 2-2 所示。$x$ 坐标是指角色在舞台上水平移动的距离，$y$ 坐标是指角色垂直的距离。

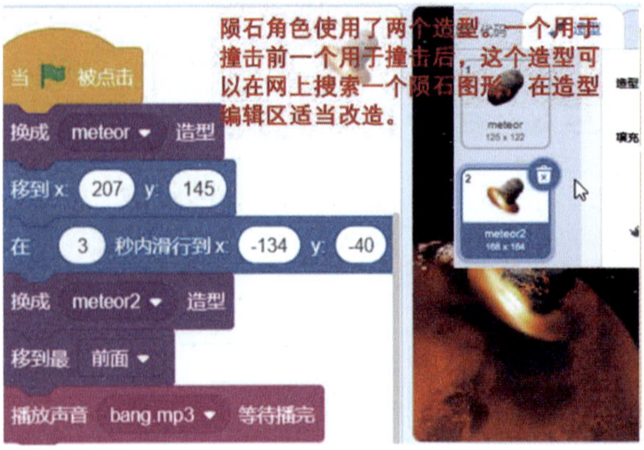
陨石角色使用了两个造型，一个用于撞击前一个用于撞击后，这个造型可以在网上搜索一个陨石图形，在造型编辑区适当改造。
当 被点击
换成 meteor 造型
移到x: 207 y: 145
在 3 秒内滑行到x: -134 y: -40
换成 meteor2 造型
移到最 前面
播放声音 bang.mp3 等待播完
meteor
meteor2

（a）

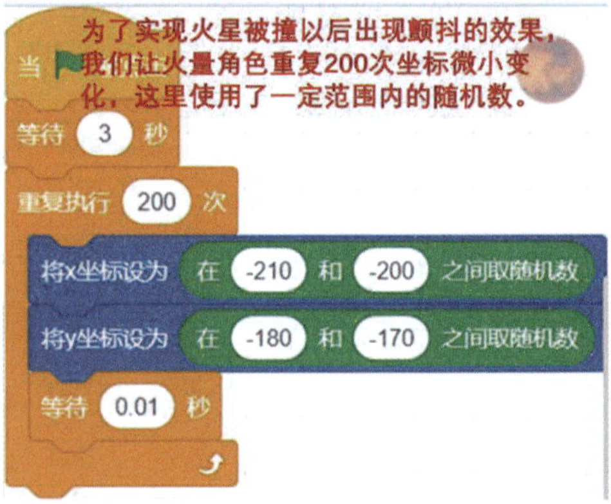
为了实现火星被撞以后出现颤抖的效果，我们让火星角色重复200次坐标微小变化，这里使用了一定范围内的随机数。
当 被点击
等待 3 秒
重复执行 200 次
将x坐标设为 在 -210 和 -200 之间取随机数
将y坐标设为 在 -180 和 -170 之间取随机数
等待 0.01 秒

（b）

图 2-2　绝对坐标示例

陨石角色在移动时有两个问题：首先陨石没有面向角色火星，而是面向上方移动；其次是直接从点（207，145）移动到了点（-206，-180）。为了缓慢移动，而非瞬间移动，使用了“在…s 内滑行到…”积木。虽然这两块积木都能将角色移动到某个具体位置，但是后者能设置移动时花费的时间。陨石还有另外一种击中目标的方式，那就是单独改变 $x$、$y$ 坐标。角色坐标本质上是指造型的中心位置。

如图 2-3 所示，若把角色移动到点（100，100），本质上就是设置其中心位置为（100，100）。因此，当在角色中导入造型后，一定要注意其中心位置。

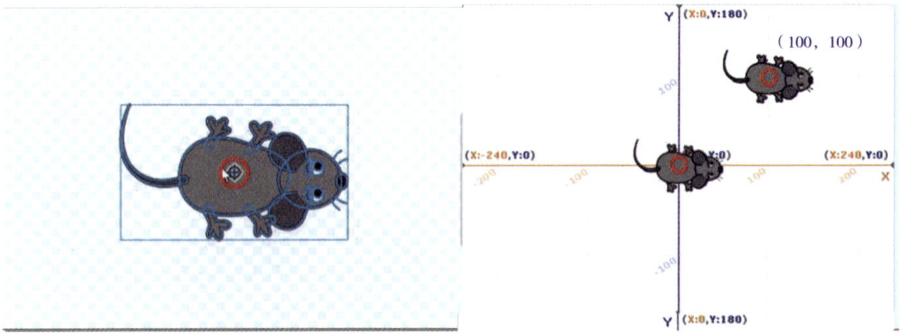
（100，100）
(X:0,Y:180)
(X:-240,Y:0)
(X:240,Y:0)

（a）

（100，100）
(X:-240,Y:0)
(X:0,Y:0)
(X:240,Y:0)
(X:0,Y:-180)

（b）

图 2-3　造型的中心位置变化后效果对比

## 任务实践

根据图 2-4 中的脚本列出每块积木执行完后角色的坐标值。

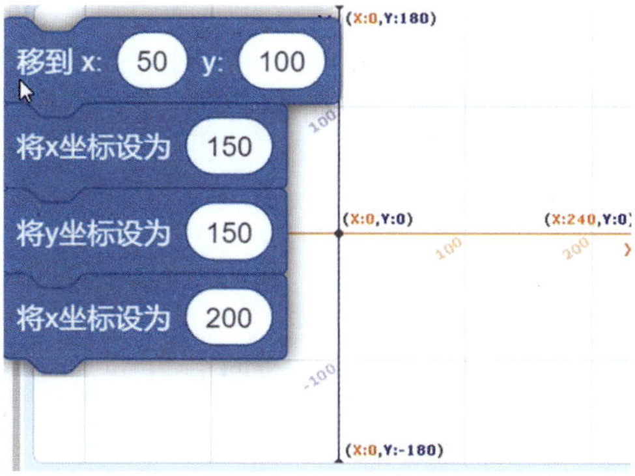


图 2-4　绝对坐标

## 2.1.2 相对运动

如果没有任何可以参考的坐标，那么陨石要如何才能击中目标，即陨石如何知道目标的具体坐标呢？若只基于角色当前的位置，水平或垂直地移动角色，这时用户可以使用将 $x$ 坐标增加或将 $y$ 坐标增加，如图 2-5 所示。

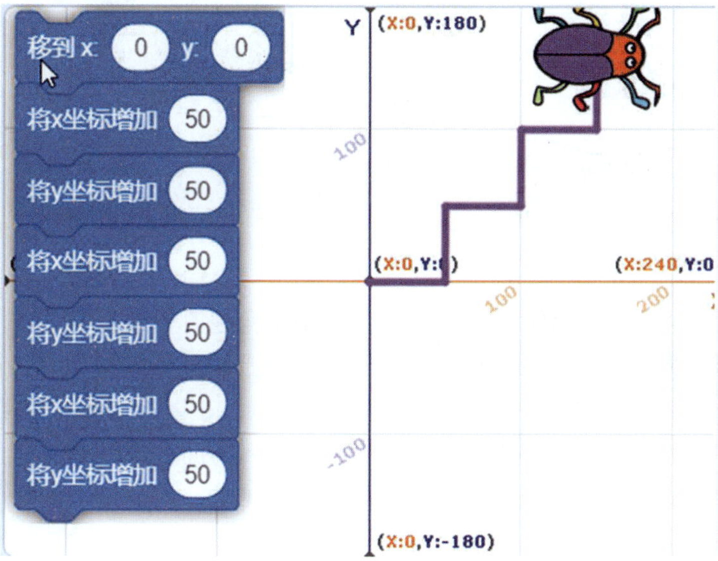


图 2-5　相对坐标示例

## 2.1.3 方向和旋转

方向积木中也有绝对(面向…度，面向…)和相对(左转…，右转…)之分。移动…

步和旋转…度都是相对动作积木。因此，移动的方向主要取决于角色当前的方向。图 2-6 展示了 Scratch 中方向指令和各个方向对应的度数。

使用面向…方向积木就能将角色旋转到任意一个角度。如果只是要面向上下左右，那么使用该积木中的下拉菜单即可快速选择。至于其他的方向，则需要在该积木的参数中指定，角度值甚至可以是负数，例如，45°和-315°都是东北方向。

注意：有两种方法可以看到角色当前的方向值。第一种是在角色信息区域，第二种是选中运动模块中方向积木前方的复选框。

## 2.1.4 方向和造型

使用绘图编辑器绘制这两个角色：一个朝向右方的鸟；另一个朝向上方的昆虫。如果给这两个角色分别使用面向 90°方向(90°是向右)会有什么效果呢？其实面向…方向积木并不能真正决定角色中造型的方向，如图 2-7 所示。

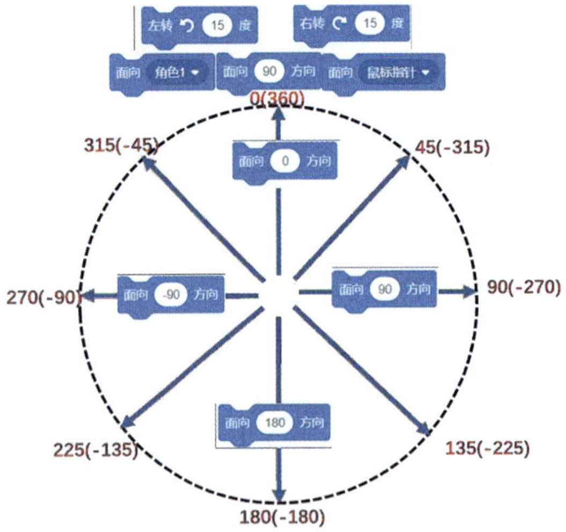


图 2-6　Scratch 中方向指令和各个方向对应的度数

(a)　　(b)

图 2-7　角色鸟和昆虫

用户可能认为昆虫会朝向右方，但实际上两个角色都没有反应。尽管在这块积木中 90°后面写着“向右”，但实际上此处的“向右”是指该角色的造型在绘图编辑器中的初始方向。昆虫在绘图编辑器中的初始方向是向上的，正因为如此，使用面向 90°方向并没有效果。面向…方向要正确地对应图 2-6 中的各个方向，只需要在绘图编辑器中把这个角色的造型改成面向右方即可(如图 2-7 中的鸟造型)。

### 任务实践

(1)分别执行如图 2-8 所示的两段脚本，能找出 beetle 最终的($x$，$y$)位置吗？如何证明这两段脚本是等价的呢？

(2)如果使用相对运动指令编程实现陨石向火星移动，该如何做？

(3)如果陨石角色的造型不变，有什么后果？

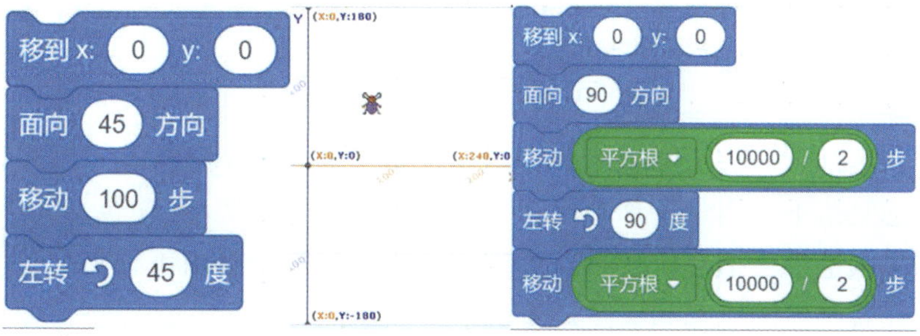
移到 x: 0 y: 0
面向 45 方向
移动 100 步
左转 45 度
移到 x: 0 y: 0
面向 90 方向
移动 平方根 10000 / 2 步
左转 90 度
移动 平方根 10000 / 2 步

图 2-8　两段等效的积木

## 2.1.5 其他运动积木

其他运动积木：第二种类型的面向、第二种类型的移到、碰到边缘就反弹，以及设置旋转模式。

下面使用旋转模式和碰到边缘就反弹，创建一个简单的小狗抓网球的小程序(图 2-9)来演示另外两块积木的作用。

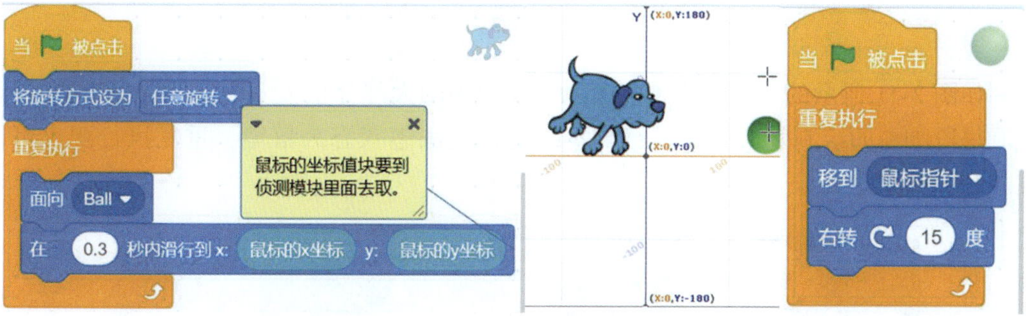
当 被点击
将旋转方式设为 任意旋转
重复执行
面向 Ball
在 0.3 秒内滑行到 x: 鼠标的x坐标 y: 鼠标的y坐标
鼠标的坐标值块要到侦测模块里面去取。
当 被点击
重复执行
移到 鼠标指针
右转 15 度

图 2-9　小狗直追着网球移动

以上程序包含了角色 Dog2 和角色 Ball，每个角色都有一段脚本。当点击绿旗运行后，角色 Ball 会跟随鼠标移动，而角色 Dog2 则会面向角色 Ball 的方向缓慢移动，因为使用的是在…s 滑行到…。图 2-9 中的重复执行在积木区的控制模块中，鼠标的 $x$ 坐标和鼠标的 $y$ 坐标在侦测模块中。

# 任务 2　使用重复执行画图

### 任务概述

小明从小就喜欢“神笔马良”的故事，也希望像马良那样画出奇妙的图形。如果要画图形，就得让画笔在舞台上留下各种颜色和形状的痕迹，那么怎样才能看到角色移动时的轨迹呢？学习了本任务就可以把角色移动到舞台的任意位置。

## 任务重点与实施

每一个角色都有一支看不见的画笔，这支笔只有两种状态：落下或抬起。如果当前画笔的状态是落下，当角色移动时，它就会按照画笔的属性（颜色、大小、色度）绘出轨迹。如果画笔处于抬起状态，当角色移动时，画笔不会留下任何轨迹。使用画笔模块便可以设置画笔的状态和属性，如图 2-10 所示。

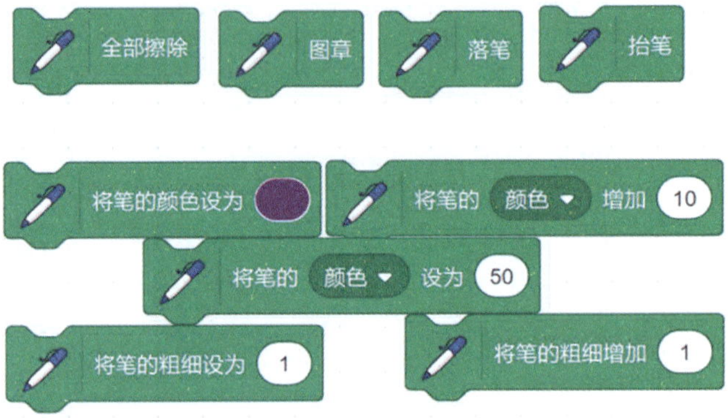
全部擦除
图章
落笔
抬笔
将笔的颜色设为
将笔的 颜色 增加 10
将笔的 颜色 设为 50
将笔的粗细设为 1
将笔的粗细增加 1

图 2-10　设置画笔状态和属性的积木

如图 2-11 所示的三段脚本使用了画笔模块中的大部分积木。尝试分别创建并运行，看看每段脚本的绘制效果。在运行脚本之前设置画笔状态为落笔，重复执行积木可以在控制模块中找到。

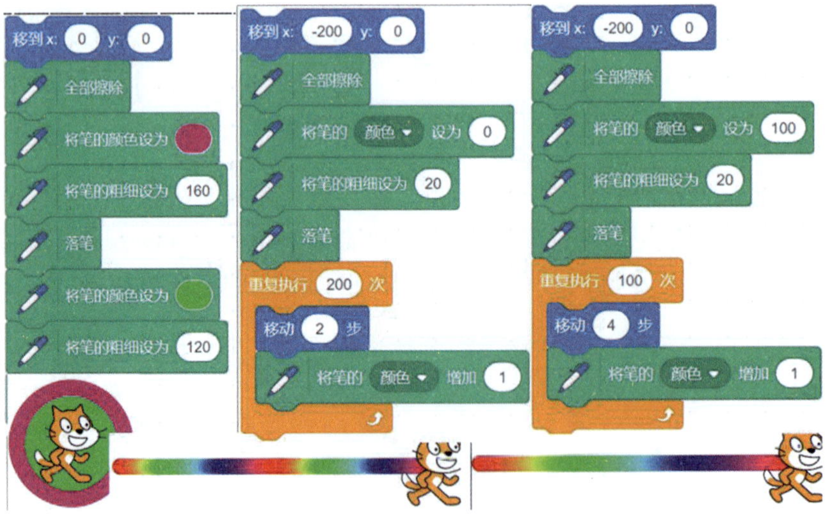
移到 x: 0 y: 0
全部擦除
将笔的颜色设为
将笔的粗细设为 160
落笔
将笔的颜色设为
将笔的粗细设为 120
移到 x: -200 y: 0
全部擦除
将笔的 颜色 设为 0
将笔的粗细设为 20
落笔
重复执行 200 次
移动 2 步
将笔的 颜色 增加 1
移到 x: -200 y: 0
全部擦除
将笔的 颜色 设为 100
将笔的粗细设为 20
落笔
重复执行 100 次
移动 4 步
将笔的 颜色 增加 1

图 2-11　三段脚本

## 2.2.1　画正多边形

循环结构是程序设计中的三大结构之一，Scratch 是用“重复执行”这个控制性模块来实现的。但是当脚本越来越大时，可能会发现积木中出现大量的重复。重复的积木越多，脚本就会变得越冗长，从而越难以阅读、理解和调试。例如，多次复制了带有某个参数(如步数、角度或颜色等数值)的积木，如果要统一修改这些参数，不得不依次修改所有复制出来的积木，十分烦琐。

如果要绘制如图 2-12(a)所示的正方形图案，需要执行以下命令。

(1)移动某个步数，然后逆时针旋转 90°。

(2)移动相同的步数，然后逆时针旋转 90°。

(3)移动相同的步数，然后逆时针旋转 90°。

(4)移动相同的步数，然后逆时针旋转 90°。

为了避免这个问题，可以使用重复执行积木，如图 2-12(b)所示。当使用重复执行时，它会将其内部的积木重复执行多次，而执行的次数可以在积木的参数中指定。使用重复的脚本变得更加清晰、易于理解。

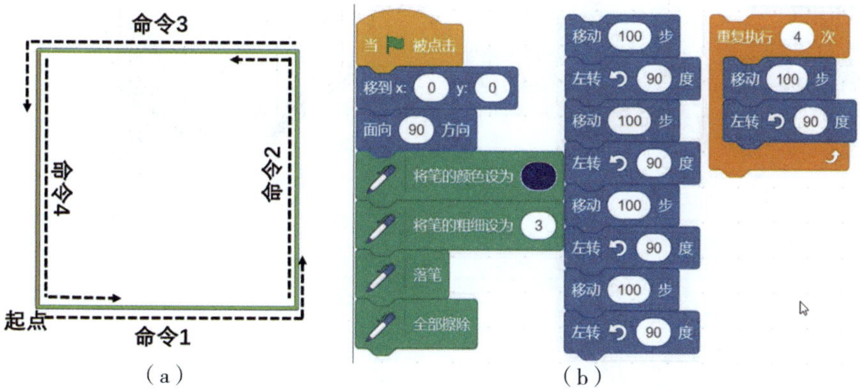

命令3
命令4
命令2
起点
命令1
(a)
当 被点击
移到 x: 0 y: 0
面向 90 方向
将笔的颜色设为
将笔的粗细设为 3
落笔
全部擦除
移动 100 步
左转 90 度
移动 100 步
左转 90 度
移动 100 步
左转 90 度
移动 100 步
左转 90 度
重复执行 4 次
移动 100 步
左转 90 度
(b)

图 2-12　绘制正方形的积木示意

在图 2-12 中绘制的正方形的位置取决于角色最初的方向，图 2-13 说明了这个问题。注意：当正方形绘制完毕后，角色的方向和最初的方向一致。

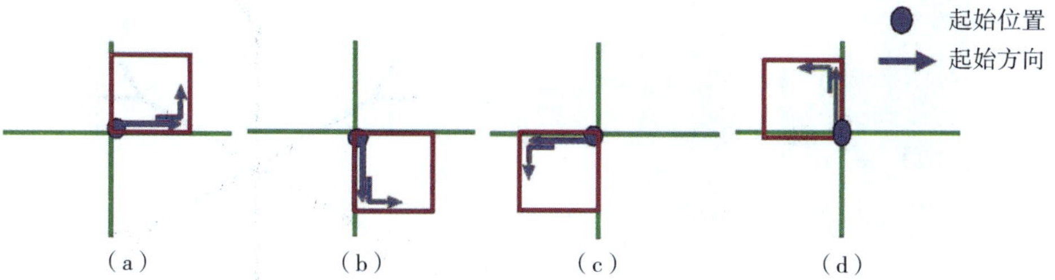

起始位置
起始方向
(a)
(b)
(c)
(d)

图 2-13　方向变化示意图

## 任务实践

(1)修改图 2-13 中的程序画一个正五角星，注意正五角星的星尖内角是 36°。

(2)尝试修改图 2-14 的脚本，使其绘制各种正多边形。正方形左转的 90°恰好等于它的内角。

(3) 正 $n$ 边形需要知道内角和等于 $n-2$ 个三角形的内角的和，为 $(n-2)\times180°$，它的内角 $=\dfrac{(n-2)180}{n}=180-\dfrac{360}{n}$，于是就应该每次旋转内角的补角 $\left(\dfrac{360}{n}\right)°$。

如图 2-14 所示，只需要替换脚本中的边数(控制正几边形)和边长(控制正多边形的大小)即可。图 2-14(b)图案是用该脚本绘制的八个相同边长而不同边数的正多边形，角色起点和初始的面向方向如图 2-14 所示。打开并运行，外层循环遍历 3～10 次不同的边数，里层循环画一个正多边形。

(4) 如何绘制一个圆(古代的割圆术)？

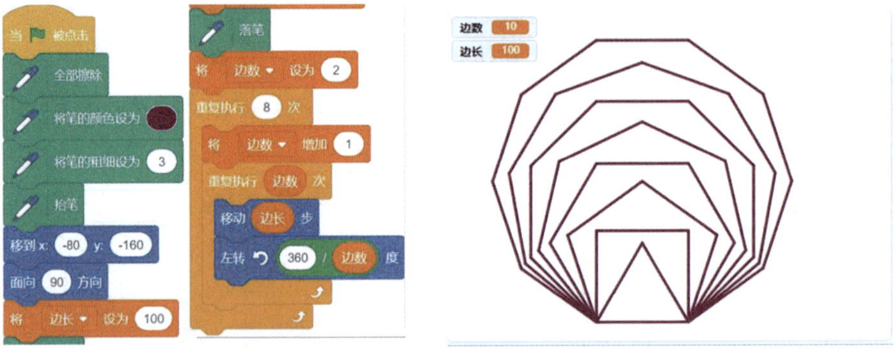
当 被点击
全部擦除
将笔的颜色设为
将笔的粗细设为 3
抬笔
移到 x: -80 y: -160
面向 90 方向
将 边长 设为 100
落笔
将 边数 设为 2
重复执行 8 次
将 边数 增加 1
重复执行 边数 次
移动 边长 步
左转 360 / 边数 度
边数 10
边长 100

(a)　　　　(b)

图 2-14　绘制不同边数的正多边形

## 2.2.2 旋转的“二叉树”

通过重复执行特定的积木，可以创建出许多神奇的艺术图案。例如，图 2-15 中绘制旋转的“二叉树”的程序和效果。

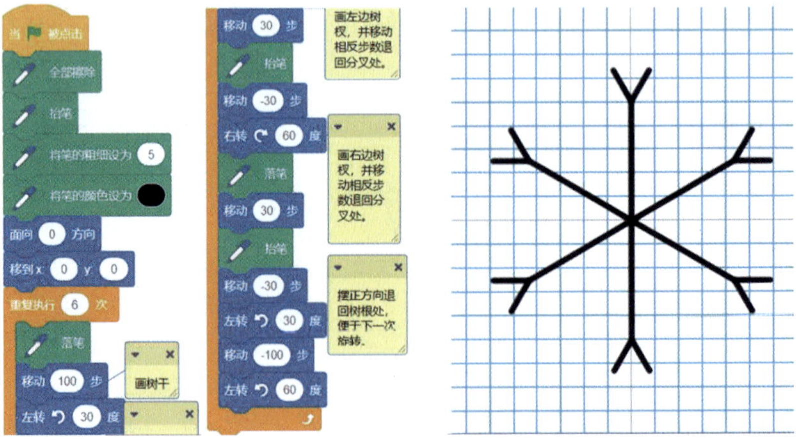
当 被点击
全部擦除
抬笔
将笔的粗细设为 5
将笔的颜色设为
面向 0 方向
移到 x: 0 y: 0
重复执行 6 次
落笔
移动 100 步
画树干
左转 30 度
移动 30 步
画左边树杈，并移动相反步数退回分叉处。
抬笔
移动 -30 步
右转 60 度
画右边树杈，并移动相反步数退回分叉处。
落笔
移动 30 步
抬笔
移动 -30 步
左转 30 度
摆正方向退回树根处，便于下一次旋转。
移动 -100 步
左转 60 度

(a)　　　　(b)

图 2-15　绘制旋转的“二叉树”的程序和效果

由图 2-15 可知六个“二叉树”间隔一定角(60°)构成。如图 2-16 所示的脚本画出单个“Y 字型”的“二叉树”；再用一个循环将单个“二叉树”，旋转六次，即可得到图 2-15 所示的效果。

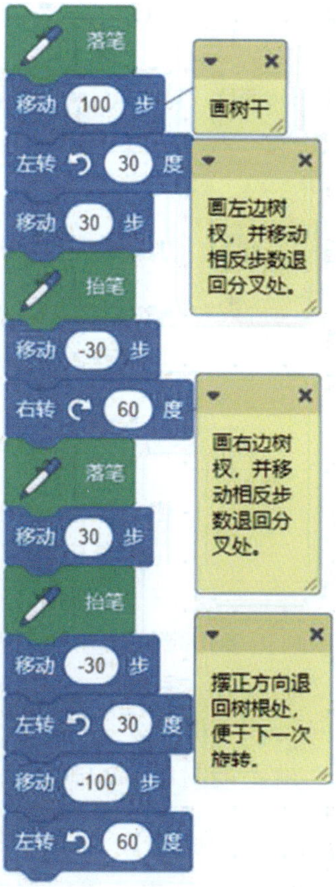
落笔
移动 100 步
画树干
左转 30 度
画左边树杈，并移动相反步数退回分叉处。
移动 30 步
抬笔
移动 -30 步
右转 60 度
画右边树杈，并移动相反步数退回分叉处。
落笔
移动 30 步
抬笔
移动 -30 步
左转 30 度
摆正方向退回树根处，便于下一次旋转。
移动 -100 步
左转 60 度

（a）

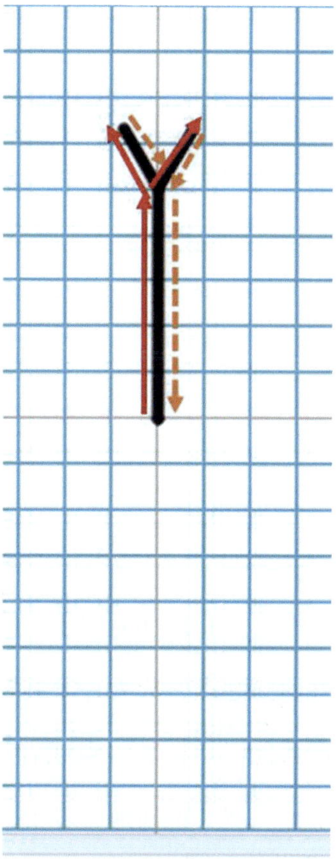

（b）

图 2-16 绘制单个“二叉树”的程序截图

## 任务实践

（1）六次重复执行×每次重复执行旋转 60° = 360°。如果把六次改成四次，把 60° 改成 90°，会绘制什么图形？那五次和 72°、$n$ 次和 $\left(\frac{360}{n}\right)$°呢？

（2）如果绘制的速度太慢，可以使用编辑菜单中的加速模式。如果 $n$ 足够大会不会是一个大圆盘呢？

（3）把二叉树换成其他图形，如正多边形呢？

（4）能不能画一个圆盘或者圆呢？画笔设粗一些，画一个彩虹图。注意：抬笔、落笔的使用。

（5）如图 2-17（a）所示的脚本（程序）是如何运行而生成图 2-17（b）所示效果的？注意每个循环的次数和与它对应转角度数的关系（乘积等于 360°），能通过设变量来推广吗？

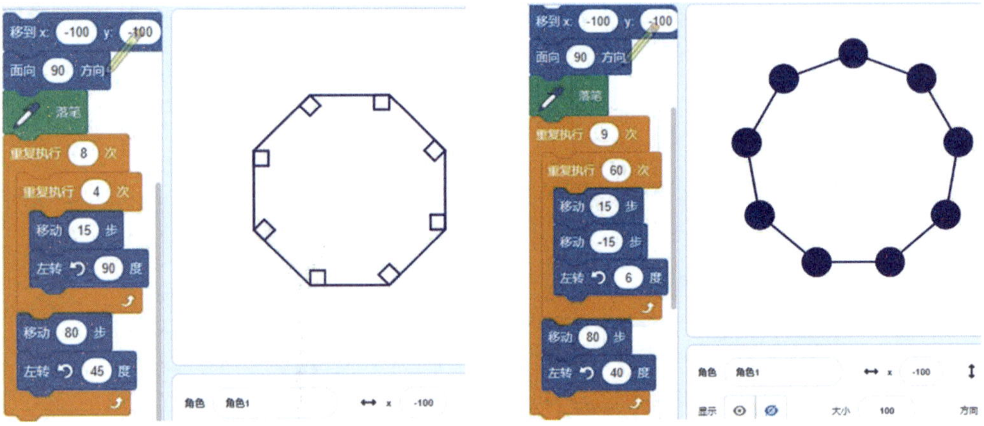
移到 x: -100 y: -100
面向 90 方向
落笔
重复执行 8 次
重复执行 4 次
移动 15 步
左转 90 度
移动 80 步
左转 45 度
角色 角色1
移到 x: -100 y: -100
面向 90 方向
落笔
重复执行 9 次
重复执行 60 次
移动 15 步
移动 -15 步
左转 6 度
移动 80 步
左转 40 度
角色 角色1

（a） （b）

图 2-17 画旋转图形的程序

## 2.2.3 使用直到循环画图

正多边形是作为直到循环运用最广的例子。画正多边形时，由于每次旋转$\left(\frac{360}{n}\right)°$，转满 $n$ 次，刚好回到起点，成为一个封闭图形。如果继续移动、左转画下去，就重复了。如果转角度数比$\left(\frac{360}{n}\right)°$大一点或者小一点，就不能封闭了，画笔每转这样的角度一次，长度再增加一些，不断地画若干次，直到长度达到上限，会有什么效果呢？

首先从 $n=3$ 开始，起点选在（0，0），方向向右，设立第一笔的长度变量“初始长度 $m$”，最后一笔的长度（上限）为变量“长度上限 $M$”，由于每一笔长度不同，用一个变量“长度 $L$”，这里使用一个新的循环（在控制积木里）“重复执行直到……”，它一直执行，直到某个条件（本例就是长度 $L$>长度上限 $M$）满足了才停下来。此处用到了布尔值（满足条件为真）。用直到循环画图的程序如图 2-18 所示。

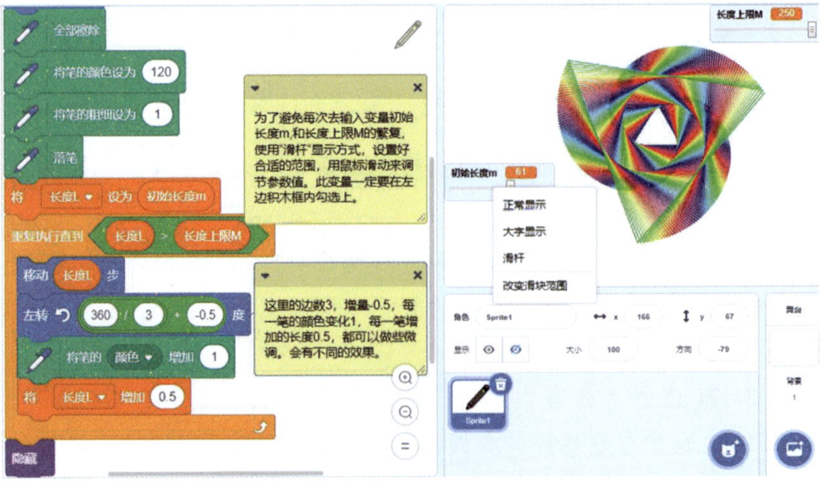
全部擦除
将笔的颜色设为 120
将笔的粗细设为 1
落笔
将 长度L 设为 初始长度m
重复执行直到 长度L > 长度上限M
移动 长度L 步
左转 360 / 3 + -0.5 度
将笔的 颜色 增加 1
将 长度L 增加 0.5
隐藏
为了避免每次去输入变量初始长度m,和长度上限M的繁复，使用"滑杆"显示方式，设置好合适的范围，用鼠标滑动来调节参数值。此变量一定要在左边积木框内勾选上。
这里的边数3，增量-0.5，每一笔的颜色变化1，每一笔增加的长度0.5，都可以做些微调。会有不同的效果。
长度上限M 250
初始长度m 61
正常显示
大字显示
滑杆
改变滑块范围

图 2-18 用直到循环画图的程序

## 任务实践

(1)在上面的例子中，尝试 $n=4, 5, 6, \cdots\cdots$(设立一个变量 $n$)，调节其他的微调增量，看看有些什么变化？针对新设变量 $n$，动手设置变量的“滑杆”显示和滑块范围。

(2)假如改为每次旋转的角度 $\left(\frac{360}{n}\right)^{\circ}$ 不变，而移动的步数 $L$ 减少(如 0.2)，直到长度 $L$ 小于 1 为止，会是什么效果呢？

## 2.2.4 图章积木与风车

由上文可知只需要旋转和重复执行，就能把简单图案(如正方形)变成复杂图案。但如果要旋转的不再是简单图案，而是复杂图案，通常会在绘图编辑器中创建出这个复杂图案的角色造型，然后使用图章积木在舞台上不断地复制。

在绘图编辑器中绘制一个风车叶片图案，如图 2-19(c)所示，选择它作为角色当前造型。注意，将造型的中心点设置到旗杆的底端，这样才能围绕着这个点进行旋转。

图 2-19(b)为绘制大风车的脚本。首先重复执行 8 次，每次旗帜的造型都会像盖图章一样，被印在舞台上。然后向左旋转 45°为下次按下图章做好准备。注意，脚本中需要将旋转模式设定为任意旋转，这样叶片才能进行旋转。

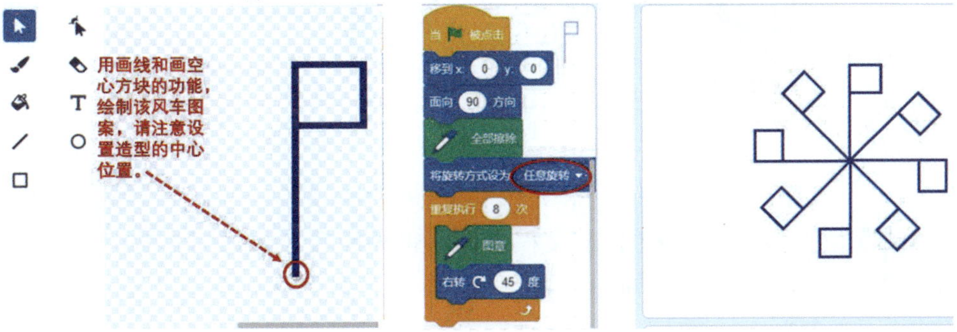

用画线和画空心方块的功能，绘制该风车图案，请注意设置造型的中心位置。
当 被点击
移到 x: 0 y: 0
面向 90 方向
全部擦除
将旋转方式设为 任意旋转
重复执行 8 次
图章
右转 45 度

(a)　　　　(b)　　　　(c)

图 2-19　图章积木可以轻松创建复杂的几何图形

**专家指点**　将颜色特效增加(外观模块)模块可以添加图形特效，例如，颜色、鱼眼、旋涡特效等。在重复执行中加入这块积木块，可以尝试各种不同的特效，做出更加酷炫的图形。注意，若叶片为黑色，那么颜色特效将不起作用。

## 2.2.5 自定义积木

如图 2-20 所示与大风车相比，折扇的旋转中心没有在末端而在轴心处，先用画笔直接画，然后用角色图章实现。

如果脚本比较长，查看编辑比较麻烦，板块之间的脉络也不容易厘清，可以使用“自制积木”的方法，具体步骤如下。

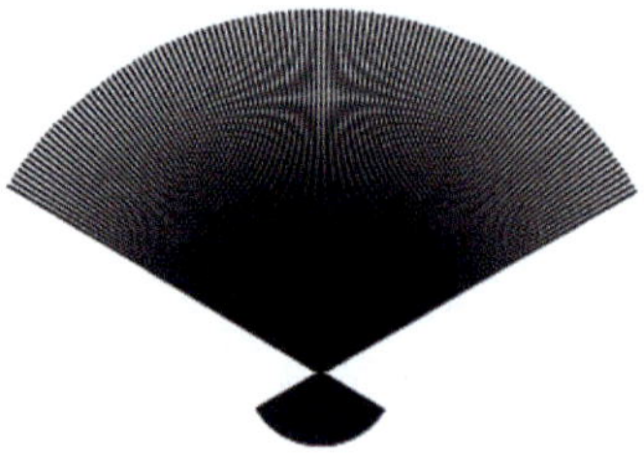

图 2-20　扇面 120 度扇骨长段 150 短段 30

(1)单击“制作新积木”按钮，进入设置编辑界面，给积木命名。如果有调用的参数(数值或布尔值)，例如，“画折扇”积木中的轴心横坐标 $x$，纵坐标 $y$，扇骨的短段 $m$，长段 $M$，或者必要的文字说明，就点击相应的按钮，并输入适当的名称或文本内容。需要调用它的时候，从左边拖拽过去，把相应的变量或数字等填入白色的空格内，如图 2-21 所示。

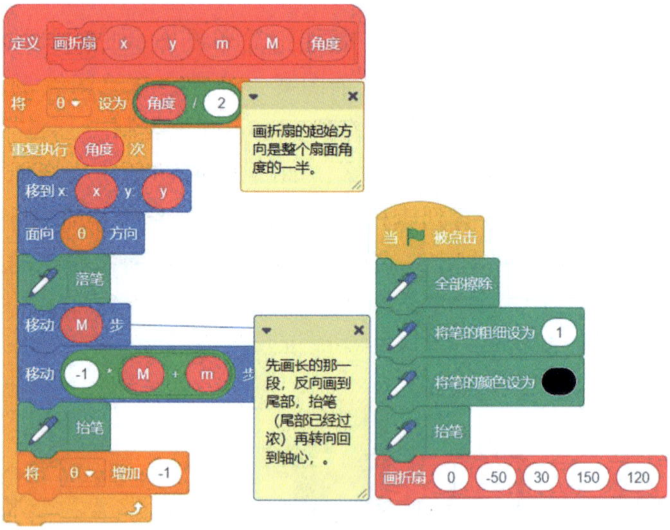
定义 画折扇 x y m M 角度
将 θ 设为 角度 / 2
画折扇的起始方向是整个扇面角度的一半。
重复执行 角度 次
移到 x: x y: y
面向 θ 方向
落笔
移动 M 步
移动 -1 * M + m 步
先画长的那一段，反向画到尾部，抬笔（尾部已经过浓）再转向回到轴心，。
抬笔
将 θ 增加 -1
当 被点击
全部擦除
将笔的粗细设为 1
将笔的颜色设为
抬笔
画折扇 0 -50 30 150 120

图 2-21　画笔画折扇代码

(2)阅读并动手搭建。制作自定义积木的编辑界面和参数如图 2-22 所示，注意初次出现的自定义积木，特别是轴心横纵坐标、轴心距扇骨两端距离以及扇形角度的设置和使用(图 2-23)。

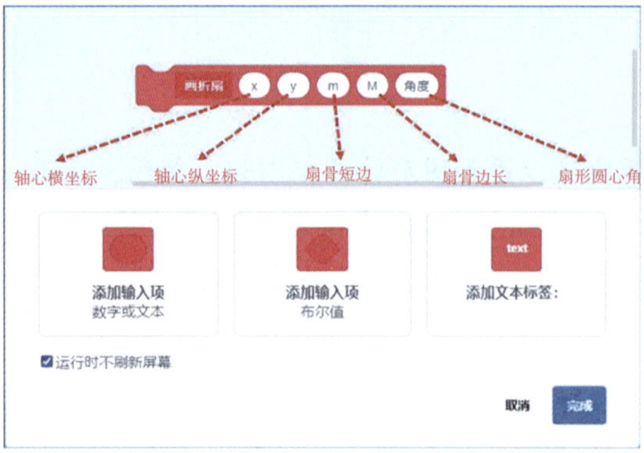
画折扇 x y m M 角度
轴心横坐标
轴心纵坐标
扇骨短边
扇骨边长
扇形圆心角
添加输入项
数字或文本
添加输入项
布尔值
添加文本标签:
运行时不刷新屏幕
取消
完成

图 2-22　制作自定义积木的编辑界面和参数

轴心
当 被点击
全部擦除
显示
移到 x: 0 y: -50
画折扇
定义 画折扇
重复执行 120 次
面向 θ 方向
图章
将 θ 增加 -1

图 2-23　图章画折扇的造型和代码截图

(3)用角色图章画折扇要注意的是，画造型的时候，线段向右，折扇的轴心要在画板的中心位置处。虽然画角色稍微麻烦一些，但代码变得更简洁了。

### 任务实践

建立一个画正多边形的自定义积木，参数为边数 $N$、边长 $L$ 和起始位置横坐标 $x$、纵坐标 $y$。

# 任务 3　使用重复执行画图

### 任务概述

小明正在和大家讨论前面画的风车非常漂亮，可惜砖块是空心的，如何画出实心的图形呢？他在课外书中看到，Python 编程中有一个给封闭图形填充颜色的内置功能很好用。Scratch 有没有这样的功能？如果没有，有没有弥补的办法，画出一些简单的实心封闭图形呢？

### 任务重点与实施

## 2.3.1　画实心多边形

根据前文可知，如果把转角稍稍比 $\left(\frac{360}{n}\right)$°增大一点点，每次边长增加一点点就可以不封闭地一直画下去。这里为了画出实心多边形，转角不变，每次的边长减少一点点，直到小于 0.5 为止。这就可以不封闭地“内卷”成一个实心图形，画实心正多边形程序如图 2-24 所示。

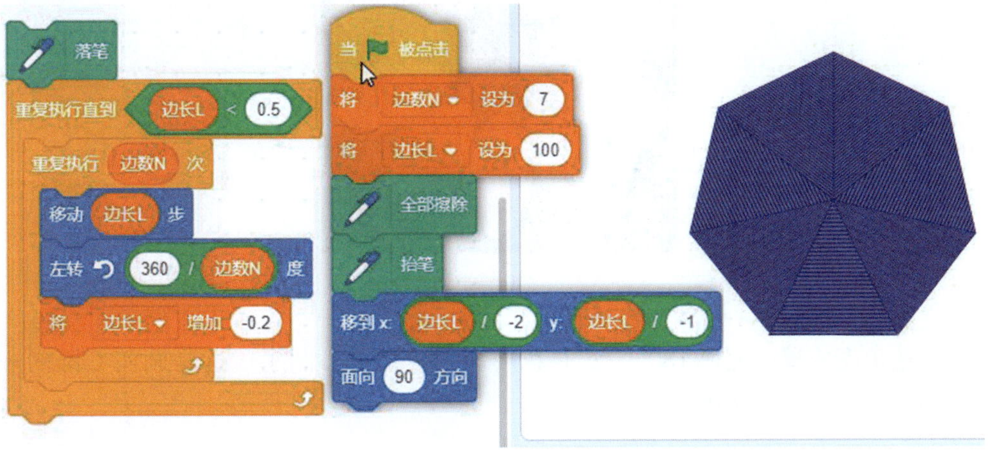

落笔
重复执行直到 边长L < 0.5
重复执行 边数N 次
移动 边长L 步
左转 360 / 边数N 度
将 边长L 增加 -0.2
当 被点击
将 边数N 设为 7
将 边长L 设为 100
全部擦除
抬笔
移到 x: 边长L / -2 y: 边长L / -1
面向 90 方向

图 2-24　画实心正多边形程序

画一向右的实心菱形(图 2-25)。设菱形的一个较小的内角为 $\theta$，边长为 $L$，首先面向 $90+\frac{\theta}{2}$，移动 $L$ 步，左转 $\theta$ 度，移动 $L$ 步，左转 $180-\theta$ 度，$L$ 减少 0.2……。

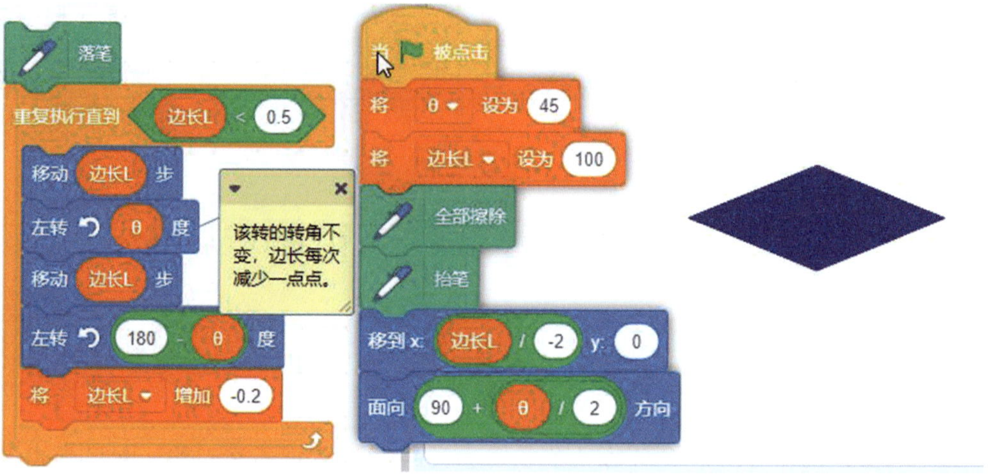
落笔
重复执行直到 边长L < 0.5
移动 边长L 步
左转 θ 度
移动 边长L 步
左转 180 - θ 度
将 边长L 增加 -0.2
该转的转角不变，边长每次减少一点点。
当 被点击
将 θ 设为 45
将 边长L 设为 100
全部擦除
抬笔
移到 x: 边长L / -2 y: 0
面向 90 + θ / 2 方向

图 2-25　画实心菱形的代码

## 2.3.2 画太阳花

画花瓣程序通过画两段圆弧组成一个花瓣轮廓，仍然可以转动角度不变，每次的步幅减小一点，直到小于 0.5 就可以画出实心的花瓣。但是画出的花瓣与最初的方向有个向右的偏差(同弧所对的圆周角是圆心角的一半)，所以画之前要左转。

例如，画 10 个环绕花瓣(图 2-26)的程序(图 2-27)，使用了保存位置和方向的变量。

图 2-26　均匀摆放的花瓣

如果把角度变量赋值成 180°，实心花瓣就是一个实心圆了。这是画实心圆的一种方法。还可以用其他方法画实心圆。

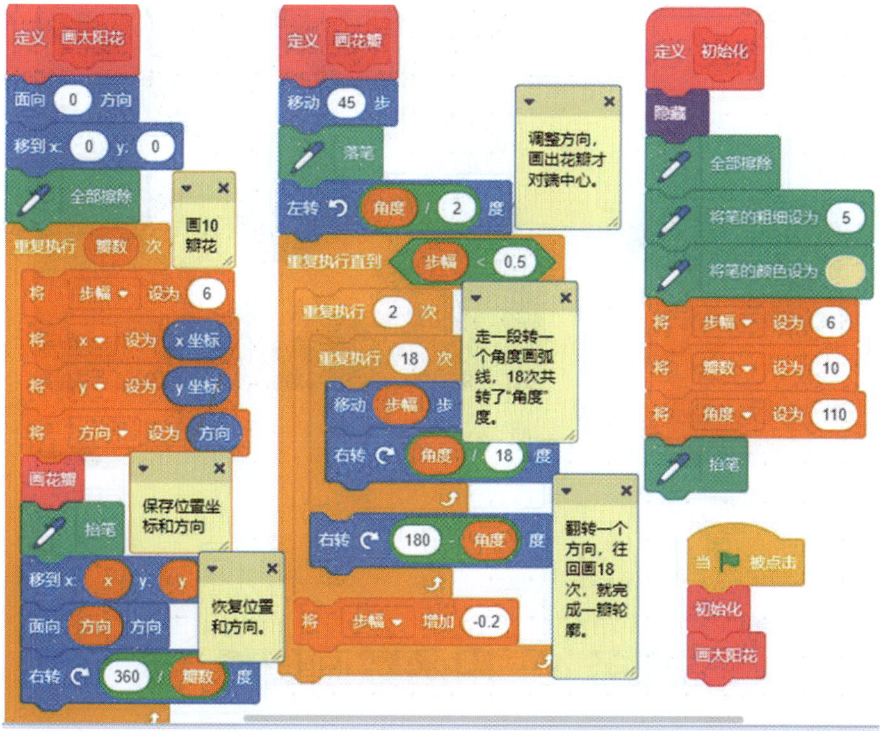
定义 画太阳花
面向 0 方向
移到 x: 0 y: 0
全部擦除
画10瓣花
重复执行 瓣数 次
将 步幅 设为 6
将 x 设为 x 坐标
将 y 设为 y 坐标
将 方向 设为 方向
画花瓣
保存位置坐标和方向
抬笔
移到 x: x y: y
面向 方向 方向
恢复位置和方向。
右转 360 / 瓣数 度
定义 画花瓣
移动 45 步
落笔
左转 角度 / 2 度
调整方向，画出花瓣才对着中心。
重复执行直到 步幅 < 0.5
重复执行 2 次
重复执行 18 次
移动 步幅 步
右转 角度 / 18 度
走一段转一个角度画弧线，18次共转了"角度"度。
右转 180 - 角度 度
将 步幅 增加 -0.2
翻转一个方向，往回画18次，就完成一瓣轮廓。
定义 初始化
隐藏
全部擦除
将笔的粗细设为 5
将笔的颜色设为
将 步幅 设为 6
将 瓣数 设为 10
将 角度 设为 110
抬笔
当 被点击
初始化
画太阳花

图 2-27　画太阳花瓣的程序

用户还可以通过不断地画半径来画实心扇形，中心角度 360°时就是整圆。图 2-28 为画实心扇形(圆)的子积木。其实还有更加简单的画实心整圆的方法，把画笔移到圆心位置，画笔粗细设成直径值，转动几次(如 4 次)就可以画出一个圆盘。

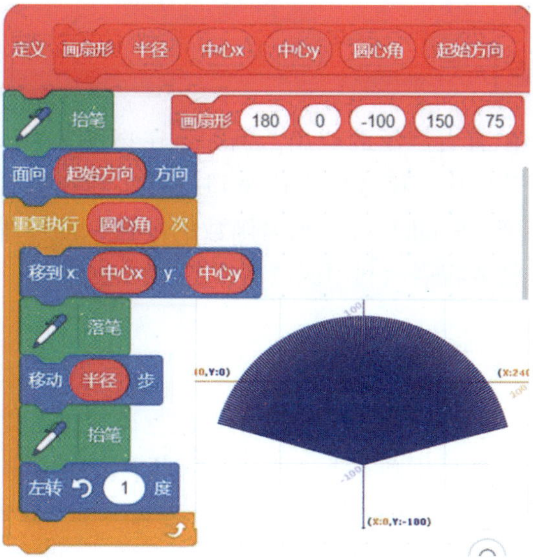
定义 画扇形 半径 中心x 中心y 圆心角 起始方向
抬笔
画扇形 180 0 -100 150 75
面向 起始方向 方向
重复执行 圆心角 次
移到 x: 中心x y: 中心y
落笔
移动 半径 步
抬笔
左转 1 度
(X:0,Y:-180)

图 2-28　画实心扇形的自定义积木

在图 2-27 画花瓣程序中加上一段画实心圆的代码，就是一个完整的太阳花(图 2-29)。

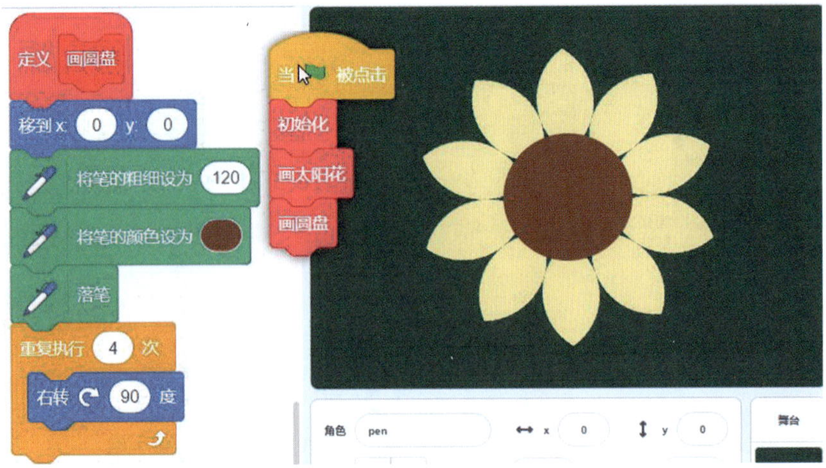
定义 画圆盘
移到 x: 0 y: 0
将笔的粗细设为 120
将笔的颜色设为
落笔
重复执行 4 次
右转 90 度
当 被点击
初始化
画太阳花
画圆盘
角色 pen
x 0
y 0
舞台

图 2-29　完整太阳花效果图

# 任务 4　用函数画图像

## 任务概述

小明很高兴学到了画各种漂亮的图形，在数学课上学习了许多函数和解析几何方程，是否做到不仅能计算函数值，还能画出它的图像呢？本任务主要学习用函数画图像。

## 任务重点与实施

函数在数学和科学中有着广泛的应用。例如，在物理学中，函数可以用来描述物理量的变化关系；在经济学中，函数可以用来建立经济模型；在工程学中，函数可以用来设计电路或机械系统。Scratch 可以画出函数的图像帮助理解函数，也可以利用函数画出美妙的图形。本任务将展示利用函数制作各种图形。

### 2.4.1　画函数图像

画函数 $y=f(x)$ 的图像，就是给定一个 $x$ 值，根据函数表达式计算出相对应的 $y$ 值，得到一个点坐标 $(x, y)$，然后用画笔把这些一系列点描出来。

【例 1】以激活函数 sigmoid 函数为例，函数表达式由下列公式定义。

$$S(x)=\frac{1}{1+e^{-x}}$$

由于 $S(x)$ 的值在 0 到 1 之间，因为值太小了，所以用 Scratch 舞台的一个步长作为一个单位的话，几乎看不到图像。可以把坐标系的单位适当扩大，横轴方向 480 步，变成 20 个单位[−10，10]，扩大 24 倍，纵轴方向适当更大一点，扩大 160 倍。在计算时，必须是原始的 $x$ 和 $y$，描点时，按刚才的倍数扩大。画 sigmoid 函数图像如图 2-30 所示。

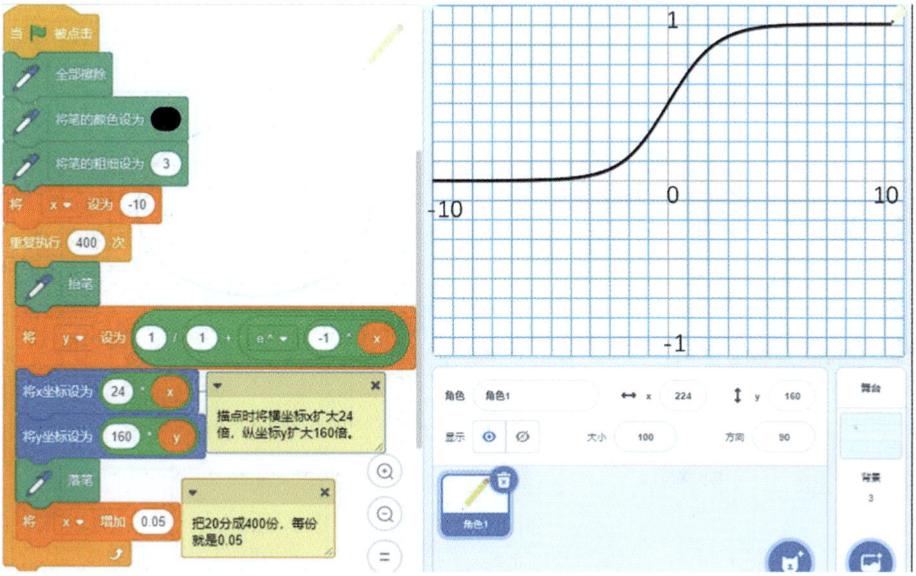
当 被点击
全部擦除
将笔的颜色设为
将笔的粗细设为 3
将 x 设为 -10
重复执行 400 次
抬笔
将 y 设为 1 / 1 + e^ -1 * x
将x坐标设为 24 * x
将y坐标设为 160 * y
描点时将横坐标x扩大24倍，纵坐标y扩大160倍。
落笔
将 x 增加 0.05
把20分成400份，每份就是0.05
1
-10
0
10
-1
角色 角色1
x 224
y 160
显示
大小 100
方向 90
舞台
背景 3
角色1

图 2-30 画 sigmoid 函数图像

【例 2】画三角函数 $y=\cos x$ 的图像，注意角度制的转换和坐标单位扩大的倍数（图 2-31）。

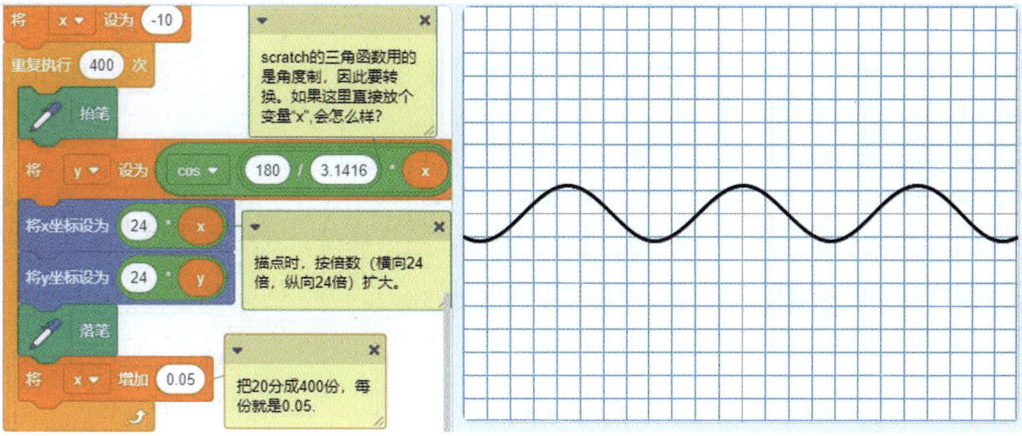
将 x 设为 -10
重复执行 400 次
scratch的三角函数用的是角度制，因此要转换。如果这里直接放个变量"x",会怎么样?
抬笔
将 y 设为 cos 180 / 3.1416 * x
将x坐标设为 24 * x
将y坐标设为 24 * y
描点时，按倍数（横向24倍，纵向24倍）扩大。
落笔
将 x 增加 0.05
把20分成400份，每份就是0.05.

图 2- 31 画余弦函数图像

## 2.4.2 用参数方程画函数图像

参数方程$\begin{cases}x=g(t)\\y=h(t)\end{cases}$的 $x$ 坐标和 $y$ 坐标的值都由参变量 $t$ 的值给出，而且用循环画其图像时，往往用参数变量作为循环变量。

【例 3】画椭圆：$\frac{x^2}{16}+\frac{y^2}{9}=1$，它的参数方程为 $\begin{cases}x=4\cos\theta\\y=3\sin\theta\end{cases}$，$\theta$ 是参变量。图 2-32 脚本中直接使用角度制（Scratch 的三角函数用的是角度制），每隔 1 度描一个点。

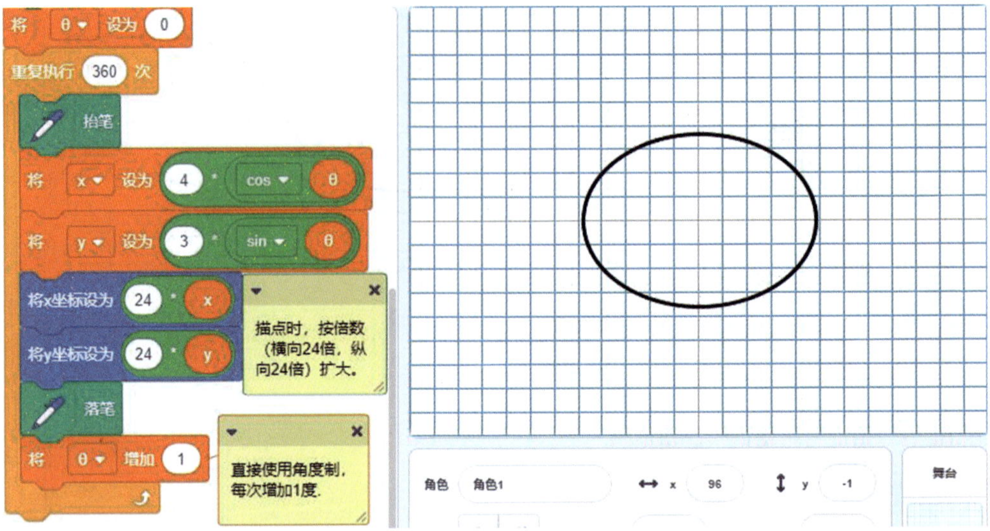
将 θ 设为 0
重复执行 360 次
抬笔
将 x 设为 4 * cos θ
将 y 设为 3 * sin θ
将x坐标设为 24 * x
将y坐标设为 24 * y
描点时，按倍数（横向24倍，纵向24倍）扩大。
落笔
将 θ 增加 1
直接使用角度制，每次增加1度。
角色 角色1
x 96
y -1
舞台

图 2- 32　画椭圆图像

## 任务实践

(1) 尝试建立长短半轴变量 $a$ 和 $b$，画出各种形状的椭圆。$a=b$ 时是什么形状？

(2) 美丽的蝴蝶曲线也能画出来，蝴蝶曲线的参数方程为

$$\begin{cases}x=a\sin t\left[e^{\cos t}-2\cos 4t+\left(\sin\frac{t}{12}\right)^5\right]\\ y=b\cos t\left[e^{\cos t}-2\cos 4t+\left(\sin\frac{t}{12}\right)^5\right]\end{cases}$$

与例 1 相比较，复杂的是表达式 $e^{\cos t}-2\cos 4t+\left(\sin\frac{t}{12}\right)^5$，可用中转变量 $z$ 来逐步迭代更新赋值的办法存放。由正余弦函数的周期性可知，$T=\frac{2\pi}{\omega}=\frac{360}{\frac{1}{12}}=12\times360°$，把 $t$ 的范围确定为 $0\sim12\times360$。

## 2.4.3 用极坐标方程画曲线

Scratch 有强大的移动指令和方向指令，使得它用极坐标方程有得天独厚的优势。如图 2-33 所示，在平面上取一定点 $O$，称为极点，由 $O$ 出发的一条射线 $Ox$，称为极轴。再取定一个长度单位，通常规定角度取逆时针方向为正。这样，平面上任一点 $P$ 的位置就可以用线段 $OP$ 的长度 $\rho$ 以及从 $Ox$ 到 $OP$ 的角度 $\theta$ 来确定，有序数对 $(\rho,\theta)$ 就

称为 $P$ 点的极坐标，记为 $P$；$\rho(\rho, \theta)$ 称为 $P$ 点的极径，$\theta$ 称为 $P$ 点的极角。约定极点的极径为零，极角不定。除了极点外，点和它的极坐标呈一一对应。

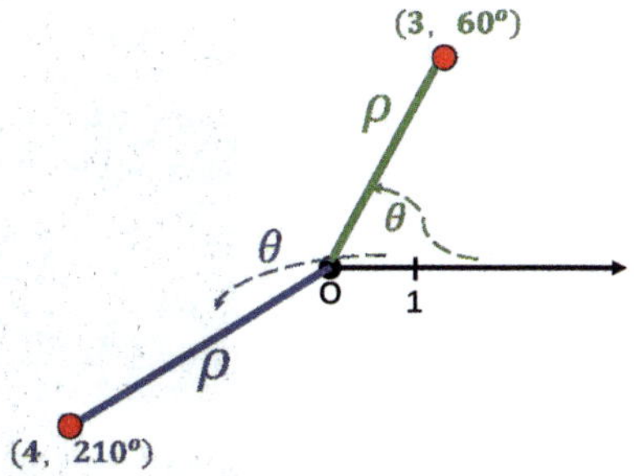


图 2-33 极坐标示意图

当限制 $\rho \geqslant 0$，$0 \leqslant \theta < 2\pi$ 时，平面上除极点 $O$ 以外，其他每一点都有唯一的一个极坐标。极点的极径为零，极角任意。若除去上述限制，平面上每一点都有无数多组极坐标，如果$(\rho, \theta)$是一个点的极坐标，那么$(\rho, \theta+2k\pi)$，$(-\rho, \theta+(2k+1)\pi)$，都可作为它的极坐标，这里 $k$ 是任意整数。

平面上有些曲线，如果用直角坐标系很难表示，而采用极坐标时，方程比较简单。例如，以原点为中心、$r$ 为半径的圆的极坐标方程为 $\rho=r$，等速螺线的极坐标方程为 $\rho=a\theta$。此外，椭圆、双曲线和抛物线这三种不同的圆锥曲线，甚至可以用一个统一的极坐标方程表示。

例如，玫瑰线的极坐标方程有以下四种类型。

(1)$\rho=a\sin n\theta$，$a$ 是正数，$n$ 是正整数。

(2)$\rho=a\sin \dfrac{\theta}{n}$，$a$ 是正数，$n$ 是正整数。

(3)$\rho=a\cos n\theta$，$a$ 是正数，$n$ 是正整数。

(4)$\rho=a\cos \dfrac{\theta}{n}$，$a$ 是正数，$n$ 是正整数。

如果坐标系不一样了，画图的思路与直角坐标系有所区别，对每个坐标 $\theta$，曲线上的点距离极点的距离是 $\rho$，方向是 $\theta$，于是抬笔从极点出发，移动 $\rho$ 步，落笔，立即抬笔返回极点。不返回(0，0)是因为有些图形为了合理展现，可能极点不选在(0，0)。这样脚本就比较简单明了。就是让 $\theta$ 遍历，面向 $\theta$，移动 $\rho$ 步，准确抬笔，落笔。

【例 4】画玫瑰线 $\rho=a\sin n\theta$($a$ 是正数，$n$ 是正整数)。图 2-34 为画玫瑰线脚本，图 2-35 为玫瑰线。

当 $n=3$ 时的图像与数学教科书的标准图形相比，角度不同，是因为 Scratch 的坐标系与书上的坐标系有些不同，一是 0°的方向是向上而不是向右，相当于左转了 90°；二是方向度数的增加是顺时针方向。

解决的办法是：把“面向…θ…方向”改为“面向…90−θ…方向”，相当于坐标系右转了 90°，而且角度增加方向也反过来了。图 2-36 为调整面向积木后的玫瑰图。

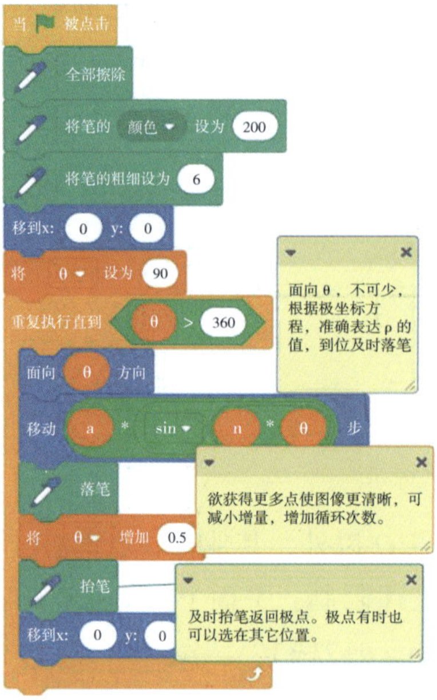
当 被点击
全部擦除
将笔的 颜色 设为 200
将笔的粗细设为 6
移到x: 0 y: 0
将 θ 设为 90
重复执行直到 θ > 360
面向 θ 方向
移动 a * sin n * θ 步
落笔
将 θ 增加 0.5
抬笔
移到x: 0 y: 0
面向θ，不可少，根据极坐标方程，准确表达ρ的值，到位及时落笔
欲获得更多点使图像更清晰，可减小增量，增加循环次数。
及时抬笔返回极点。极点有时也可以选在其它位置。

图 2-34　画玫瑰线脚本

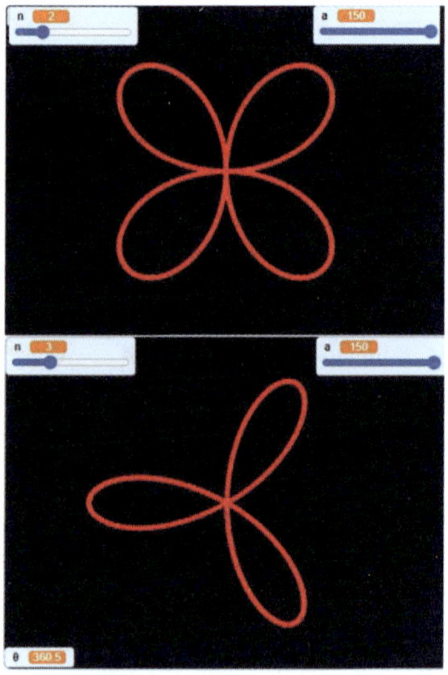

图 2-35　玫瑰线

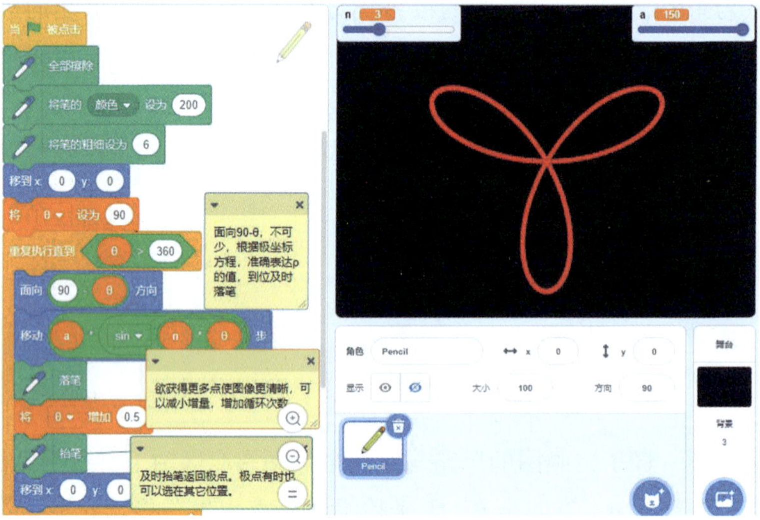
当 被点击
全部擦除
将笔的 颜色 设为 200
将笔的粗细设为 6
移到x 0 y 0
将 θ 设为 90
重复执行直到 θ > 360
面向 90 - θ 方向
移动 a * sin n * θ 步
落笔
将 θ 增加 0.5
抬笔
移到x 0 y 0
面向90-θ，不可少，根据极坐标方程，准确表达ρ的值，到位及时落笔
欲获得更多点使图像更清晰，可以减小增量，增加循环次数
及时抬笔返回极点。极点有时也可以选在其它位置。

图 2-36　调整面向积木后的玫瑰图

## 项目小结

本项目主要介绍了绝对动作积木移动角色，首先介绍了角色当前的位置或方向进行移动的相对动作积木；其次介绍了画笔中的图章积木，配合重复执行绘制复杂图形并实现旋转；最后介绍了用画笔和循环(重复执行)，绘制了一些典型的函数图像和极坐标方程表示的几何曲线。通过本项目的学习，读者能掌握计算机科学的基础概念和编程技能，为后续的学习奠定基础。

# 项目习题

1. 参考画七彩虹的脚本，说明它是怎样运行的，变量 $r$ 的作用是什么？它的增量-10 与什么数量有关系？画一个七彩圆环。图 2-37 为画七彩虹的脚本及图形。

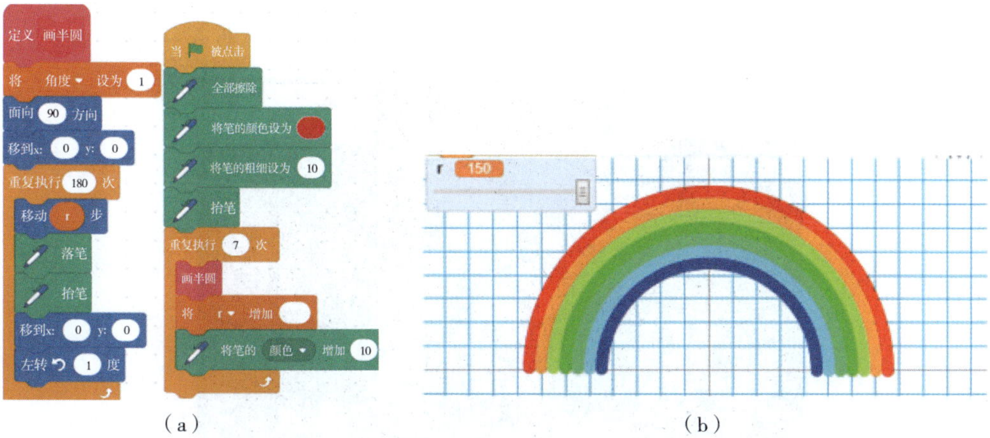
定义 画半圆
将 角度 设为 1
面向 90 方向
移到x: 0 y: 0
重复执行 180 次
移动 r 步
落笔
抬笔
移到x: 0 y: 0
左转 1 度
当 被点击
全部擦除
将笔的颜色设为
将笔的粗细设为 10
抬笔
重复执行 7 次
画半圆
将 r 增加
将笔的 颜色 增加 10
(a)
r 150
(b)

图 2-37 画七彩虹的脚本及图形

2. 利用编写程序画如图 2-38 所示的四种图形。

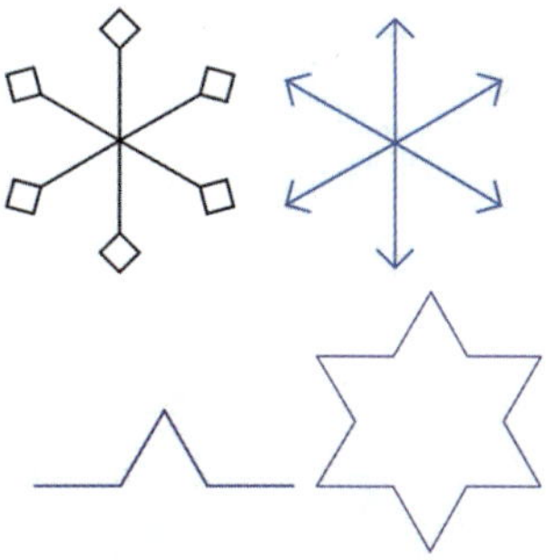

图 2-38 四种图形

3. 阅读参考画标准正态分布函数 $f(x)=\frac{1}{\sqrt{2\pi}}e^{\left(-\frac{x^2}{2}\right)}$ 在 $[-5, 5]$ 的曲线（注意坐标单位的放大比例和循环增量的选择）的程序主要片段（图 2-39），画出一个在机器学习中常用的激活函数 GELU 函数（$-5\leqslant x\leqslant 5$）的图像。

$$\mathrm{GELU}(x)=x\,\frac{1}{\sqrt{2\pi}}e^{\left(-\frac{x^2}{2}\right)}$$

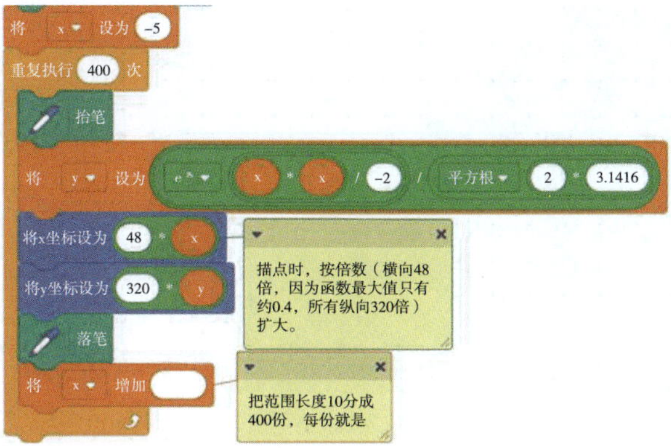
将 x 设为 -5
重复执行 400 次
抬笔
将 y 设为 e ^ x * x / -2 / 平方根 2 * 3.1416
将x坐标设为 48 * x
将y坐标设为 320 * y
落笔
将 x 增加
描点时，按倍数（横向48倍，因为函数最大值只有约0.4，所有纵向320倍）扩大。
把范围长度10分成400份，每份就是

图 2-39 画标准正态分布函数图像的脚本片段

4. 画内次摆线，参数方程：$\begin{cases} x=(a-b)\cos t+\lambda\cos\dfrac{a-b}{b}t \\ y=(a-b)\sin t+\lambda\sin\dfrac{a-b}{b}t \end{cases}$（$a$ 是大圆半径，$b$ 是小圆半径，$\lambda>0$ ，$0°\leqslant t\leqslant 360°$是变量）。

【建议】$a$ 取 $b$ 的正数倍，因为图形形状与倍数有关。图 2-40 中红色部分是要画的内次摆线，可以尝试把大圆和小圆画出来，还可以取其他倍数，如 $\lambda<1$。

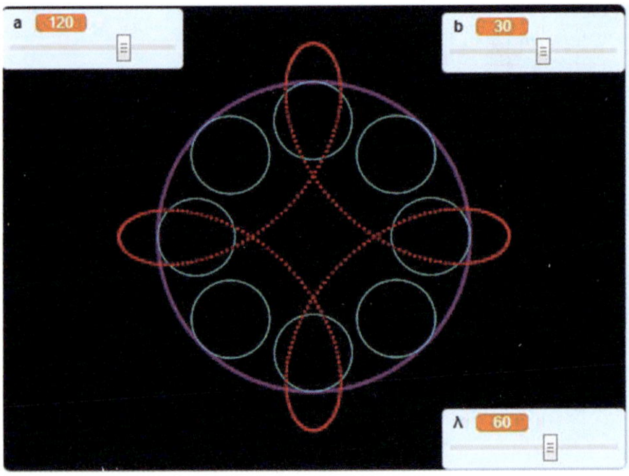


图 2-40　内次摆线

5. 画心形线，极坐标方程：$\rho=a(1+\cos\theta)$（$a$ 取一个适当的正数）和花瓣曲线 $\rho=a\dfrac{\sin(\cos b\theta)}{\cos(\sin b\theta)}$。

6. 用图章指令把角色（比小球）呈垛形排列在舞台上（图 2-41）。

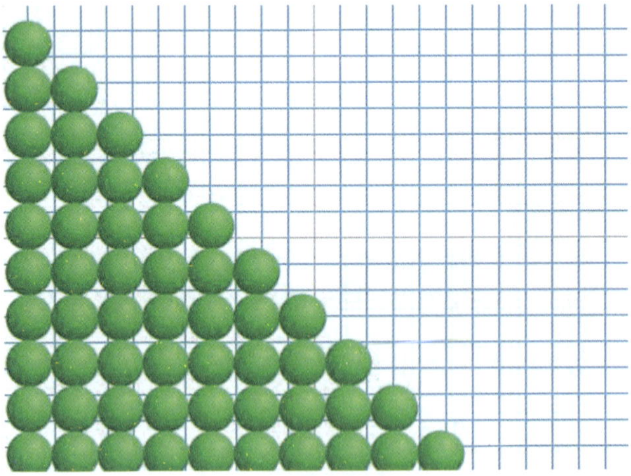

图 2-41　直角三角形垛形

7. 在深度神经网络中，通常使用修正线性单元（rectified linear unit，ReLU）作为神经元的激活函数。画出 ReLU 激活函数（$-240\leqslant x\leqslant 240$）。

$$\mathrm{ReLU}(x)=\begin{cases}x, & x>0\\0, & x\leqslant 0\end{cases}$$

图像的代码截图(图 2-42)，画出激活函数 LikeReLU 函数的图像($0\leqslant\alpha<1$)。

$$\mathrm{LikeReLU}(x)=\begin{cases}x, & x>0\\\alpha x, & x\leqslant 0\end{cases}\quad(0\leqslant\alpha<1)$$

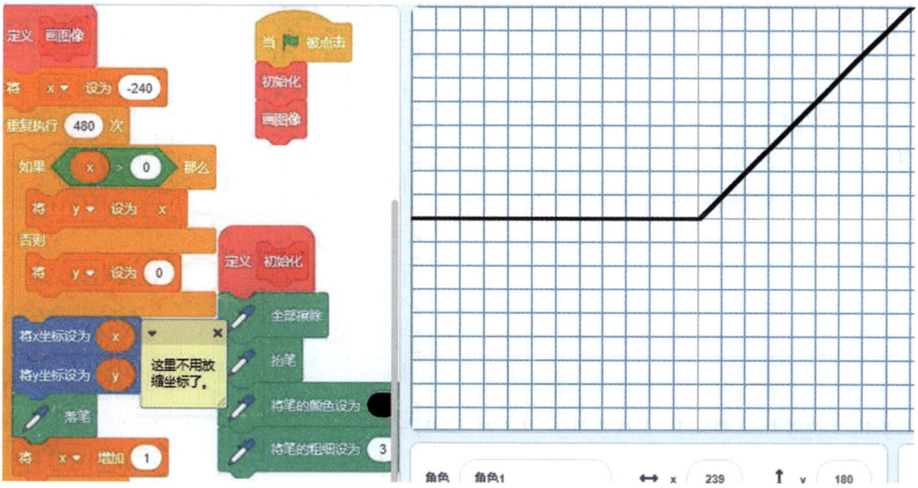
定义 画图像
将 x 设为 -240
重复执行 480 次
如果 x > 0 那么
将 y 设为 x
否则
将 y 设为 0
将x坐标设为 x
将y坐标设为 y
落笔
将 x 增加 1
当 被点击
初始化
画图像
这里不用放缩坐标了。
定义 初始化
全部擦除
抬笔
将笔的颜色设为
将笔的粗细设为 3
角色 角色1
x 239
y 180

图 2-42 画 ReLU 激活函数脚本

8. 编写一个根据圆心位置坐标和半径画实心扇形的自制积木，在此基础上在适当位置画半圆和整圆，画出如图 2-43 所示的太极图。

半径 165

图 2-43 太极图

## 项目概述

在 Scratch 编程中，逻辑构建是成功的关键。逻辑的构建涉及如何组织代码块，使程序能够按照预期的方式运行。可以实现程序的选择性执行、增强程序的灵活性、解决复杂问题。

## 学习目标

- 了解分支结构有关的运算符。
- 熟练使用逻辑判断制作简单的动画和游戏。
- 利用分支结构与克隆技巧结合编写一个经典游戏。
- 制作一个圆锥曲线的统一描图器。

## 思政目标

- 培养学生的社会主义核心价值观，引导学生树立正确的人生观和价值观。
- 培养学生敢于尝试运用程序思维去处理问题，勇于面对错误，主动去改正错误的挑战意识与责任意识。

03

# 项目3 逻辑决定分支结构

# 任务 1　分支结构的运算符

## 任务概述

小明很想做一个自动控制的游戏，如“蚂蚁巡线”，如何才能让角色蚂蚁知道偏离了轨道呢？这就需要根据一定条件（是否碰到某种颜色）做出判断。Scratch 可以通过分支结构做各种各样的决定。使用比较运算符就可以比较两个变量或者表达式的大小关系，即大于、小于或等于。比较运算符也叫作关系运算符，它可用来测试两个值之间的关系。

## 任务重点与实施

### 3.1.1　关系运算符

关系运算符主要包括大于（>）、小于（<）、等于（=）、不等于（≠）、大于或等于（≥）、小于或等于（≤）。这些运算符用于比较两个值的大小关系，是编程中进行条件判断的重要工具。Scratch 支持的三种关系运算符如表 3-1 所示。

**表 3-1　Scratch 支持的三种关系运算符**

| 运算符 | 含义 | 举例 |
|---|---|---|
| ( ) > ( ) | 大于 | (你的猜测) > (100)<br>猜测大于 100 吗？ |
| ( ) < ( ) | 小于 | (你的猜测) < (100)<br>猜测小于 100 吗？ |
| ( ) = ( ) | 等于 | (你的猜测) = (100)<br>猜测等于 100 吗？ |

## 任务实践

给变量“你的猜测”赋值 95，把相关 3 个比较运算结果连接起来（图 3-1）。

当 被点击
将 你的猜测 设为 95
思考 连接 你的猜测 > 100 和 连接 你的猜测 < 100 和 你的猜测 = 100
falsetruefalse

图 3-1　布尔值示例程序

Scratch 的关系运算符可以比较字母，它是根据字母表顺序进行字母大小的比较。由于字母 A 在字母 B 之前，因此表达式 A<B 返回 true。需要注意的是，字母间的比较忽略大小写，即大写字母 A 与小写字母 a 是相同的。因此，表达式 A=a 将返回 true。但是空格是不能忽略的(图 3-2)。

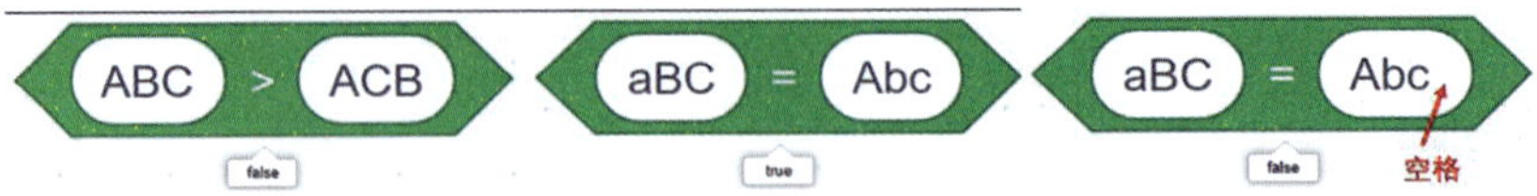


图 3-2　鼠标右键点击六边形框会显示布尔值

## 3.1.2 逻辑运算符

逻辑运算符可以连接两个或更多的布尔表达式，最终返回一个布尔值结果。例如，逻辑表达式($x>5$ 且 $x<10$)是由布尔表达式 $x>5$ 和布尔表达式 $x<10$ 通过逻辑运算符与(and)构成的。例如，把两个布尔表达式视为操作符与(and)的两个操作数，当这两个操作数均为 true 时，逻辑运算符与(and)的结果才为 true。

(1)三个逻辑运算符及其含义如表 3-2 所示。

表 3-2　三个逻辑运算符及其含义

| 运算符 | 含义 | 举例 |
| --- | --- | --- |
|   | 必须两个布尔表达式都为 true 时，结果为 true |   |
|   | 只要有一个布尔表达式为 true，结果就为 true | 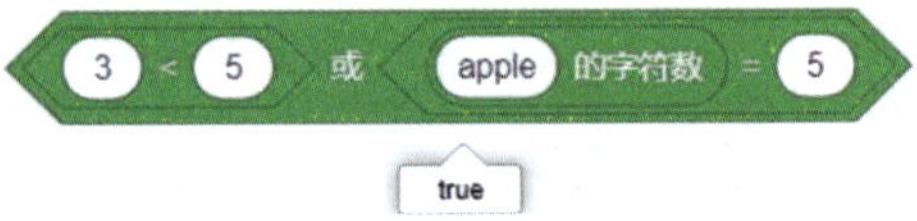  |
|   | 当布尔表达式为 false 时，结果为 true，反之为 false | 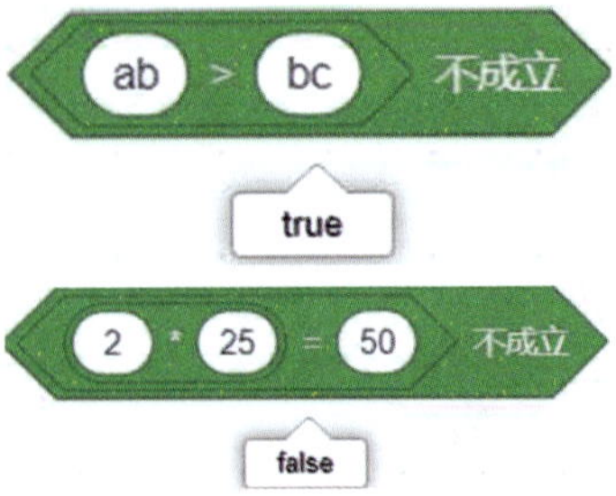  |

(2) 与运算符的真值表如表 3-3 所示。

**表 3-3　与运算符的真值表**

| X | Y | X 与 Y |
|---|---|---|
| true | true | true |
| true | false | false |
| false | true | false |
| false | false | false |

(3) 不成立运算符的真值表如表 3-4 所示。

**表 3-4　不成立运算符的真值表**

| X | X 不成立 |
|---|---|
| true | false |
| false | true |

## 任务实践

尽管 Scratch 没有提供≥和≤操作符，但是可以使用逻辑运算符将其实现。假如需要表示条件 $x \geq 10$，用户可以用两种运算符来实现它，如图 3-3 所示。

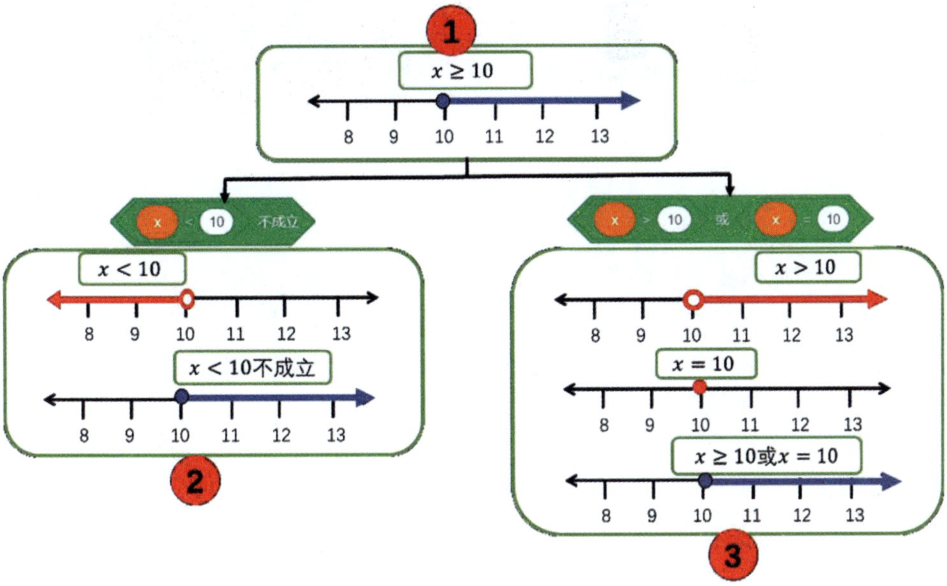


图 3-3　实现条件 $x \geq 10$ 的运算示意图

# 任务 2　用如果…那么…否则…积木做决定

## 任务概述

有了对关系运算符和逻辑运算符两种运算符的进一步了解，小明有点跃跃欲试，急于知道条件语句怎么用，希望利用“如果…那么…否则…”分支结构编写一个自动巡线的小车动画和“石头剪刀布”的游戏。

## 任务重点与实施

### 3.2.1　模拟自动驾驶的小车

要让自动驾驶的小车不偏离轨道，应该需要探测方向的传感器，发现偏左了就向右转方向，发现偏右了就向左转方向。下面编写简单的小动画程序来模拟自动驾驶的小车，具体方法如下。

(1)绘制一个小车角色，车头加两根不同颜色的“探头”，绘制一个跑道背景(可以是角色)，跑道一种颜色，其余部分(也可以是跑道边缘)一种颜色，如图 3-4 所示。

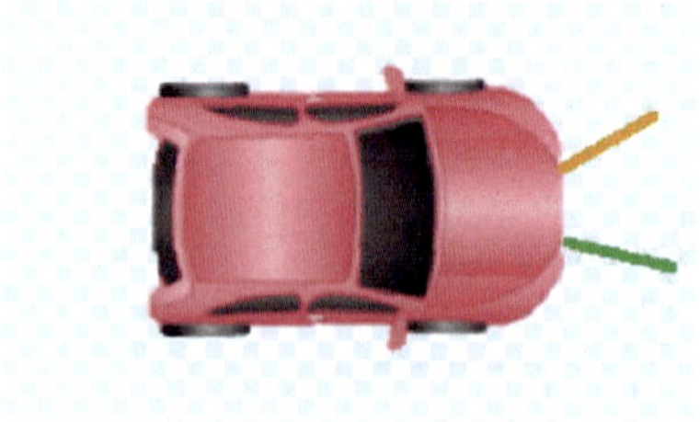

(a)

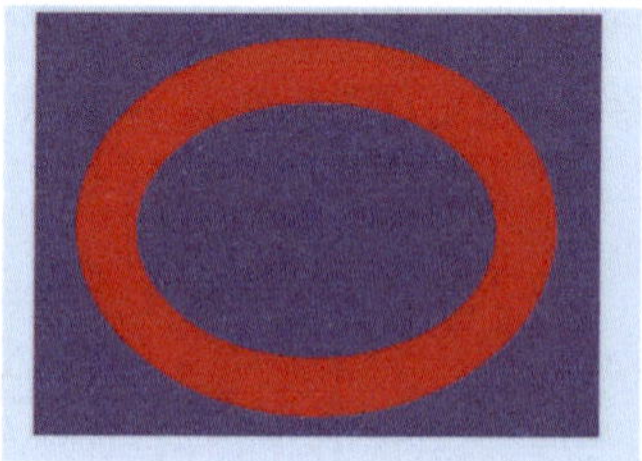

(b)

图 3-4　角色和背景绘制

(2)用探头颜色碰到周边颜色作为偏左偏右的条件判断，颜色选择可以配置相应的颜色参数(颜色、饱和度、亮度)，例如，画左边探头选择的是什么参数，那么在代码块里对应的颜色也要选择一样的参数。如果使用颜色选择的“滴管”工具，鼠标左键点击颜色椭圆形，再点击滴管图标，把光标拖到需要的颜色处点击，如图 3-5 所示。

## 任务实践

(1)搭建并运行小车在轨道上高速行驶，发现不会偏离路线，可以尝试改变宽跑道的形状会发生什么效果?

(2)编写一个窄轨道的巡线程序，以探头颜色碰到轨道颜色作为偏左或偏右的条件。

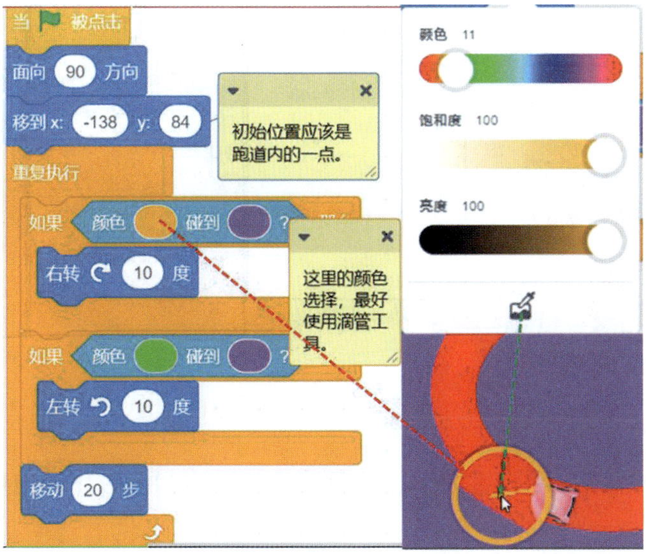


图 3-5　巡线小车的代码和滴管使用示意图

## 3.2.2 智能裁判——石头、剪刀、布

为了通过程序的编写，熟悉 Scratch 的更多模块功能，接下来将使用“广播消息”“接受到消息(并等待)”“当角色被点击”等事件类模块，让背景充当“裁判”角色。需要“用户选择”“电脑选择”和“赢家”三个变量。

为了游戏效果更直观，需要若干角色和造型。角色“用户”和角色“电脑”分别都有三个造型，石头对应编号 1，剪刀对应编号 2，布对应编号 3，它们的选择也对应造型编号。电脑在 1 ~3 之间随机选择一个数，显示该数对应的造型。而给用户设计的是在舞台左侧显示三个造型对应的图标，用户点击哪个，他的选择就对应哪个数字并显示相应的造型。

图 3-6　石头、剪刀、布程序舞台及角色截图

因此需要再增加三个造型图标角色，放置在左侧中上部位，角色被点击，就给变量“用户选择”对应赋值。还需要一个结果角色，根据结果变量的值，显示结果(三种造型：平局、用户赢、电脑赢)，如图 3-6 所示。

石头、剪刀、布各个角色的代码如图 3-7 所示。

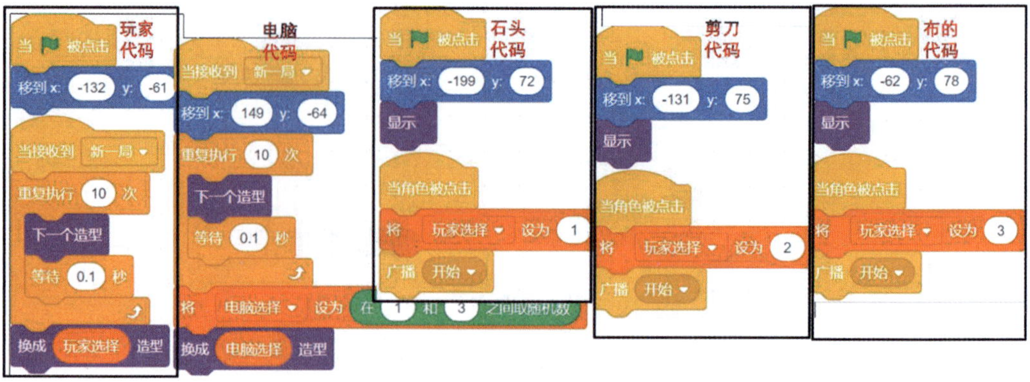
玩家代码
电脑代码
石头代码
剪刀代码
布的代码
当 被点击
移到 x: -132 y: -61
当接收到 新一局
重复执行 10 次
下一个造型
等待 0.1 秒
换成 玩家选择 造型
移到 x: 149 y: -64
将 电脑选择 设为 在 1 和 3 之间取随机数
换成 电脑选择 造型
移到 x: -199 y: 72
显示
当角色被点击
将 玩家选择 设为 1
广播 开始
移到 x: -131 y: 75
将 玩家选择 设为 2
移到 x: -62 y: 78
将 玩家选择 设为 3

图 3-7　石头、剪刀、布的各角色的脚本

背景(裁判)的代码如图 3-8 所示，角色结果的脚本和角色用户电脑的造型如图 3-9 所示。

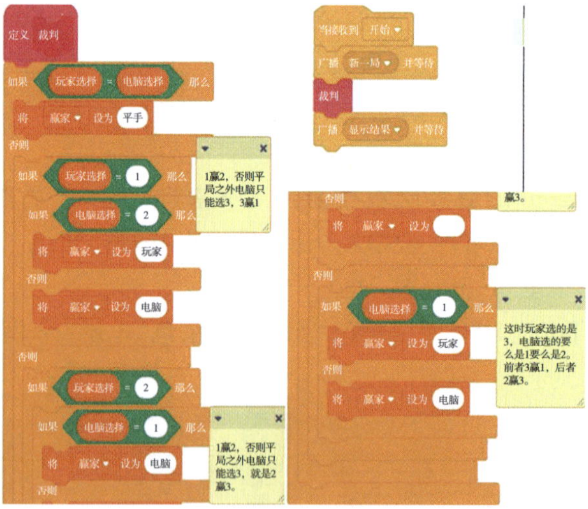
定义 裁判
如果 玩家选择 = 电脑选择 那么
将 赢家 设为 平手
否则
1赢2，否则平局之外电脑只能选3，3赢1
1赢2，否则平局之外电脑只能选3，就是2赢3。
这时玩家选的是3，电脑选的要么是1要么是2。前者3赢1，后者2赢3。
当接收到 开始
广播 新一局 并等待
裁判
广播 显示结果 并等待

图 3-8　背景(裁判)的脚本

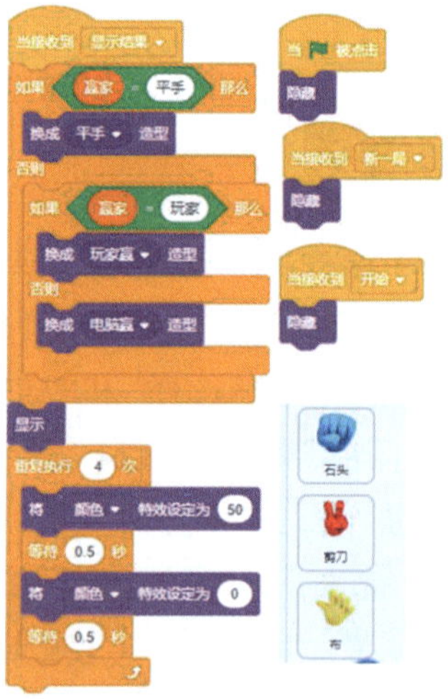
当接收到 显示结果
如果 赢家 = 平手 那么
换成 平手 造型
否则
如果 赢家 = 玩家 那么
换成 玩家赢 造型
换成 电脑赢 造型
显示
重复执行 4 次
将 颜色 特效设定为 50
等待 0.5 秒
将 颜色 特效设定为 0
当 被点击
隐藏
当接收到 新一局
当接收到 开始
石头
剪刀
布

图 3-9　角色结果的脚本和角色用户电脑的造型

# 任务 3　克隆与贪吃蛇游戏

## 任务概述

贪吃蛇是一款经典的益智游戏，既简单又好玩。用户通过控制蛇头方向来吃食物，一旦吃到食物，蛇的身体就会变长。当蛇的身体碰到游戏窗口的边缘，或者当蛇头碰到蛇身体的某一部位的时候，游戏就结束了。因此，随着游戏的进行，蛇吃到的食物越来越多，它的身体变得越来越长，游戏难度也逐渐增加。

## 任务重点与实施

### 3.3.1 源源不断的克隆体

制作动画和游戏时，有时需要同样或同类型的物体重复显现，例如，圣诞夜漫天飘落的雪花，不断出现的多个文字(棋子)，不断移动的背景等，都可以使用 Scratch 的克隆功能来实现。

克隆积木来自控制类模块，在 Scratch 编程中，克隆就是复制自己，任何角色都能使用克隆积木创建出自己或其他角色的克隆体，甚至连舞台也可以使用克隆。有关克隆的积木如图 3-10 所示。

当作为克隆体启动时
克隆 自己
删除此克隆体

a　　b　　c

图 3-10　有关克隆的积木

克隆一旦发生，克隆体会继承原角色的所有状态，包括当前位置、方向、造型、效果属性等。来用一下克隆积木，通过在程序中设定位置、大小、方向的方式体会一下“继承”的含义。“当作为克隆体启动时”积木使得每个克隆体在克隆完毕后，都以它为起点开始运行，如图 3-11 所示。

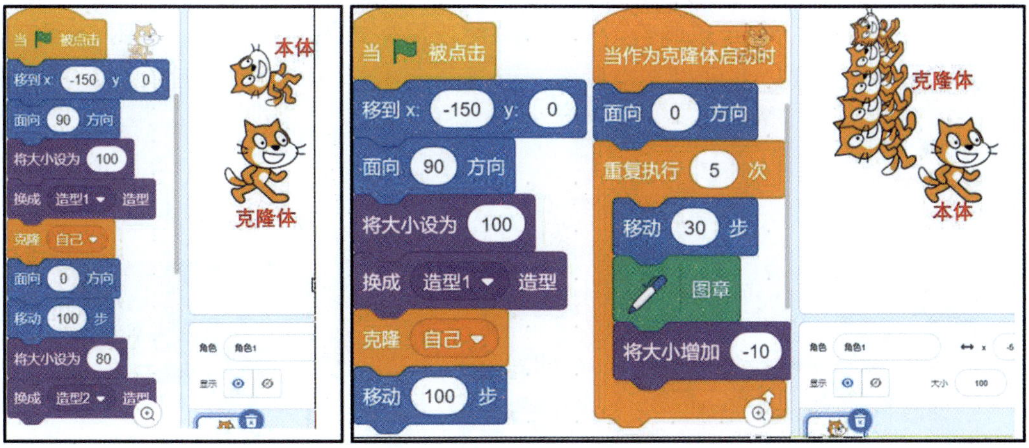

当 被点击
移到 x: -150 y: 0
面向 90 方向
将大小设为 100
换成 造型1 造型
克隆 自己
面向 0 方向
移动 100 步
将大小设为 80
换成 造型2 造型
本体
克隆体
当作为克隆体启动时
面向 0 方向
重复执行 5 次
移动 30 步
图章
将大小增加 -10
克隆体
本体

(a)　　(b)

图 3-11　克隆体的继承性和“当作为克隆体启动时”积木

**专家指点**

“克隆”是指可以复制角色；“当克隆体被启动”是指可以设计克隆体的动作；“删除此克隆体”是指可以让克隆体消失。每个角色的克隆体个数是有限的，必要的删除才能实现效果继续。

**任务实践**

制作冬夜雪花飘落的动画程序。

## 3.3.2 编写简版贪吃蛇游戏主要步骤

编写简版贪吃蛇游戏主要步骤如下。

(1)画方格和角色蛇的不同造型。

(2)实现用按键控制蛇的运动和方向。

(3)用克隆角色和适时(关键在于适时，等待时间越长，保留的蛇身克隆体越多，蛇身自然就越长)删除克隆体实现蛇身变长。

(4)实现食物出现在随机方格中心位置。

(5)建立奖励机制，蛇身长度与吃掉食物个数的关系(当食物角色碰到蛇角色，就让等待删除克隆体的时间变量值增大)。

(6)建立惩罚机制，蛇头碰到边缘或蛇身，游戏结束。

## 3.3.3 画网格和贪吃蛇的造型

画网格和贪吃蛇的造型步骤如下。

### 1. 画网格

设蛇身长度为“步长”，将屏幕画成步长见方的网格。可以用画金字塔的方法由小方格累积成屏幕网格，也可以画若干横线竖线组成网格如图 3-12 所示。可用“食物”角色充当画笔，角色“蛇”也可以充当画笔，但是舞台不行，因为舞台没有运动指令来完成。

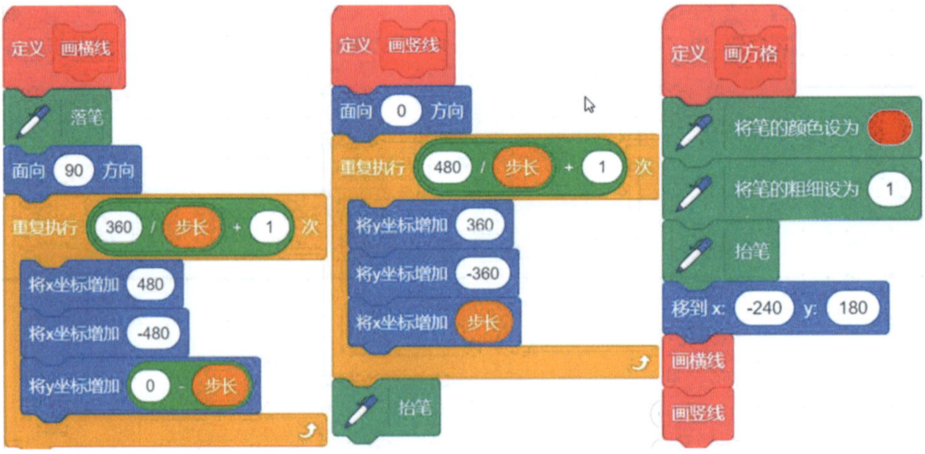
定义 画横线
落笔
面向 90 方向
重复执行 360 / 步长 + 1 次
将x坐标增加 480
将x坐标增加 -480
将y坐标增加 0 - 步长
定义 画竖线
面向 0 方向
重复执行 480 / 步长 + 1 次
将y坐标增加 360
将y坐标增加 -360
将x坐标增加 步长
抬笔
定义 画方格
将笔的颜色设为
将笔的粗细设为 1
抬笔
移到 x: -240 y: 180
画横线
画竖线

图 3-12 横竖线画网格

### 2. 绘制新角色“蛇”(使用矢量模式)造型

使用椭圆工具画一个绿色的圆(按住【Shift】键拖动鼠标)，再画一个红色的小圆，复制粘贴一次，拖放在适当位置(两眼白)。同样办法画一个黑色小圆，复制粘贴一次，放好(眼珠)。画一个红色椭圆再用变形工具“扭”成舌头形状，框选几部分，组合一下命名为蛇头，如图 3-13 所示。

复制造型，删去眼睛舌头部分，画一个白色小圆，复制，粘贴 3 次拖放 4 个适当位置(画蛇身)，组合命名为蛇身。注意对准中心位置。

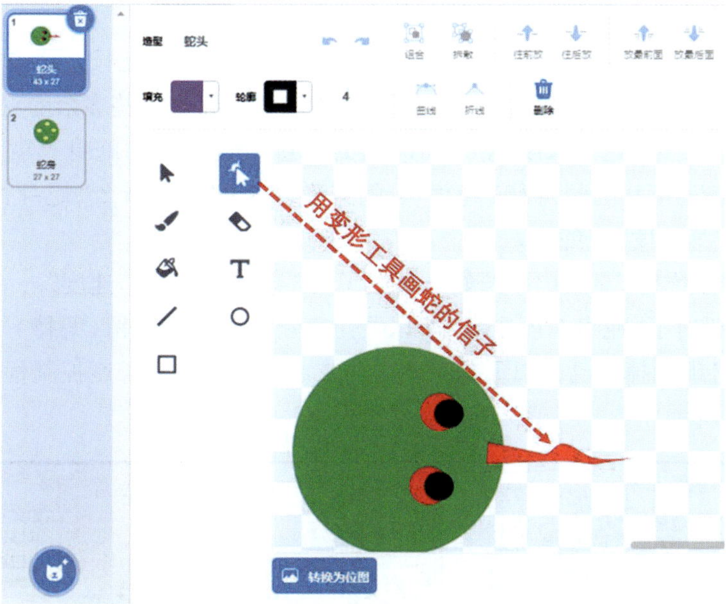

造型
蛇头
填充
轮廓
4
删除
蛇头
蛇身
用变形工具画蛇的信子
转换为位图

图 3-13　画蛇头的造型

### 3. 控制蛇的方向

运动方向控制的脚本(图 3-14)比较简单，按键盘上 4 个键(上下左右键或其他键)就面向 4 个不同方向。

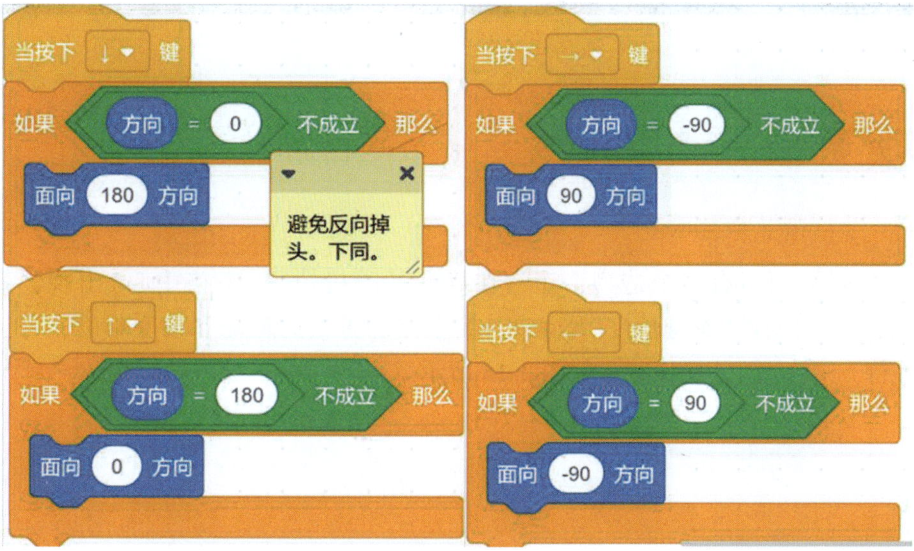

当按下 ↓ 键
如果 方向 = 0 不成立 那么
面向 180 方向
避免反向掉头。下同。
当按下 ↑ 键
如果 方向 = 180 不成立 那么
面向 0 方向
当按下 → 键
如果 方向 = -90 不成立 那么
面向 90 方向
当按下 ← 键
如果 方向 = 90 不成立 那么
面向 -90 方向

图 3-14　贪吃蛇方向控制程序

### 4. 控制蛇的长度和碰边惩罚机制

长度控制的脚本是通过删除克隆体等待时间的长短来确定的，等待时间越长，保留在舞台上的蛇身(克隆体)个数越多，蛇身就显得越长，否则就越短。

贪吃蛇的核心规则是吃了食物就使身体变长，实现的办法比较多，这里使用克隆积木让蛇身增多，角色“蛇”本尊(自己)担任蛇头，定时克隆一个“副本”，它的克隆体一旦启动只换造型(显示蛇身)，其他的状态继承原来的。

如果定时(如等待 0.3 s)无节制地克隆的话，蛇身会无限变长，这不符合要求，况且角色克隆体的总个数也有限制，就需要在恰当的时候删去一些多余的克隆体。

为此，设置变量“蛇身长度”和等待时间的变量“速度”，由蛇身长度和速度来控制屏幕上出现的蛇的形状。每等待“速度”s 就克隆一个蛇身，那么“蛇身长度”乘以“速度”s，就有“蛇身长度”个蛇身。

因此每个克隆体从克隆出来开始，超过了“蛇身长度”乘以“速度”s，后面就有新的克隆体出现，超出了“蛇身长度”个。所以要让克隆体启动后停留(等待)“蛇身长度”乘以“速度”s 就必须删掉自己，以上是贪吃蛇的核心算法。蛇身长度控制程序和碰边惩罚程序如图 3-15 所示。

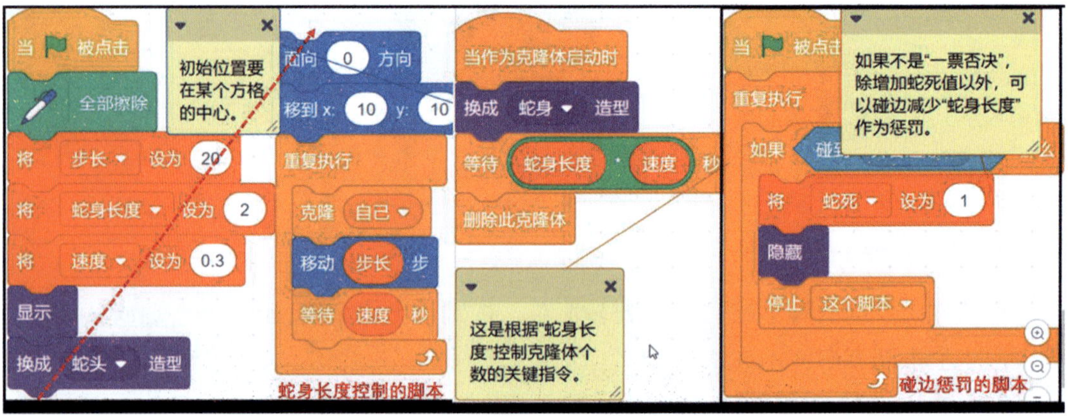

当 被点击
全部擦除
将 步长 设为 20
将 蛇身长度 设为 2
将 速度 设为 0.3
显示
换成 蛇头 造型
初始位置要在某个方格的中心。
面向 0 方向
移到 x: 10 y: 10
重复执行
克隆 自己
移动 步长 步
等待 速度 秒
蛇身长度控制的脚本
当作为克隆体启动时
换成 蛇身 造型
等待 蛇身长度 · 速度 秒
删除此克隆体
这是根据“蛇身长度”控制克隆体个数的关键指令。
当 被点击
重复执行
如果
将 蛇死 设为 1
隐藏
停止 这个脚本
如果不是“一票否决”，除增加蛇死值以外，可以碰边减少“蛇身长度”作为惩罚。
碰边惩罚的脚本

图 3-15　蛇身长度控制程序和碰边惩罚程序

## 3.3.4 食物随机出现及奖励和惩罚机制

### 1. 食物呈现及奖励

角色“食物”可以有多个造型，让它在舞台的随机位置(方格中心)出现，如果被“蛇”碰到，就给变量“蛇身长度”增加 1，为了增加游戏的趣味和改变难度，可让食物间隔(等待)一定时间就换地方，如图 3-16 所示。

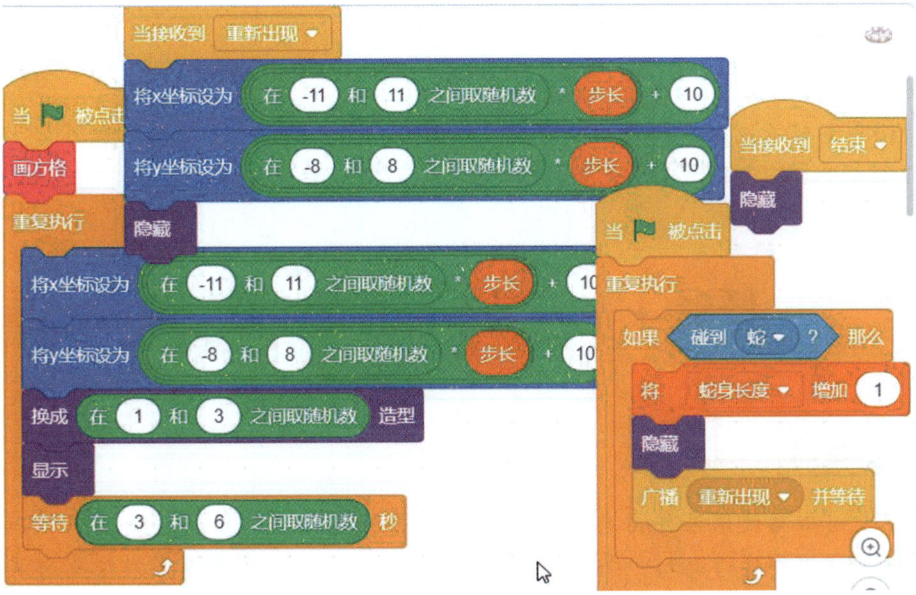
当接收到 重新出现
将x坐标设为 在 -11 和 11 之间取随机数 * 步长 + 10
将y坐标设为 在 -8 和 8 之间取随机数 * 步长 + 10
隐藏
当 被点击
画方格
重复执行
将x坐标设为 在 -11 和 11 之间取随机数 * 步长 + 10
将y坐标设为 在 -8 和 8 之间取随机数 * 步长 + 10
换成 在 1 和 3 之间取随机数 造型
显示
等待 在 3 和 6 之间取随机数 秒
当接收到 结束
隐藏
当 被点击
重复执行
如果 碰到 蛇 ? 那么
将 蛇身长度 增加 1
隐藏
广播 重新出现 并等待

图 3-16　角色“食物”的其他脚本

## 2. 惩罚

惩罚由裁判角色(舞台)来实施。设变量“蛇死”，初值为0，本例是“一票否决”，碰边就将“蛇死”设为1(图3-17)，而裁判“舞台”据此宣布失败并停止全部脚本。

当然也可以将条件放宽(如“蛇死”等于某个大于1的数时，认定失败。)

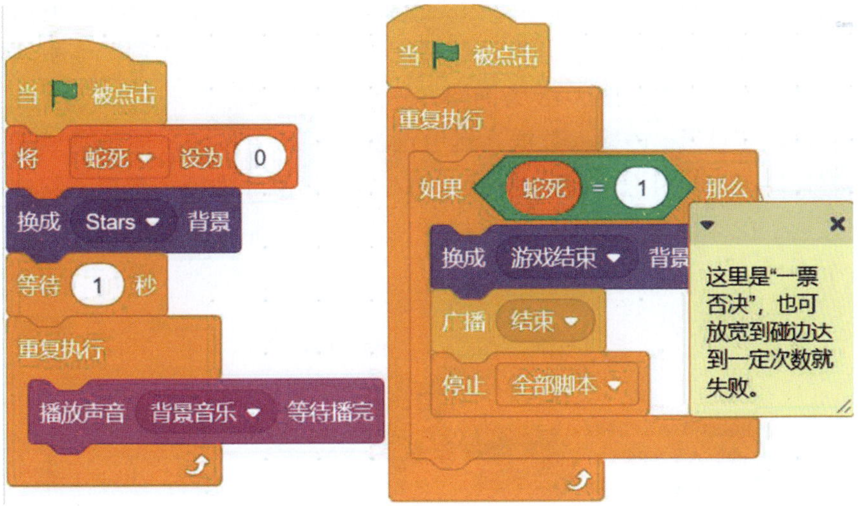
当 被点击
将 蛇死 设为 0
换成 Stars 背景
等待 1 秒
重复执行
播放声音 背景音乐 等待播完
当 被点击
重复执行
如果 蛇死 = 1 那么
换成 游戏结束 背景
广播 结束
停止 全部脚本
这里是“一票否决”，也可放宽到碰边达到一定次数就失败。

图 3-17　“裁判”舞台的脚本

## 任务实践

(1)编写一个改变奖惩规则的“贪吃蛇”程序，如碰边次数达到某个值，或者时间超过一定值，蛇身长度还达不到一定值就算失败。

(2)编写蛇身长度达到一定值就过关的游戏。
(3)如何实现碰到边缘就从另一边出来的效果?
(4)如何实现让食物不会落在蛇身和自身身上?
(5)用画笔的图章和擦除功能实现蛇身长度控制，编写一个贪吃蛇游戏。

# 任务 4　获得用户输入的方法

## 任务概述

为了更好编写使用条件语句的脚本，本任务将学习如何获得用户输入及其应用。例如，可以使用条件语句写一个拥有自我意识的交互式猜数字程序。在此游戏中，A出一个 1 到 100 的整数，B 来猜这个数是多少?要猜几次才能猜对?为了缩小猜测的范围，每次猜错后 A 都会告诉 B 应该猜再大一点儿数值还是小一点儿数值。

## 任务重点与实施

### 3.4.1 获得用户输入

侦测模块中的询问…并等待积木，相当于编程语言的 input( ) 函数。它有一个给用户提示信息的字符串参数，提示通常是以疑问句的方式出现。注意，该积木的展现形式与角色隐藏或显示有关，图 3-18 为询问并等待用户输入。

这时，可以在对话框内输入数据，然后点击“√”或者按回车键就完成了。但这时候几乎没有任何改变，因为“回答”的幕后积木接纳了刚才的输入数据，它也是侦测模块。可以勾选，在舞台上查看到，还可以像使用变量一样调用这个回答，例如，将它赋值给某个变量，也可以直接显示等。

询问
请输入你的答案:
并等待
请输入你的答案:

图 3-18　询问并等待用户输入

### 3.4.2 求平均数

求平均数的自制积木让这项任务变得极其简单。每当猜错一次，下一次猜测应该取决于这次猜得太大还是太小。如果猜小了，下次猜测应该是这次猜测和可猜最大值的中间值；如果猜大了，下次猜测应该是这次猜测和可猜最小值的中间值。

使用计算平均值的工具，用它编写猜数字程序，通过每次将可能的数值范围缩小一半，来做出智能的猜测。从制作求平均数模块开始，具体操作步骤如下。

(1)先建一个自制积木，如图3-19所示，由于Scratch没有“return”语句直接直接返回表达式值，就需要建一个返回平均值的变量“平均值”。运行这个自制积木后，就可以在变量中调用结果。

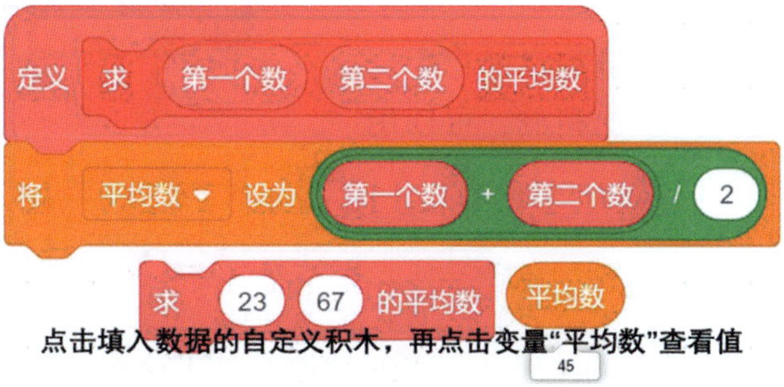

定义 求 第一个数 第二个数 的平均数
将 平均数 设为 第一个数 + 第二个数 / 2
求 23 67 的平均数
平均数
点击填入数据的自定义积木，再点击变量“平均数”查看值
45

图 3-19 计算平均数的自定义积木

(2)建立一个“随机数”变量，让计算机随机选择一个1到100的整数，放入“随机数”。注意，框中的数字不能加小数点，确保是整数(图3-20)。

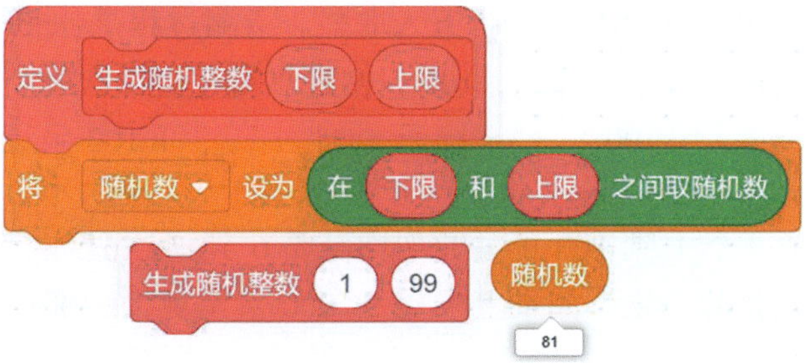

定义 生成随机整数 下限 上限
将 随机数 设为 在 下限 和 上限 之间取随机数
生成随机整数 1 99
随机数
81

图 3-20 生成随机数子积木

(3)程序需要向用户请求输入，这样就可以开始猜数。建立一个猜数变量，把用户输入的数字存放在其中(图3-21)。

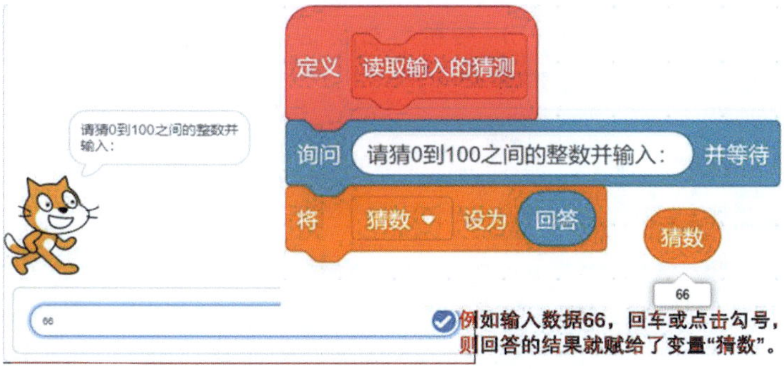

请猜0到100之间的整数并输入：
定义 读取输入的猜测
询问 请猜0到100之间的整数并输入： 并等待
将 猜数 设为 回答
猜数
66
例如输入数据66，回车或点击勾号，
则回答的结果就赋给了变量“猜数”。

图 3-21 获取用户输入的猜测子程序

(4)程序需要检查用户猜测的数是否正确。如果“随机数”保存的随机数和“猜数”中保存的输入相等，就告诉用户猜测正确，然后说出那个随机数。否则，告诉用户需要再猜大一点儿还是小一点儿。如果猜的数比随机数小，就告诉用户猜大一点儿；如果猜的数比随机数大，就告诉用户猜小一点儿。检验结果子程序和主程序如图 3-22 所示。

点击绿旗就可以开始，但是目前程序到这里就停下了，不会让用户多次猜测，可以用一个循环来解决这个问题。

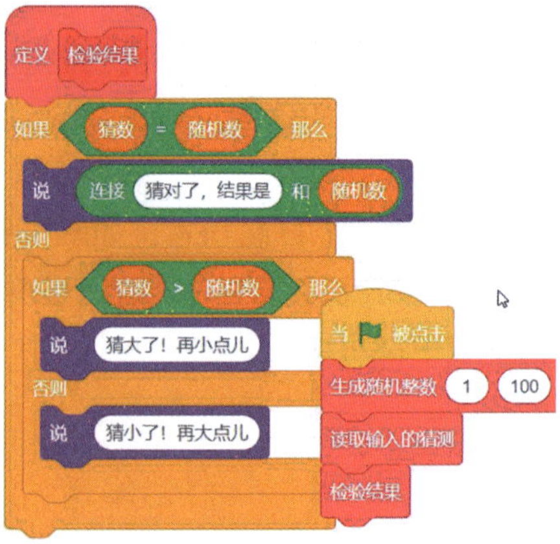

定义 检验结果
如果 猜数 = 随机数 那么
说 连接 猜对了，结果是 和 随机数
否则
如果 猜数 > 随机数 那么
说 猜大了！再小点儿
否则
说 猜小了！再大点儿
当 被点击
生成随机整数 1 100
读取输入的猜测
检验结果

图 3-22 检验结果子程序和主程序

## 3.4.3 二分法

二分法是指每次猜错时，猜的下一个数应该刚好处于这次所猜数字和可猜极值(大或小)的中间。例如，猜 1 到 100 之间的一个随机数，先猜 1 和 100 的中间值 50，如果程序告诉你猜得小了，再大一点儿，那么下次猜的数应该是 50 和可猜最大值 100 的中间值 75。否则，就该是可猜最小值 1 和 50 的中间值 25。因为不管猜大还是猜小了，每次都能排除一半可能的数。

例如，随机数为 58，中间数按四舍五入取整。猜测过程是：50，75，63，57，60，59，58，共用了 7 次猜中答案。那么，100 以内最多需要多少次呢？看 100 反复减半直到 1 需要多少次。就是方程$\frac{100}{2^n}=1$ 的整数解。$n=\log_2 100=\frac{\ln 100}{\ln 2}\approx 7$ 。减半最多 7 次后，值会小于 1，所以猜一个 1 到 100 的整数平均需要 6 到 7 次猜测。这是因为每次猜测后都会将范围内的数排除一半。如果上限是 10 000 甚至更大，那么二分法是找到正确答案的最快方法。

### 任务实践

设置变量“可猜最小 $n$”和“可猜最大 $M$”，它们的最初分别是 1 和 100，每次都猜“可猜最小 $n$”和 “可猜最大 $M$”的平均值(向下取整)。

如果猜小了，就将“可猜最小 $n$”更新为当前的猜值，如果猜大了，就将“可猜最大 $M$”更新为当前的猜值，一直到猜中为止。

# 项目小结

本项目主要介绍分支结构的运算符，首先介绍了利用“如果…那么…否则…”分支结构编写游戏；其次介绍了画网格和贪吃蛇的造型的步骤；最后介绍了获得用户输入的方法。通过本项目的学习，读者能够了解需要分析问题和确定条件，才能设计分支逻辑，并通过编程实现这些逻辑。

## 项目习题

1. 编写一个解一元二次方程($ax^2+bx+c=0$)的程序，根据判别式 $\Delta=b^2-4ac$ 为正、为负以及为 0 三种情况，分别报告解的结果。

2. 编写一个小车(或小猫、蚂蚁、老鼠)巡线的程序。路线是窄线，以探头是否碰到路线来决定转向。

3. 编程实现小猫和小狗玩“棒子、老虎、鸡”的游戏：棒子打老虎，老虎吃鸡，鸡啄棒子，如图 3-23 所示。具体要求如下。

(1)点击绿旗，按下空格键，小猫和小狗同时说出：“棒子、老虎、鸡”后，其各自上方造型开始随机切换“棒子、老虎、鸡”这三个造型中的一个。

(2)当平局时，螃蟹说：“平局”。

(3)当小猫赢时，螃蟹说：“小猫赢”。

(4)当小狗赢时，螃蟹说：“小狗赢”。

图 3-23　棒子、老虎、鸡游戏示意图

04

# 项目4 大数据“利器”——列表

## 项目概述

在 Scratch 中，列表是一种数据结构，用于存储多个数据项。每个数据项都有一个对应的索引，用于标识数据在列表中的位置。创建列表时，可以使用“创建一个空列表”积木块。列表可以存储多个数据项，各个数据按顺序保存在列表中，能够帮助用户有效地管理和操作大量数据。

## 学习目标

- 能够创建并使用列表。
- 了解初始化列表并访问其中的变量。
- 掌握基本的统计、排序和搜索算法。
- 熟悉应用列表绘制多种图形。

## 思政目标

- 增强学生的数据管理意识，激发学生的创造力和创新精神。
- 增强学生团队合作意识、责任心和严谨的工作态度。

# 任务 1　Scratch 的列表

## 任务概述

列表是存放许多变量的一个容器，可以存储或者获得容器中每一个变量的值。它就像有许多抽屉的梳妆台一样，每一个抽屉都存放着物品。建立列表的第一步与创建变量一样，都要给予其有实际含义的名称，然后通过变量在列表中的位置访问其中的每个变量。

## 任务重点与实施

### 4.1.1　列表的创建

图 4-1 为 Daylist 的列表，其中存储了 7 个字符串变量，表示从星期一到星期日。为了获得列表中的变量，用户可以指定变量在列表中的索引(或叫作位置)。在 Scratch 中，列表第 1 项的索引为 1，第 2 项的索引为 2。

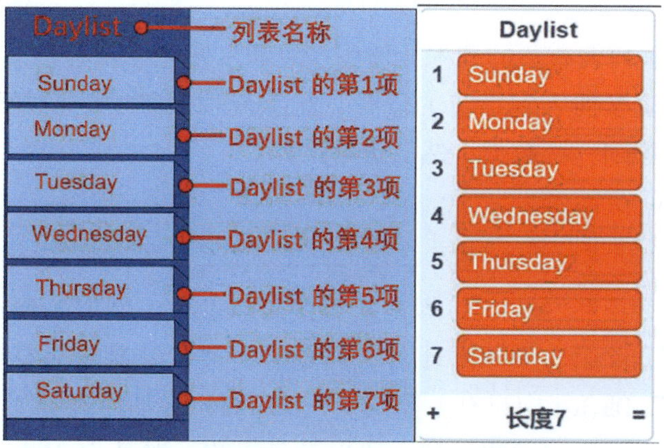


图 4-1　Daylist 的列表

例如，星期二(Tuesday)是列表的第 3 项，所以其索引为 3。因此，若要得到列表 Daylist 的第 3 项，只需要执行“第 3 项”积木。

创建列表和创建变量非常相似，具体操作如下。

(1)单击数据模块中的新建列表按钮，打开对话框，输入列表的名称(本例为 Daylist)。

(2)再选择其作用范围。如果选择适用于所有的角色，则创建所有的角色都可以访问的全局列表。选择仅适用于当前角色，则创建仅属于当前角色的局部列表，即只有拥有它的角色才能操作。

(3)完成以上操作后，单击确定按钮，Scratch 即可创建一个新的空列表(即没有包含任何变量的列表)，并产生如图 4-2 所示的与列表有关的积木。

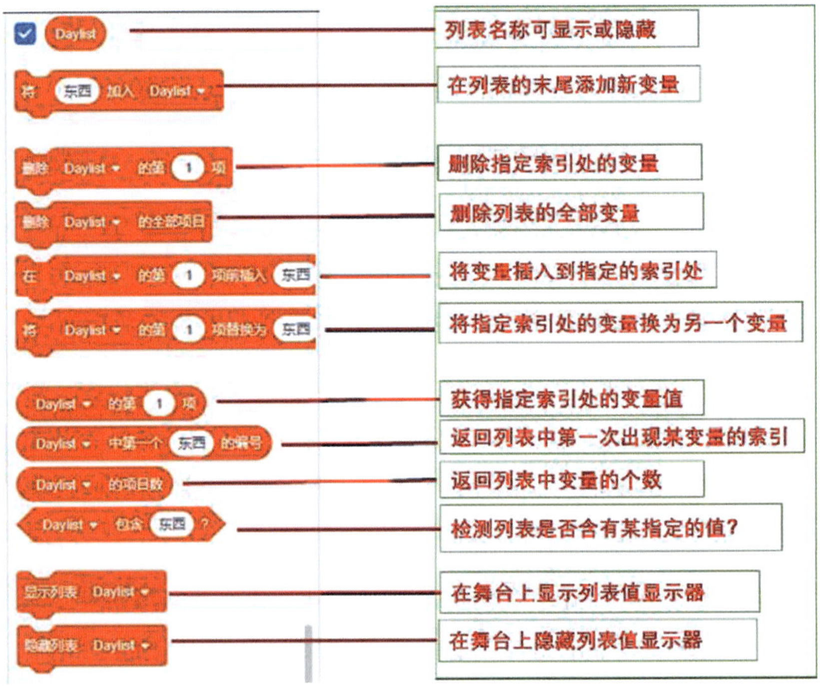
Daylist
列表名称可显示或隐藏
将 东西 加入 Daylist
在列表的末尾添加新变量
删除 Daylist 的第 1 项
删除指定索引处的变量
删除 Daylist 的全部项目
删除列表的全部变量
在 Daylist 的第 1 项前插入 东西
将变量插入到指定的索引处
将 Daylist 的第 1 项替换为 东西
将指定索引处的变量换为另一个变量
Daylist 的第 1 项
获得指定索引处的变量值
Daylist 中第一个 东西 的编号
返回列表中第一次出现某变量的索引
Daylist 的项目数
返回列表中变量的个数
Daylist 包含 东西 ?
检测列表是否含有某指定的值?
显示列表 Daylist
在舞台上显示列表值显示器
隐藏列表 Daylist
在舞台上隐藏列表值显示器

图 4-2　与 Daylist 列表有关的积木

图 4-2 中列举了列表有关的积木，使用这些积木便能在脚本中操作列表。例如，向列表添加变量，将变量插入到指定的位置，删除或替换其中的变量等。建议用户动手建立一个新列表，添加一些数据，然后进行操作。

## 4.1.2 无效索引

删除、插入、替换和“第…项”等积木需要索引参数。例如，删除列表 Daylist 中的第七个变量，使用删除第 7 项积木即可。但若索引值无效会怎么样呢？例如，当删除第八个变量时(列表 Daylist 中只有七个变量)，Scratch 会如何响应呢？

从技术角度来说，索引值超过列表边界是错误的。但是 Scratch 并不是显示一条错误信息或停止程序运行，相反，它会忽略错误。因此，若程序没有错误消息，并不一定意味着不存在错误。当问题出现时，依然需要修复现存的错误。Scratch 不会提示索引超越了边界，但通常情况下会产生非预期的行为。

建议用户动手尝试超边界索引的操作，并查看操作结果。

虽然 Scratch 会尝试执行无效的用户输入，但这未必是用户的真实意图。因此，在编写脚本时，应当给程序提供正确的输入，按照正确的逻辑运行。

# 任务 2　列表的简单应用

## 任务概述

有了列表、画笔和循环结构、分支结构等准备，小明现在准备利用统计计算、排序算法、周期动图等方面，去完成一些项目任务。

## 任务重点与实施

### 4.2.1　求多个数的和、平均值、最大最小值

利用列表可以求多个数的平均值，步骤为：建列表→设初值→给列表输入数据→发消息→计算和→计算平均值，如图 4-3 和图 4-4 所示。用户可以指定变量在列表中的索引(或叫作位置)。在 Scratch 中，列表第 1 项的索引为 1，第 2 项的索引为 2。

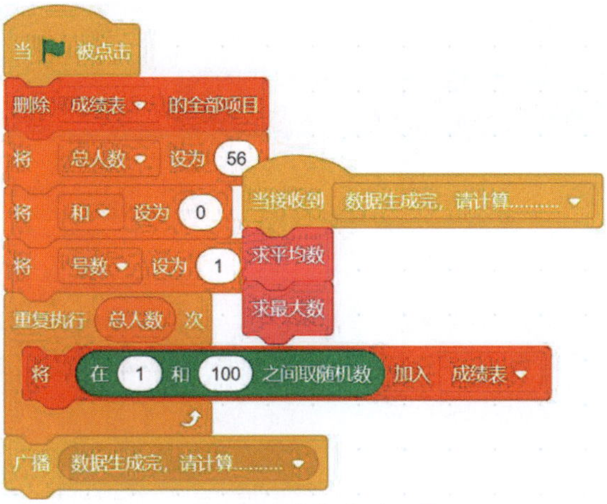
当 被点击
删除 成绩表 的全部项目
将 总人数 设为 56
将 和 设为 0
将 号数 设为 1
重复执行 总人数 次
将 在 1 和 100 之间取随机数 加入 成绩表
广播 数据生成完，请计算………
当接收到 数据生成完，请计算………
求平均数
求最大数

图 4-3　生成数据表传递计算信号

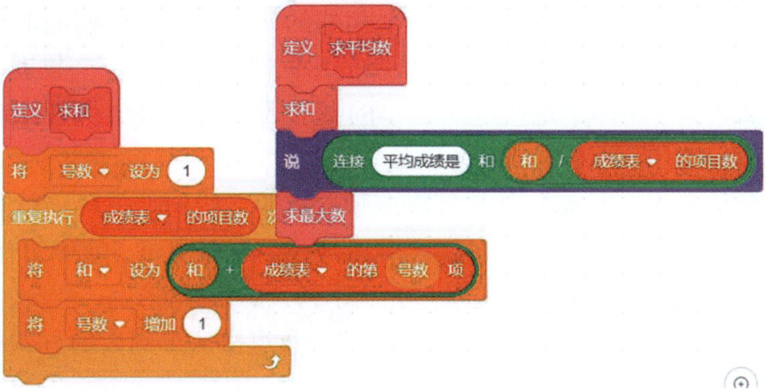
定义 求和
将 号数 设为 1
重复执行 成绩表 的项目数 次
将 和 设为 和 + 成绩表 的第 号数 项
将 号数 增加 1
定义 求平均数
求和
说 连接 平均成绩是 和 和 / 成绩表 的项目数
求最大数

图 4-4　求和、求平均值的子积木

求最大数需要比较和交换，先定义一个交换列表中数据的自定义积木块。交换以数据在列表中的编号为依据。操作方法如下。

(1)假定最大数是第 1 号。

(2)与列表中的每一项比较，如果比它的大，就交换内容。

(3)比较交换完毕，最大数在第 1 号里面(图 4-5)。

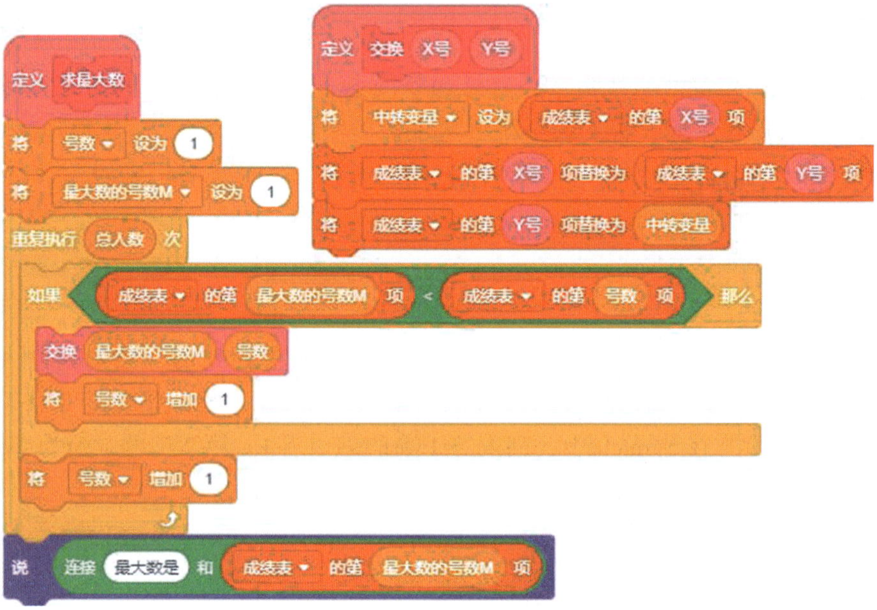
定义 交换 X号 Y号
将 中转变量 设为 成绩表 的第 X号 项
将 成绩表 的第 X号 项替换为 成绩表 的第 Y号 项
将 成绩表 的第 Y号 项替换为 中转变量
定义 求最大数
将 号数 设为 1
将 最大数的号数M 设为 1
重复执行 总人数 次
如果 成绩表 的第 最大数的号数M 项 < 成绩表 的第 号数 项 那么
交换 最大数的号数M 号数
将 号数 增加 1
将 号数 增加 1
说 连接 最大数是 和 成绩表 的第 最大数的号数M 项

图 4-5　交换列表中两项变量程序和求最大值程序

### 任务实践

根据前文分析，搭建如图 4-3 至图 4-5 所示的脚本并运行。注意，比较交换两个变量值和交换列表中两项的值的异同。

## 4.2.2 冒泡排序

冒泡排序的基本思想是：每次比较两个相邻的元素，如果它们的顺序错误就把它们交换过来，否则不作处理。例如，将 12，35，99，18，76 这 5 个数进行从大到小的排序。既然是从大到小排序，也就是说越小的越靠后，这就类似烧开水时，壶底的水泡往上冒的过程。

冒泡排序分从大到小和从小到大两种排序方式。它们的唯一区别就是两个数交换的条件不同，从大到小排序是前面的数比后面的小的时候交换，而从小到大排序是前面的数比后面的数大的时候交换。这里只说从小到大的排序方式。

现以数组[8，7，6，4，5]为例，通过将这个数组按从小到大的方式排序，说明冒泡排序的过程如下。

(1)第 1 次循环多次比较交换，使最大的数字 8 冒到最上面，如图 4-6 (a)所示。

(2)第 2 次循环多次比较交换，使 7 往上冒，最终排到倒数第二个位置。会发现，这次循环比前面少一次循环比较。这是因为第一次循环时已经把最大的 8 排到最上面的位置了，这次排序肯定不会去占用最上面的位置的，所以此时比较次数可以比前面少一次，如图 4-6（b)所示。

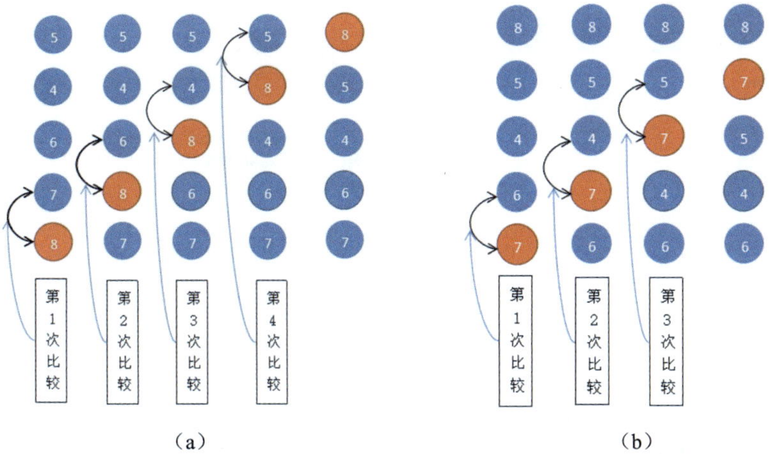


图 4-6　冒泡排序第 1 次、第 2 次循环示意图

(3)第 3 次循环，此时 6 会往上冒。比较次数同理又会比前面少一次。此时的结果已经是从小到大了，这是因为在原始数组中，5 就在 4 的上面。但实际不知道 5 是在 4 的上面，就要继续完成最后一次循环比较，如图 4-7 所示。

(4)第 4 次循环，5 已经排在 4 的上面了，比较后不交换。

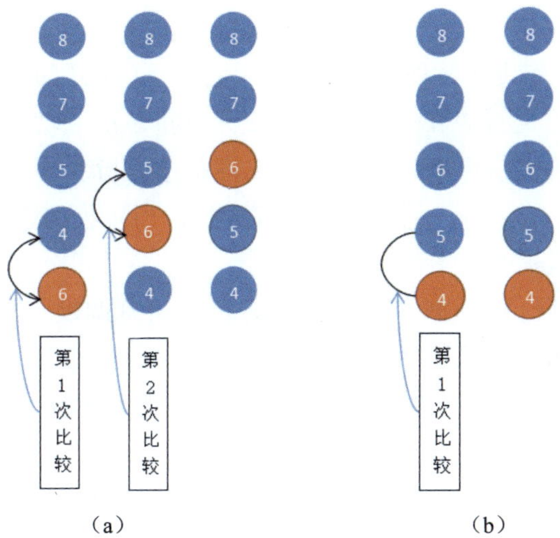


图 4-7　冒泡排序第 3 次、第 4 次循环示意图

冒泡脚本排序积木如图 4-8 所示。

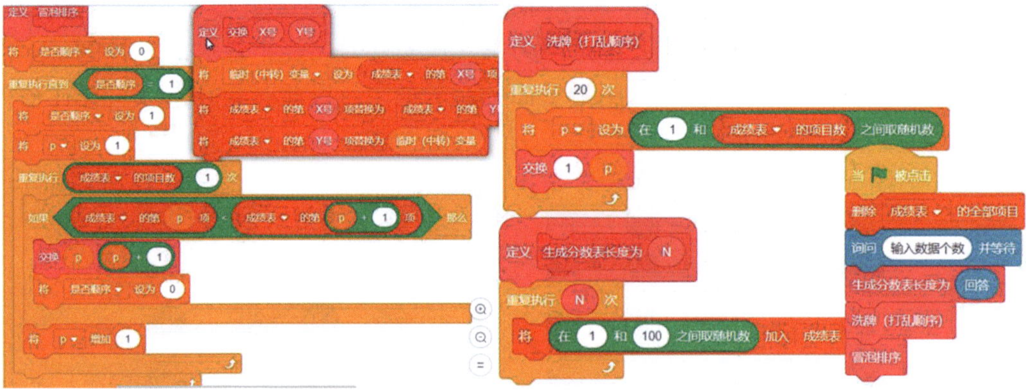

图 4-8　冒泡脚本排序积木

## 4.2.3　带口令的“密室逃脱”

“密室逃脱”是 Scratch 一款经典动画游戏：两个房间里各藏有一把钥匙，其中一个角色在第一个房间里用鼠标点击各个物件，若点击了地毯，毯子移开，露出钥匙，点击钥匙并拖动到门；第一个房间门打开，进入第二个房间。第二个房间地毯上有一只猫，用声音惊动它，猫走开，露出第二把钥匙，点击并拖动钥匙到门，门打开，顺利逃脱。

有了列表和排序的基础，可以给游戏增加输入口令(密码)方能开门的要求，具体是第一房间拖动钥匙到抽屉处的红点，获得解码规则(由对方给出的 6 个数字组成最大 6 位数)，输入正确密码门开。第二个房间钥匙碰到门边的红条处，获取规则，并输入正确密码开门。

为此需要 5 个角色：钥匙(两种颜色造型)、地毯、门(开门关门两种造型)、小猫(瞌睡和站立两种造型)、背景(第一房间、第二房间和显示成功、失败 4 种)。需要一个变量“关数”，过一关增加 1，便于舞台根据它发布过关指令。

(1)小猫程序比较简单，第一关和结束后都隐身，当接收到第二关消息后现身打瞌睡，听到声音换成站立姿态后走开。

(2)Scratch 可以给舞台赋予脚本。本任务舞台充当总调度，适时发布(广播)过关指令，更换背景，舞台和小猫的程序代码如图 4-9 所示。

(3)毯子的脚本最简单，只出现在第一关，但是它要显示在最上面，以便把钥匙遮住，当它被点击就挪动，便露出钥匙。

(4)钥匙的脚本稍复杂一点，当毯子被点击移走，它自动现身，当它被点击并被拖拽(鼠标按键不松)，便会跟着鼠标走，碰到红色，发出广播消息“开锁”，以便获取“密码本”(解码规则)，为了程序简单，可以把两次的规则写成一样。毯子和钥匙的脚本如图 4-10 所示。

当接收到 第一关
换成 房间1 背景
当接收到 第二关
换成 房间2 背景
当接收到 失败
换成 失败 背景
停止 全部脚本
当接收到 游戏结束
换成 胜利 背景
停止 全部脚本
当接收到 下一关
将 关数 增加 1
如果 关数 = 2 那么
广播 第二关 并等待
如果 关数 = 3 那么
广播 游戏结束 并等待
舞台的代码
当 被点击
将 关数 设为 1
广播 第一关 并等待
当接收到 第二关
移到x: -120 y: -100
猫咪的代码
换成 猫咪睡着 造型
显示
移到最 前面
思考 zzzzzz
重复执行
如果 响度 > 20 那么
说 喵~
换成 猫咪醒着 造型
在 1 秒内滑行到x: -50 y:
停止 这个脚本
当接收到 游戏结束
隐藏
当接收到 第一关
隐藏

（a）　　　　　　　　　　　　（b）

图 4-9　舞台和小猫的程序代码

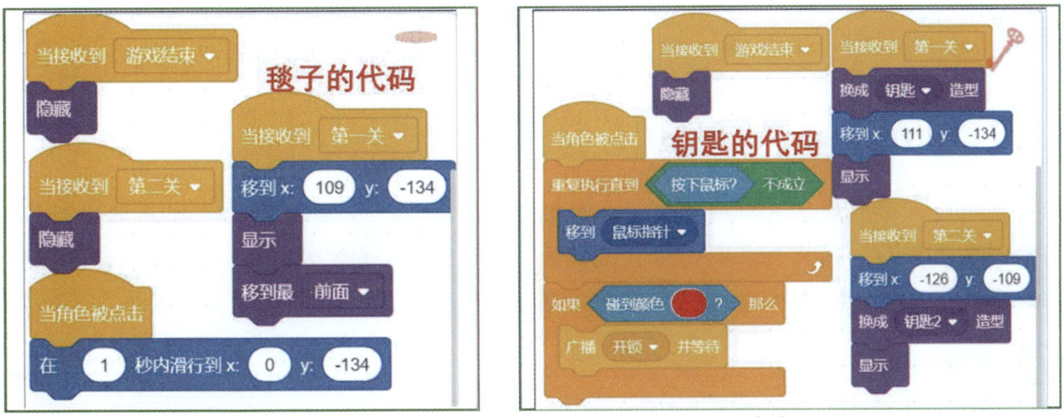
当接收到 游戏结束
隐藏
毯子的代码
当接收到 第一关
移到x: 109 y: -134
显示
移到最 前面
当接收到 第二关
隐藏
当角色被点击
在 1 秒内滑行到x: 0 y: -134
当接收到 游戏结束
隐藏
当角色被点击
钥匙的代码
重复执行直到 按下鼠标? 不成立
移到 鼠标指针
如果 碰到颜色 ? 那么
广播 开锁 并等待
当接收到 第一关
换成 钥匙 造型
移到x: 111 y: -134
显示
当接收到 第二关
移到x: -126 y: -109
换成 钥匙2 造型
显示

（a）　　　　　　　　　　　　（b）

图 4-10　毯子和钥匙的脚本

（5）门的脚本，碰到钥匙就换状态，由于加了口令（密码），它成了主角。接到钥匙的“开锁”广播消息后，它要告诉用户规则，同时生成初始 6 位数，放入一个列表里面，并说出初始 6 位数，然后根据规则生成密码放入一个变量“密码字符串”。用侦测里面的询问并等待输入，根据输入“回答”与“密码字符串”比较，正确就给“关数”增加 1，错误再给一次机会，再次错误就发广播“失败”结束游戏。

生成密码是核心，其实就是排序。可以用前面的排序程序生成降序列表，再把该列表的元素依次装入“密码字符串”。每次找出当前列表的最大数放入“密码字符串”，在列表里面删掉最大数，在剩下的列表里继续找最大数，循环 6 次就完成了。角色门的脚本如图 4-11 和图 4-12 所示。

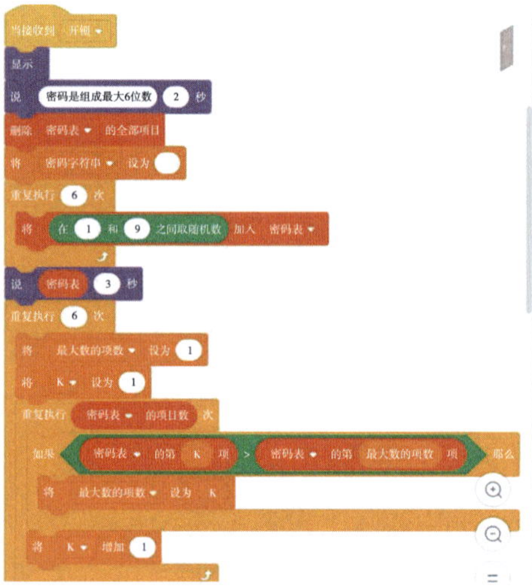

当接收到 开锁
显示
说 密码是组成最大6位数 2 秒
删除 密码表 的全部项目
将 密码字符串 设为
重复执行 6 次
将 在 1 和 9 之间取随机数 加入 密码表
说 密码表 3 秒
重复执行 6 次
将 最大数的项数 设为 1
将 K 设为 1
重复执行 密码表 的项目数 次
如果 密码表 的第 K 项 > 密码表 的第 最大数的项数 项 那么
将 最大数的项数 设为 K
将 K 增加 1

图 4-11　角色门的脚本 1

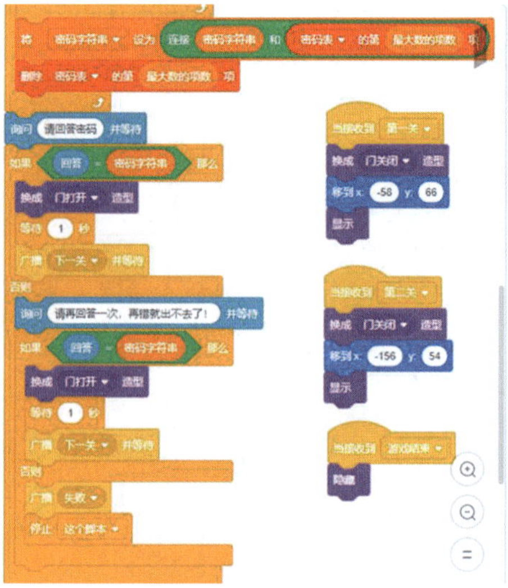

将 密码字符串 设为 连接 密码字符串 和 密码表 的第 最大数的项数 项
删除 密码表 的第 最大数的项数 项
询问 请回答密码 并等待
如果 回答 = 密码字符串 那么
换成 门打开 造型
等待 1 秒
广播 下一关 并等待
否则
询问 请再回答一次，再错就出不去了！ 并等待
如果 回答 = 密码字符串 那么
换成 门打开 造型
等待 1 秒
广播 下一关 并等待
否则
广播 失败
停止 这个脚本
当接收到 第一关
换成 门关闭 造型
移到 x: -58 y: 66
显示
当接收到 第二关
换成 门关闭 造型
移到 x: -156 y: 54
显示
隐藏

图 4-12　角色门的脚本 2

# 任务 3　列表在作图中的应用

## 任务概述

小明想，既然列表可以存取大量的数据，在作图时，是否可以把要描点的坐标值，添加到列表里面，再将列表取出来，进而画出点之间的连线呢？不断放入取出、不断擦除描图，是否可以画出动图呢？答案是肯定的。

## 任务重点与实施

### 4.3.1　画正弦动图

正弦和余弦是用来旋转和振荡的，展示了圆周上某个点的高度随时间的变化情况。例如，画一个圆，在圆周上放置一个红色的点。当这个点沿着圆周匀速运动时，画出它的高度随时间变化的图像，结果会是一个正弦波。正弦动图的画法如下。

（1）先自定义一个画圆的积木，参数是圆心坐标和半径，如图 4-13 所示。

（2）再在圆周上放个红点，可以用画笔取一个较粗的点，然后画线的自制积木。放红点和画线的程序如图 4-14 所示。

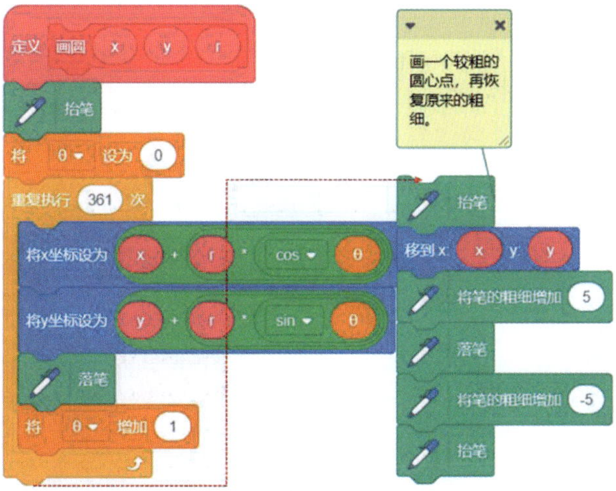
定义 画圆 x y r
抬笔
将 θ 设为 0
重复执行 361 次
将x坐标设为 x + r * cos θ
将y坐标设为 y + r * sin θ
落笔
将 θ 增加 1
画一个较粗的圆心点，再恢复原来的粗细。
抬笔
移到 x: x y: y
将笔的粗细增加 5
落笔
将笔的粗细增加 -5
抬笔

图 4-13　用参数方程画圆的程序

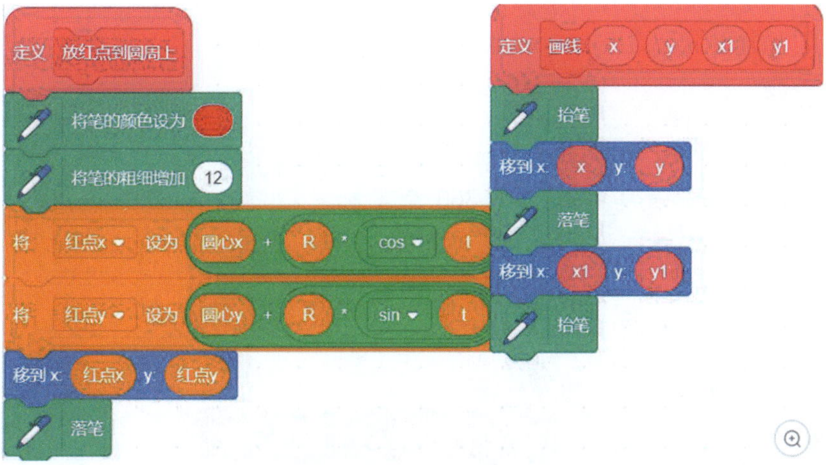
定义 放红点到圆周上
将笔的颜色设为
将笔的粗细增加 12
将 红点x 设为 圆心x + R * cos t
将 红点y 设为 圆心y + R * sin t
移到 x: 红点x y: 红点y
落笔
定义 画线 x y x1 y1
抬笔
移到 x: x y: y
落笔
移到 x: x1 y: y1
抬笔

图 4-14　放红点和画线的程序

(3) 为了把正弦波画出来，把圆画在左侧，在圆的右侧建一个坐标系，把小红点的 $y$ 坐标，作为正弦波的 $y$ 坐标，正弦波的 $x$ 坐标的最新值是 0，把正弦波的坐标值，依次放入一个图形列表，画图时依次取出来描点，如图 4-15 所示。

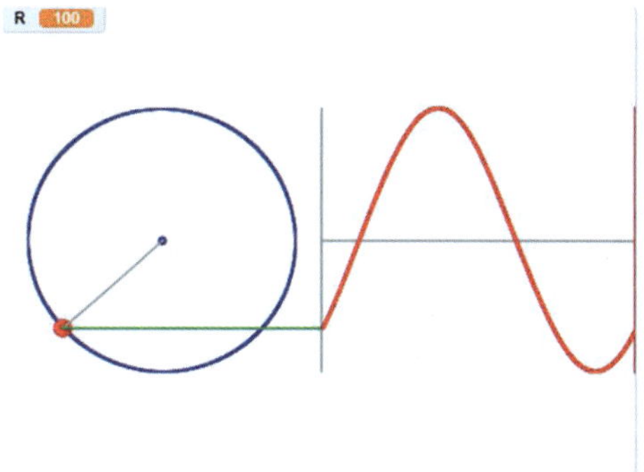
R 100

图 4-15　正弦波动图瞬间

(4) 为了画出动态图，利用“视觉暂留”原理，把每一个瞬间的图像画出来，如图 4-16 所示。

(5) 现在来画瞬时图，包括画圆、放红点、画坐标系、画圆心和红点连线以及红点与正弦波的连线，再把正弦波坐标数据放入图形列表，再从列表里面取出数据适当处理，进而画出正弦波，如图 4-17 所示。

图 4-16　主程序和画瞬时图的脚本

图 4-17　画正弦波的脚本

## 任务实践

(1) 不断循环下去，列表的长度会暴涨，怎么处理呢？加一个重复执行和条件语句，如果图形列表的长度超过 720（360 个坐标对），就删除最后一项，如图 4-18 所示。

当 被点击
重复执行
如果 图形 的项目数 > 720 那么
删除 图形 的第 图形 的项目数 项

图 4-18　删除图形列表中的多余项

(2) 如果循环变量 $t$ 的增量变为 2，再变为 3，正弦波会有什么变化？可以将所学三角函数周期、频率等知识联系起来。

(3) 画出余弦波。

## 4.3.2　高仿真万花尺的画法（spirograph）

万花尺（spirograph）是一种玩具，一般由大的环形内齿轮和小的圆形外齿轮组成，小齿轮上有孔，可以将笔插进去画出很酷的曲线图案。万花尺如图 4-19 所示。

高仿真万花尺的画法如下。

(1)先把小圆沿着大圆圆周放在大圆内部，要让小圆贴着大圆圆周内侧旋转，和万花尺一样，将小圆心的半径设为 $R-r$ 的圆周。

(2)创建类似于正弦动图中的红点来代表孔，假设笔孔到小圆心的距离是 $p(0\leqslant p\leqslant r)$，在画图过程中，则相当于笔孔(红点)在以小圆心为心，半径为 $p$ 的圆周上运动。

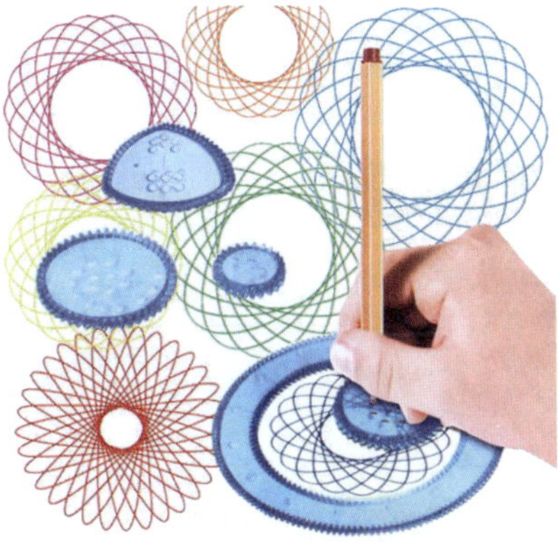

图 4-19　万花尺

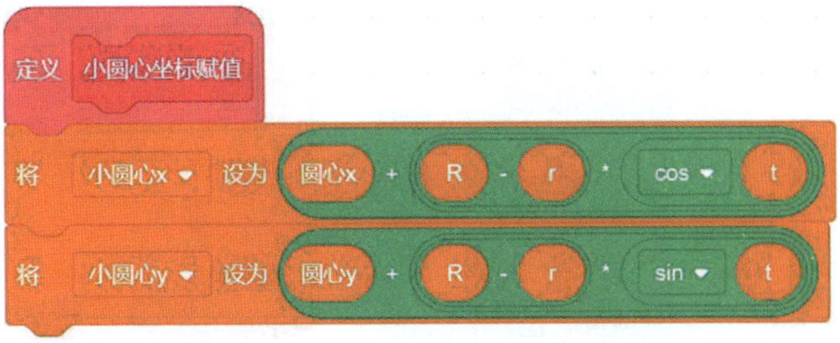
定义 小圆心坐标赋值
将 小圆心x 设为 圆心x + R - r * cos t
将 小圆心y 设为 圆心y + R - r * sin t

图 4-20　小圆心坐标赋值程序

(3)小圆转过的角度与笔孔绕小圆圆心转过的角度的关系。这相当于星球公转与自转的关系，它们的方向是相反的，另外，大圆的内齿轮与小圆的外齿轮是啮合的，因此滚过的弧长(齿数)相等，在大圆与小圆中分别用弧长公式，可知小圆转动 $\theta$ 度，笔孔反向转了 $\frac{R}{r}\theta$ 度，那么笔孔相对小圆的水平方向的角度就是 $-\left(\frac{R}{r}\theta-\theta\right)=\frac{r-R}{r}\theta$，小圆转过的角度与笔孔绕小圆圆心转过的角度的关系示意图如图 4-21 所示。

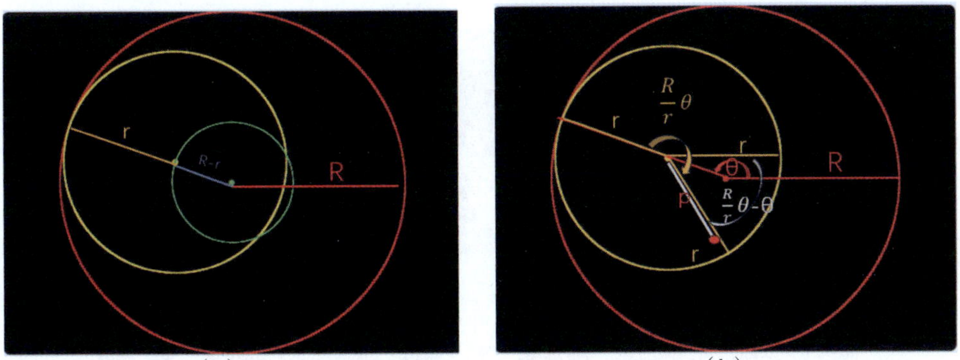
r
R-r
R
R/r θ
r
r
θ
R
p
R/r θ-θ
r

(a)　　(b)

图 4-21　小圆转过的角度与笔孔绕小圆圆心转过的角度的关系示意图

(4)接下来可以给笔孔的坐标赋值了，积木中 $t$ 就相当于 $\theta$，如图 4-22 所示。绘图子程序如图 4-23 所示。

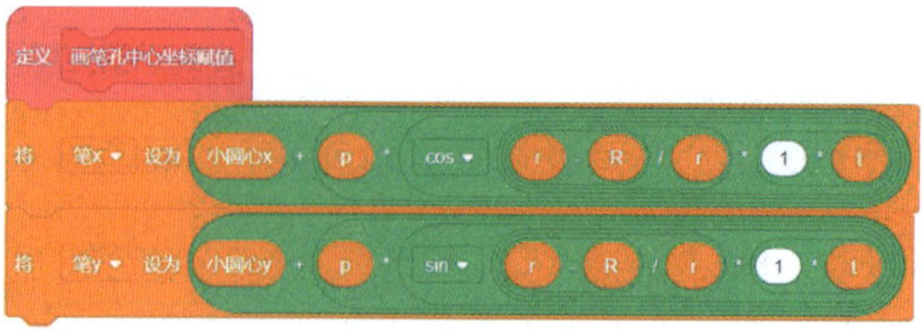
定义 画笔孔中心坐标赋值
将 笔x 设为 小圆心x p cos r R r 1 t
将 笔y 设为 小圆心y p sin r R r 1 t

图 4-22　笔孔中心坐标赋值程序

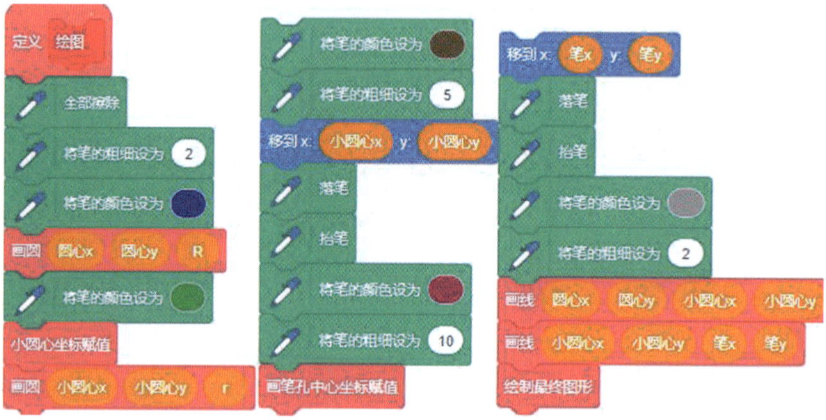
定义 绘图
全部擦除
将笔的粗细设为 2
将笔的颜色设为
画圆 圆心x 圆心y R
将笔的颜色设为
小圆心坐标赋值
画圆 小圆心x 小圆心y r
将笔的颜色设为
将笔的粗细设为 5
移到 x: 小圆心x y: 小圆心y
落笔
抬笔
将笔的颜色设为
将笔的粗细设为 10
画笔孔中心坐标赋值
移到 x: 笔x y: 笔y
落笔
抬笔
将笔的颜色设为
将笔的粗细设为 2
画线 圆心x 圆心y 小圆心x 小圆心y
画线 小圆心x 小圆心y 笔x 笔y
绘制最终图形

图 4-23　绘图子程序

(5)画大圆、小圆、连线、描红点，然后把笔孔(红点)坐标存放在“图形”列表里，再提取列表的坐标画出瞬时图形。最后由循环调取瞬时图形成动画。绘制最终图形子积木和主程序如图 4-24 所示，当 $R=180$，$r=34$，$p=17$ 时画出的图形如图 4-25 所示。

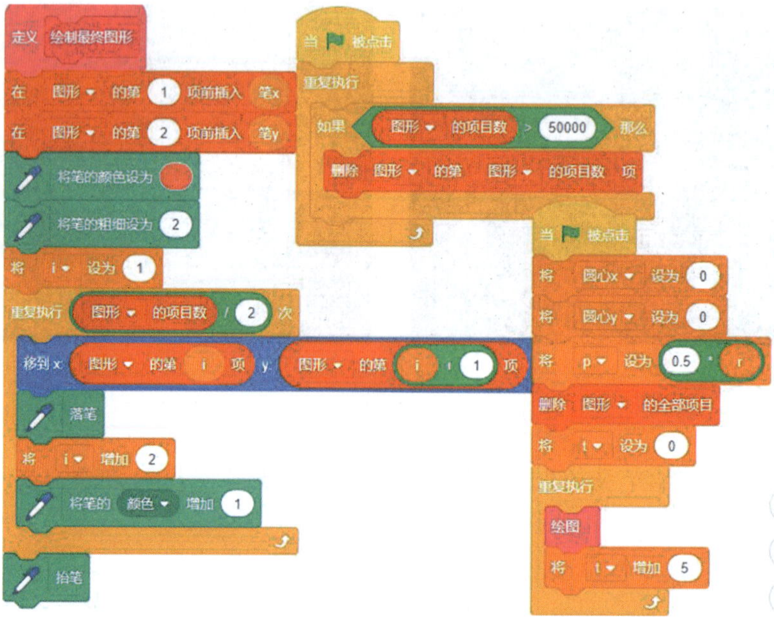
定义 绘制最终图形
在 图形 的第 1 项前插入 笔x
在 图形 的第 2 项前插入 笔y
将笔的颜色设为
将笔的粗细设为 2
将 i 设为 1
重复执行 图形 的项目数 / 2 次
移到 x: 图形 的第 i 项 y: 图形 的第 i + 1 项
落笔
将 i 增加 2
将笔的 颜色 增加 1
抬笔
当 被点击
重复执行
如果 图形 的项目数 > 50000 那么
删除 图形 的第 图形 的项目数 项
当 被点击
将 圆心x 设为 0
将 圆心y 设为 0
将 p 设为 0.5 * r
删除 图形 的全部项目
将 t 设为 0
重复执行
绘图
将 t 增加 5

图 4-24　绘制最终图形程序和主程序

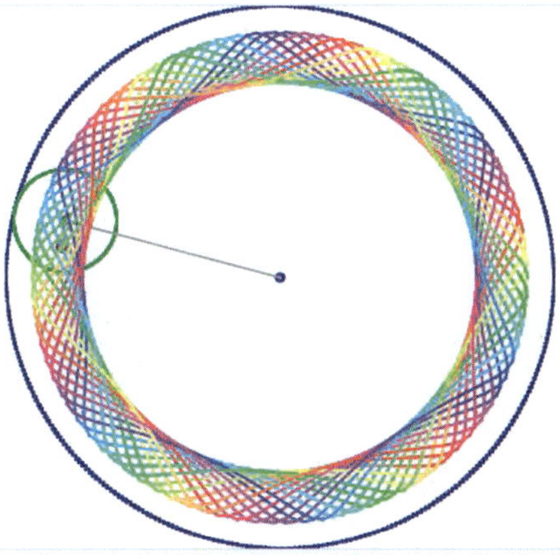

图 4-25　R=180，r=34，p=17 时画出的图形

**专家指点**　用户可以改变 $R$，$r$ 和 $p$ 的值，以及 $t$ 的增量，画出各种美丽的图形。

## 4.3.3 用参数方程和列表模拟钟摆

谐波记录仪(harmonograph)是一个桌子连着两个钟摆，钟摆摆动时，附在上面的笔会在纸上划出痕迹。随着钟摆来回摆动的幅度逐渐衰减(decay)，画出的图案会发生有趣的变化。用户可以模拟谐波记录仪画出图案的过程。模拟钟摆振动的参数方程式为

$$\begin{cases} x = a\cos(ft+p)\,\mathrm{e}^{-dt} \\ y = a\sin(ft+p)\,\mathrm{e}^{-dt} \end{cases}$$

式中　$x$、$y$——画笔在水平、垂直方向上的位移(左/右、上/下的距离)；

$a$——运动的幅度；

$f$——钟摆摆动的频率；

$t$——经过的时间；

$p$——相位移；

e——自然对数的底数，值约为 2.718；

$d$——衰减系数(衡量钟摆变慢的速度)。

参数方程的时间变量 $t$ 是一样的，但其他变量都可以不一样，如左/右方向振动的频率和上/下方向可以不同。

可以把坐标存放到一个列表里，然后将以相邻坐标为端点的线段画出来。根据摆动参数方程赋值的脚本如图 4-26 所示，绘图程序如图 4-27 所示。

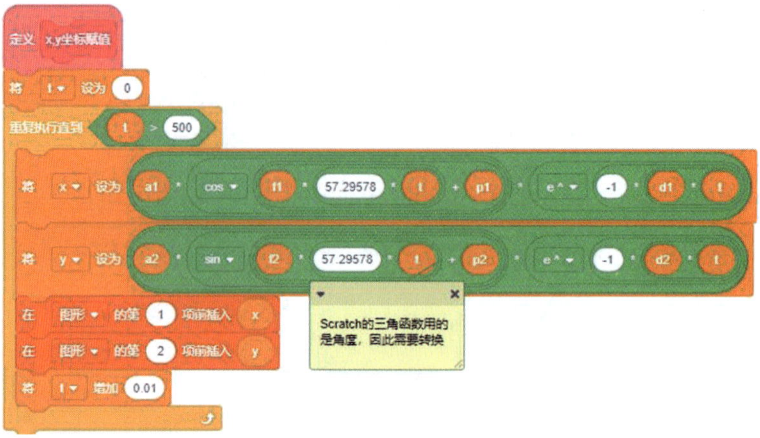
定义 x,y坐标赋值
将 t 设为 0
重复执行直到 t > 500
将 x 设为 a1 * cos f1 * 57.29578 * t + p1 * e ^ -1 * d1 * t
将 y 设为 a2 * sin f2 * 57.29578 * t + p2 * e ^ -1 * d2 * t
在 图形 的第 1 项前插入 x
在 图形 的第 2 项前插入 y
将 t 增加 0.01
Scratch的三角函数用的是角度，因此需要转换

图 4-26　根据摆动参数方程赋值的脚本

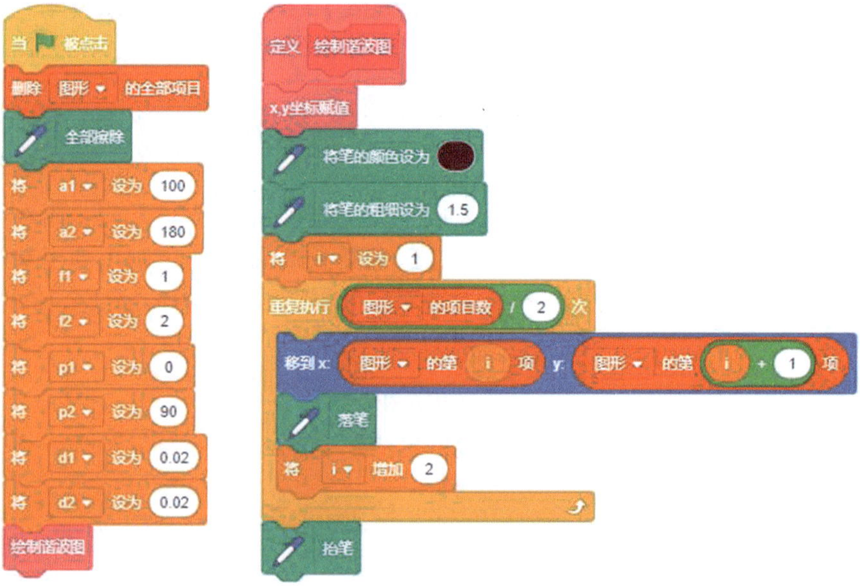
当 被点击
删除 图形 的全部项目
全部擦除
将 a1 设为 100
将 a2 设为 180
将 f1 设为 1
将 f2 设为 2
将 p1 设为 0
将 p2 设为 90
将 d1 设为 0.02
将 d2 设为 0.02
绘制谐波图
定义 绘制谐波图
x,y坐标赋值
将笔的颜色设为
将笔的粗细设为 1.5
将 i 设为 1
重复执行 图形 的项目数 / 2 次
移到 x: 图形 的第 i 项 y: 图形 的第 i + 1 项
落笔
将 i 增加 2
抬笔

图 4-27　绘图程序

## 任务实践

画出两个钟摆谐波的叠加，相应参数和方程式如下。

$a_1=a_2=a_3=a_4=100$，$f_1=2.01$，$f_2=f_3=3$，$f_4=2$，

$p_1=-\frac{\pi}{2}$，$p_2=0$，$p_3=-\frac{\pi}{16}$，$p_4=0$，$d_1=0.0085$，$d_2=0.065$，$d_3=d_4=0$。

$$\begin{cases}x=a_1\cos(f_1t+p_1)e^{-d_1t}+a_3\cos(f_3t+p_3)e^{-d_3t}\\ y=a_2\sin(f_2t+p_2)e^{-d_2t}+a_4\sin(f_4t+p_4)e^{-d_4t}\end{cases}$$

# 任务4　曼德勃罗特集

## 任务概述

小明在课外阅读中发现了一个案例——曼德勃罗特集。这是人类有史以来较奇异、最瑰丽的几何图形。这个点集，出自一个简洁的递推公式：Zn+1=(Zn)^2+C，对于非线性迭代公式Zn+1=(Zn)^2+C，所有使得无限迭代后的结果能保持有限数值的复数C的集合(也称Julia集)，构成曼德勃罗特集。如果把C取成首次平方运算的数Z而不是另一个常数，就得到如图4-28所示的图形。

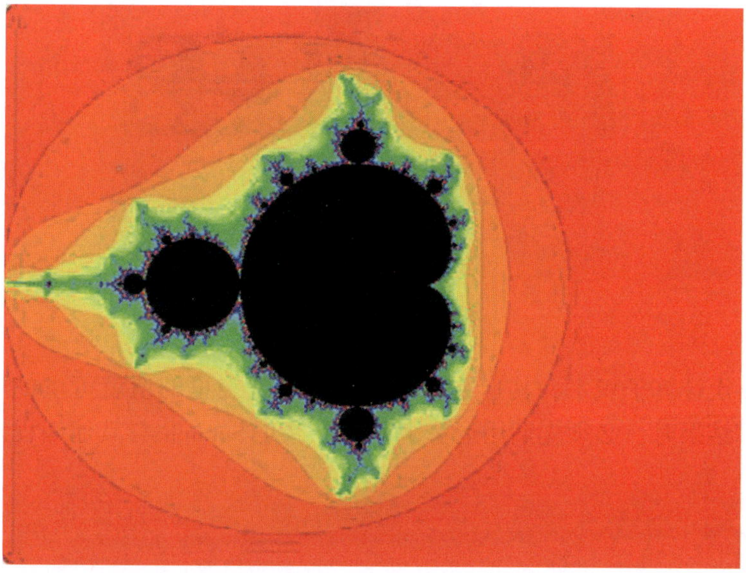

图4-28　曼德勃罗特集

## 任务重点与实施

### 4.4.1　复数加法、乘法和求模计算器

曼德勃罗特集(Mandelbrot set)的递推公式：Zn+1=(Zn)^2+C中涉及复数的加法和乘法，这里的有限(收敛)可设为这个复数的模长不超过2，因此条件判断中涉及模长。然而，Scratch中没有关于复数的变量和运算，因此需要建立三个自定义积木：复数求和、复数求积以及复数求模。

由于复数与二维平面上的点构成一一对应，就用包含两个项的列表来表示复数，第一项表示实部，第二项表示虚部。这样就可以完成以上三个积木的定义了。

根据以下方程式

$$(a+bi)+(c+di)=(a+c)+(b+d)i$$

$$(a+bi)\times(c+di)=(ac-bd)+(ad+bc)i$$

$$|a+bi|=\sqrt{a^2+b^2}$$

建立三个容器，因为和与积是复数，容器是 2 元素列表（也可以分别用两个变量来存储实部和虚部），因为模是非负实数，容器可以是变量。Z1+Z2，Z1 * Z2，Z 的模分别用来存放三个子积木的运算结果，自制复数运算模块如图 4-29 所示。

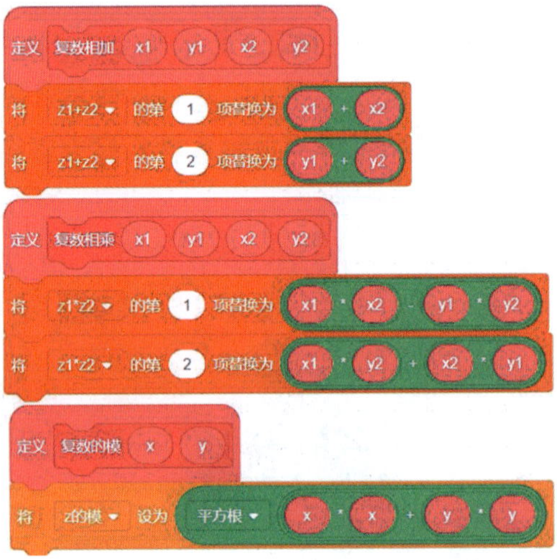

定义 复数相加 x1 y1 x2 y2
将 z1+z2 的第 1 项替换为 x1 + x2
将 z1+z2 的第 2 项替换为 y1 + y2
定义 复数相乘 x1 y1 x2 y2
将 z1*z2 的第 1 项替换为 x1 * x2 - y1 * y2
将 z1*z2 的第 2 项替换为 x1 * y2 + x2 * y1
定义 复数的模 x y
将 z的模 设为 平方根 x * x + y * y

图 4-29　自制复数运算模块

每调用一次计算子积木，其运算结果的变量或列表里的值就可供使用。因而每当需要使用运算结果时，必须先调用运算子积木。这是 Scratch 与其他编程语言的重要区别之一。

## 4.4.2 创建曼德勃罗特集

曼德勃罗特集是指经过指定次数（迭代上限）的迭代，仍然收敛的复数 Z 的集合，把这样的点的迭代次数记为迭代上限。为了画出它，给集合内的点涂一种颜色，集合外（迭代次数少于迭代上限）的点涂另外的颜色。计算和显示这些点的脚本需要对坐标系统进行一定的缩放来与显示区域的坐标系统相匹配，使用画函数图像时的方法，将坐标系以适当的比例尺放大，如以原点为中心，边长为 4 的正方形区域放大到整个屏幕。

曼德勃罗特集可以用一个简单的方程 Zn+1=(Zn)^2+C 来创建，但它却又是无限复杂的，而且非常漂亮。

用户可以一直不断“放大”曼德勃罗特集，在各个尺度下都可以找到一种新的模式。这里可以放大曼德勃罗特集中称为“海马谷”的这部分，黑色点位于曼德勃罗特集内，这里的序列是收敛的，其他有颜色的点位于曼德勃罗特集之外，这里的序列是发散的，不同的颜色表示它增长到无穷大的速度。

根据以上算法分析，搭建相关脚本，运行并查看结果如图 4-30 和图 4-31 所示。

定义 求曼德勃罗特迭代次数 x y 迭代上限N
赋待检验的Z值，以便于计算和迭代赋值
如果发散了，就把迭代次数存放在变量“迭代M”里面，并停止本脚本。
如果仍然收敛就继续迭代，并将次数增加一次，初值Z，充当C。

图 4-30　求迭代次数的脚本

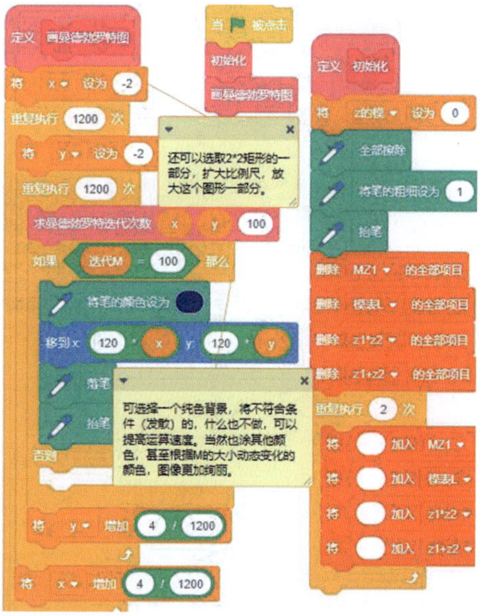
定义 画曼德勃罗特图
当 被点击
初始化
画曼德勃罗特图
还可以选取2*2矩形的一部分，扩大比例尺，放大这个图形一部分。
可选择一个纯色背景，将不符合条件（发散）的，什么也不做，可以提高运算速度。当然也涂其他颜色，甚至根据M的大小动态变化的颜色，图像更加绚丽。
定义 初始化

图 4-31　画纯色背景曼德勃罗特集程序与主程序

## 4.4.3　创建朱利亚集

朱利亚集合(Julia set)是一个在复平面上形成分形的点的集合，以法国数学家加斯顿·朱利亚(Gaston Julia)名字命名的。与曼德勃罗特集的迭代(递推)公式一样，只不过其中的复数 C 不再是被迭代(检验)的 Z 自身，而是对所有 Z 不变的复常数。曼德勃罗特图形上的每一个不同的点，对应一个不同的朱利亚集，朱利亚集和曼德勃罗特集是有密切关系的，它们互为“亲戚”。

曼德勃罗特图形上的每一个点代表迭代公式 Zn+1 = (Zn)^2+C 中不同的 C 值。因此，给定一个 C，就能产生一个朱利亚集。朱利亚集是用与曼德勃罗特集同样的非线性迭代公式 Zn+1 = (Zn)^2+C 产生的。

因此，朱利亚集脚本只需在前面关于曼德勃罗特集程序的基础上稍加改动即可生成朱利亚集程序，并给出不同初始值查看结果，如图 4-32 和图 4-33 所示。

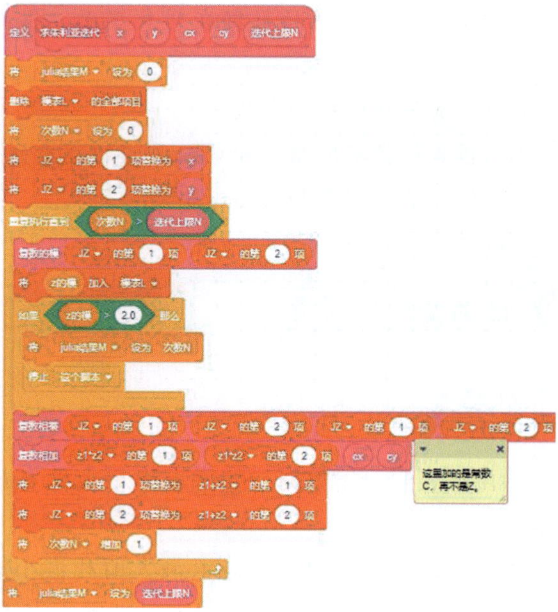
定义 求朱利亚迭代 x y cx cy 迭代上限N
这里加的是常数C，再不是Z。

图 4-32　生成朱利亚集的脚本

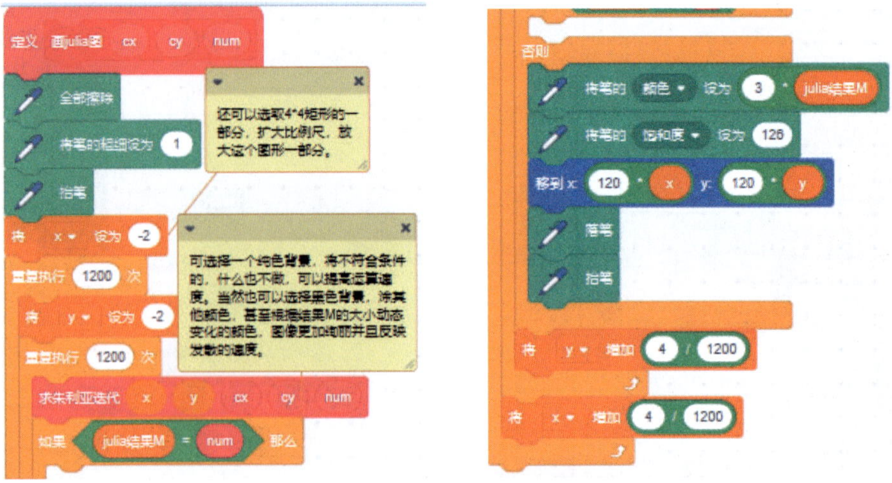

定义 画julia图 cx cy num
全部擦除
将笔的粗细设为 1
抬笔
将 x 设为 -2
重复执行 1200 次
将 y 设为 -2
重复执行 1200 次
求朱利亚迭代 x y cx cy num
如果 julia结果M = num 那么
还可以选取4*4矩形的一部分，扩大比例尺，放大这个图形一部分。
可选择一个纯色背景，将不符合条件的，什么也不做，可以提高运算速度。当然也可以选择黑色背景，涂其他颜色，甚至根据结果M的大小动态变化的颜色，图像更加绚丽并且反映发散的速度。
否则
将笔的 颜色 设为 3 * julia结果M
将笔的 饱和度 设为 126
移到 x: 120 * x y: 120 * y
落笔
抬笔
将 y 增加 4 / 1200
将 x 增加 4 / 1200

（a）　　　　　　　　　（b）

图 4-33　画朱利亚集的程序

# 任务 5　频率直方图的画法

## 任务概述

本任务给出一组原始数据在列表里面，根据这些数据绘制出频率直方图。主要过程如下。

(1) 生成原始数据并求极差。

(2) 根据组数确定组距和分组区间的端点列表。

(3) 根据端点列表和数据求出频率列表。

(4) 画出直方图。

## 任务重点与实施

### 4.5.1 生成原始数据并求极差

给出列表中原始数据，如果求出最大值和最小值，极差就是两者的差，如图 4-34 所示。

求最大值和最小值，建立求最大值和最小值的子积木，用循环逐个比较，将最大数放入变量 M，最小数放入变量 m，如图 4-35 所示。

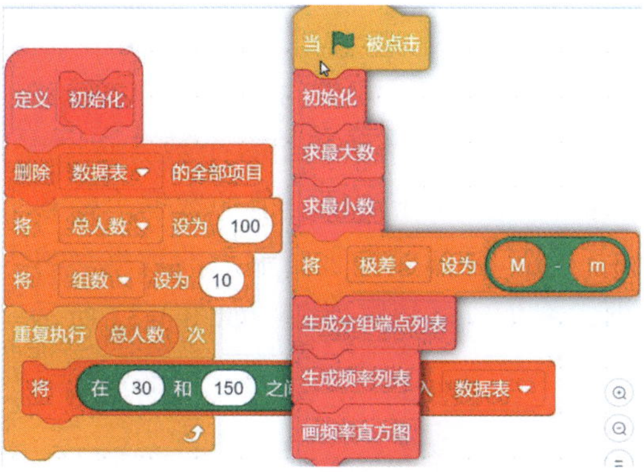
定义 初始化
删除 数据表 的全部项目
将 总人数 设为 100
将 组数 设为 10
重复执行 总人数 次
将 在 30 和 150 之
当 被点击
初始化
求最大数
求最小数
将 极差 设为 M - m
生成分组端点列表
生成频率列表
数据表
画频率直方图

图 4-34　初始化程序和主程序

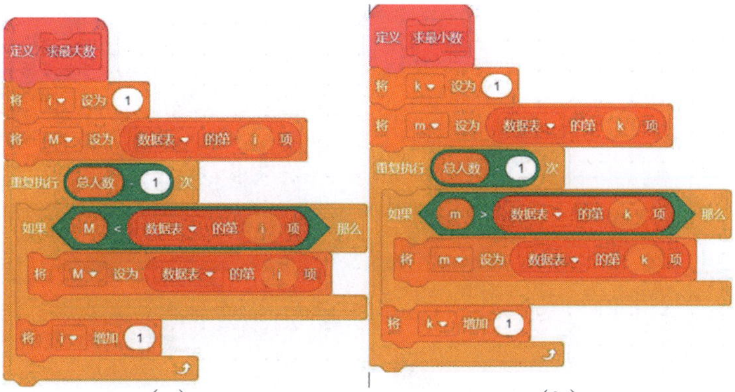
定义 求最大数
将 i 设为 1
将 M 设为 数据表 的第 i 项
重复执行 总人数 - 1 次
如果 M < 数据表 的第 i 项 那么
将 M 设为 数据表 的第 i 项
将 i 增加 1
定义 求最小数
将 k 设为 1
将 m 设为 数据表 的第 k 项
重复执行 总人数 - 1 次
如果 m > 数据表 的第 k 项 那么
将 m 设为 数据表 的第 k 项
将 k 增加 1

（a）　　　　　　　　（b）

图 4-35　求最值子积木

## 4.5.2 生成分组端点列表

根据组数得到组距(向上取整)，端点组数 +1 个，第 i 个端点就是 $m+(i-1)\times$组距，这样 m 是左端点，M 不超过右端点。生成端点列表子程序如图 4-36 所示。

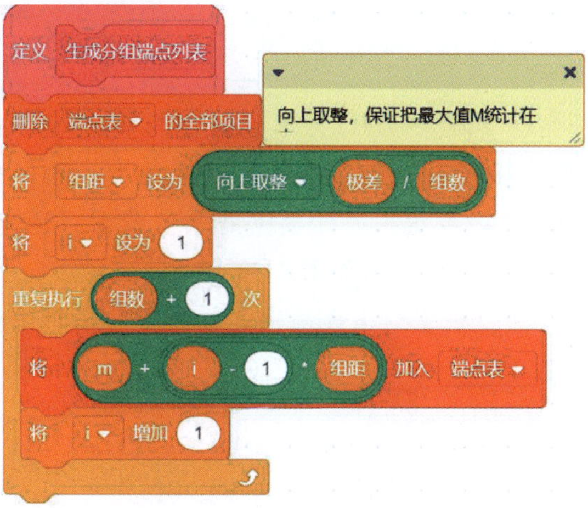
定义 生成分组端点列表
向上取整，保证把最大值M统计在
删除 端点表 的全部项目
将 组距 设为 向上取整 极差 / 组数
将 i 设为 1
重复执行 组数 + 1 次
将 m + i - 1 * 组距 加入 端点表
将 i 增加 1

图 4-36　生成端点列表子程序

## 4.5.3 生成频率列表

生成一个列表“频率列表”，元素个数是组数个数，每个元素初始值为 0，先逐个检验，将大于等于左端点值，而且小于右端点值的数据个数累计在“频率列表”对应的项。特别注意的是，最后一组不要漏掉等于右端点的数据。将“频率列表”的各项除以总人数的商替换原来的项，就生成了频率列表，如图 4-37 所示。

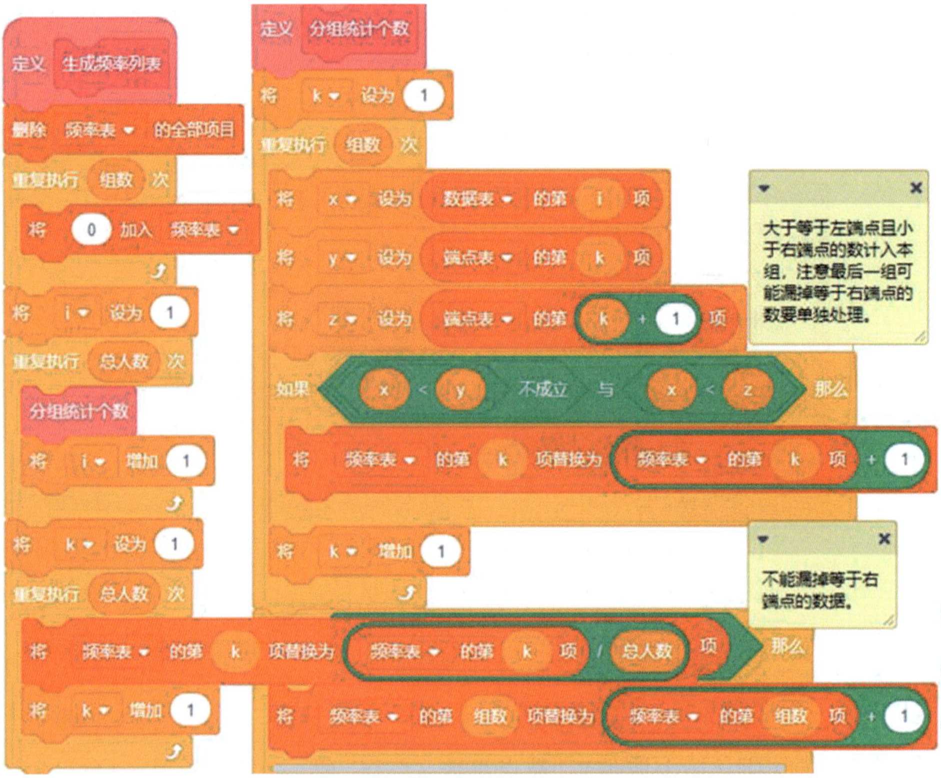
定义 生成频率列表
删除 频率表 的全部项目
重复执行 组数 次
将 0 加入 频率表
将 i 设为 1
重复执行 总人数 次
分组统计个数
将 i 增加 1
将 k 设为 1
重复执行 总人数 次
将 频率表 的第 k 项替换为 频率表 的第 k 项 / 总人数
将 k 增加 1
定义 分组统计个数
将 k 设为 1
重复执行 组数 次
将 x 设为 数据表 的第 i 项
将 y 设为 端点表 的第 k 项
将 z 设为 端点表 的第 k + 1 项
如果 x < y 不成立 与 x < z 那么
将 频率表 的第 k 项替换为 频率表 的第 k 项 + 1
将 k 增加 1
项 那么
将 频率表 的第 组数 项替换为 频率表 的第 组数 项 + 1
大于等于左端点且小于右端点的数计入本组，注意最后一组可能漏掉等于右端点的数要单独处理。
不能漏掉等于右端点的数据。

图 4-37　生成频率列表的程序

### 任务实践

(1) 先以舞台左下角(−240，−180)为原点画坐标轴，然后在横轴上以每个组的左端点处，以不同的颜色画实心矩形。注意频率值很小，画出来看不到，就要适当扩大倍数作为矩形的高，同时要根据原始数据的取值范围，适当扩大或缩小组距值。画直方图程序如图 4-38 所示，直方图如图 4-39 所示。

(2) 参考画扇形的方法，根据频率表画出各分数段的扇形统计图。

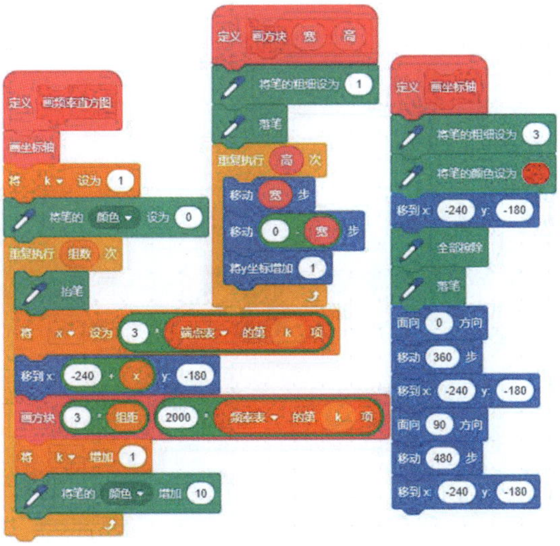
定义 画频率直方图
画坐标轴
将 k 设为 1
将笔的 颜色 设为 0
重复执行 组数 次
抬笔
将 x 设为 3 * 端点表 的第 k 项
移到 x: -240 + x y: -180
画方块 3 * 组距 2000 * 频率表 的第 k 项
将 k 增加 1
将笔的 颜色 增加 10
定义 画方块 宽 高
将笔的粗细设为 1
落笔
重复执行 高 次
移动 宽 步
移动 0 - 宽 步
将y坐标增加 1
定义 画坐标轴
将笔的粗细设为 3
将笔的颜色设为
移到 x: -240 y: -180
全部擦除
落笔
面向 0 方向
移动 360 步
移到 x: -240 y: -180
面向 90 方向
移动 480 步
移到 x: -240 y: -180

图 4-38　画直方图程序

图 4-39　直方图

## 项目小结

本项目主要介绍了列表的一些应用，首先介绍了利用列表扩充 Scratch 的复数运算功能；其次介绍了曼德勃罗特集；最后介绍了频率直方图的画法。通过本项目的学习，读者可以修改列表中的数据，提升角色的能力。

## 项目习题

1. 利用公式：$F(n)=\frac{1}{\sqrt{5}}\left(\left(\frac{1+\sqrt{5}}{2}\right)^n-\left(\frac{1-\sqrt{5}}{2}\right)^n\right)$求斐波拉契数列，放入一个列表。提示：用变量累乘自己赋值，定义一个幂函数子积木。

2. 明安图—卡塔兰数列的通项公式 1 为 $h(n)=\frac{C_{2n}^n}{n+1}$，如图 4-40 所示。求明安图—卡塔兰数。提示：定义一个求组合数自定义子积木。

3. 编程录入某班 50 个学生的成绩(随机数)表，①求平均数；②求标准差；③统计 75 分到 95 的人数；④按成绩从高到低排序。

4. 利用椭圆参数方程编程画出如图 4-41 所示的行星的运行动图，建 3 个角色，地球在太阳固定坐标为中心的椭圆轨道上运动，月亮以地球角色的动态坐标(侦测指令)为中心的椭圆上运动。

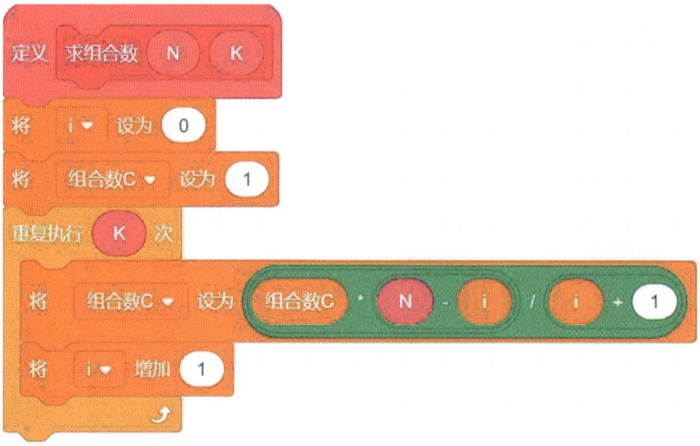
定义 求组合数 N K
将 i 设为 0
将 组合数C 设为 1
重复执行 K 次
将 组合数C 设为 组合数C * N - i / i + 1
将 i 增加 1

图 4-40　求组合数 $C_n^k$ 的子积木

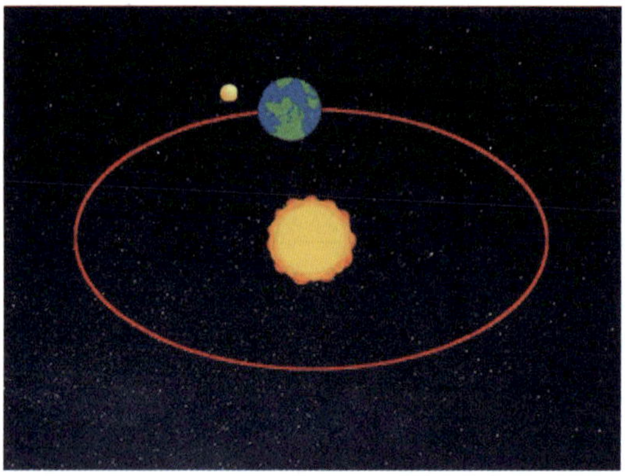

图 4-41　行星的运行动图

## 项目概述

Scratch 编程里“数”的用法非常广泛，主要体现在作为变量存储数值、进行数学运算；作为参数传递给积木块、用于随机数生成数据存储和处理等方面。

## 学习目标

- 掌握求最大公约数和最小公倍数的方法。
- 了解具有某些特殊性质的数(公约数、公倍数、自然数、素数、完美数、亲和数等)。
- 掌握具有某些特定关系(如逆序、对称)的数对。

## 思政目标

- 增强学生的数据管理意识，激发学生的创造力和创新精神。
- 增强学生团队合作意识、责任心和严谨的工作态度。

05

# 项目5 “数”的基本知识

# 任务 1　求最大公约数和最小公倍数

## 任务概述

通过对最大公约数和最小公倍数的认识，现在小明在想用 Scratch 来求最大公约数和最小公倍数，下面为具体的操作方法。

## 任务重点与实施

### 5.1.1 求最大公约数和最小公倍数的方法

求最大公约数和最小公倍数的方法如下。

#### 1. 穷举法

穷举法是取两数 a 和 b 中的较小者作为 N 的初始值，用 N 去除 a 和 b，如能整除 N 就是最大公约数，否则就将 N 减少 1 代替 N 去除 a 和 b……，直到能整除 a 和 b 为止，这个时候的 N 就是最大公约数，如图 5-1 所示。

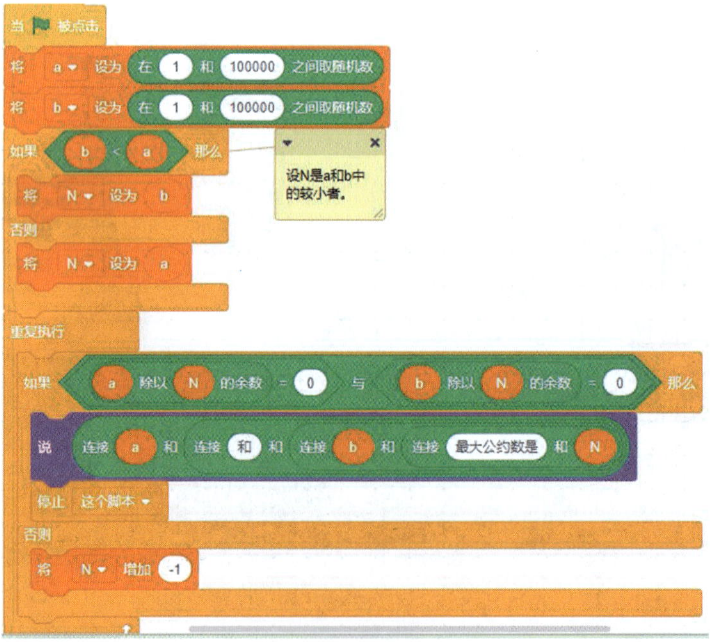

当 被点击
将 a 设为 在 1 和 100000 之间取随机数
将 b 设为 在 1 和 100000 之间取随机数
如果 b < a 那么
设N是a和b中的较小者。
将 N 设为 b
否则
将 N 设为 a
重复执行
如果 a 除以 N 的余数 = 0 与 b 除以 N 的余数 = 0 那么
说 连接 a 和 连接 和 和 连接 b 和 连接 最大公约数是 和 N
停止 这个脚本
否则
将 N 增加 -1

图 5-1　穷举法求最大公约数程序

#### 2. 辗转相除法

辗转相除法是求最大公约数和最小公倍数的另一种方法。具体做法是：用较小数除较大数，再用出现的余数(第一余数)去除除数，再用出现的余数(第二余数)去除第一余数，如此反复，直到最后余数是 0 为止。如果是求两个数的最大公约数，那么最后的除数就是这两个数的最大公约数。两个数的积除以最大公约数就是最小公倍数，如图 5-2 所示。

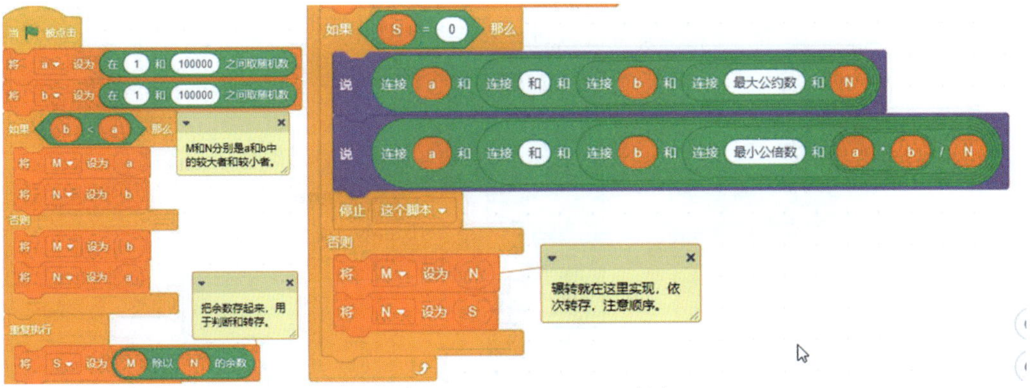

当 被点击
将 a 设为 在 1 和 100000 之间取随机数
将 b 设为 在 1 和 100000 之间取随机数
如果 b < a 那么
M和N分别是a和b中的较大者和较小者。
将 M 设为 a
将 N 设为 b
否则
将 M 设为 b
将 N 设为 a
把余数存起来，用于判断和转存。
重复执行
将 S 设为 M 除以 N 的余数
如果 S = 0 那么
说 连接 a 和 连接 和 和 连接 b 和 连接 最大公约数 和 N
说 连接 a 和 连接 和 和 连接 b 和 连接 最小公倍数 和 a * b / N
停止 这个脚本
否则
将 M 设为 N
将 N 设为 S
辗转就在这里实现，依次转存，注意顺序。

（a）　　　　　　　　　　（b）

图 5-2　辗转相除法求最大公约数和最小公倍数程序

**专家指点**　如果两个数的最大公约数等于 1，就称这两个数互素(互质)，可以用辗转相除法编写一个判断两数是否互素的程序。

## 5.1.2　复利

复利又称为利滚利。如小明到银行存 100 元，年利率是 p，一年后连本带利就是 100+100p=100(1+p)；假如把本利一起取出来当做本金又存进钱庄，利率同前，一年后连本带利就是 100(1+p)+100(1+p)p=100(1+p)(1+p)= $100(1+p)^2$，……，这样操作 $n$ 次，连本带利就是 $100(1+p)^n$，这就是复利问题。

【例】假如本金 100，利率 p=1(100%)以一年为限，一种方式是年底一次性取出，另一种是把利息平分成 $\frac{p}{2}=\frac{1}{2}$ 分两次存取(半年一次)，哪种方式收益更丰厚呢？通过刚才的复利公式，前者是 $100\left(1+\frac{1}{1}\right)^1=200$ 元，增长率是 2，后者是 $100\left(1+\frac{1}{2}\right)^2=225$ 元，增长率是 2.25，按月存取(分成 12 次)呢？按天存取(分成 365 次)呢？按分、按秒呢？

下面使用 Scratch 模拟细分次数与收益增长率情况。

建立一个计算 $y$ 的子积木，把 $x$ 和 $y$ 分别放进两个列表，让 $x$ 遍历 0，1，2，3……175 200(由于列表长度最多 200 000 项的限制，175 200 相当于每隔 3 分钟存取一次)，看列表里面总金额 $y$ 的变化情况。原点选在舞台左下角建坐标系，画出函数在 $x$ 取值 0～160 段的图像。

为此，设细分次数为变量 $x$，对应总金额为 $y=100\left(1+\frac{1}{x}\right)^{x}$，计算 $y$ 值，可以用对数恒等式 $a^{\log_a b}=b$，$b=\left(1+\frac{1}{x}\right)^{x}=a^{\log_a\left(1+\frac{1}{x}\right)^{x}}=a^{x\log_a\left(1+\frac{1}{x}\right)}$，直接算，也可以用循环不断累乘，如图 5-3 和图 5-4 所示。

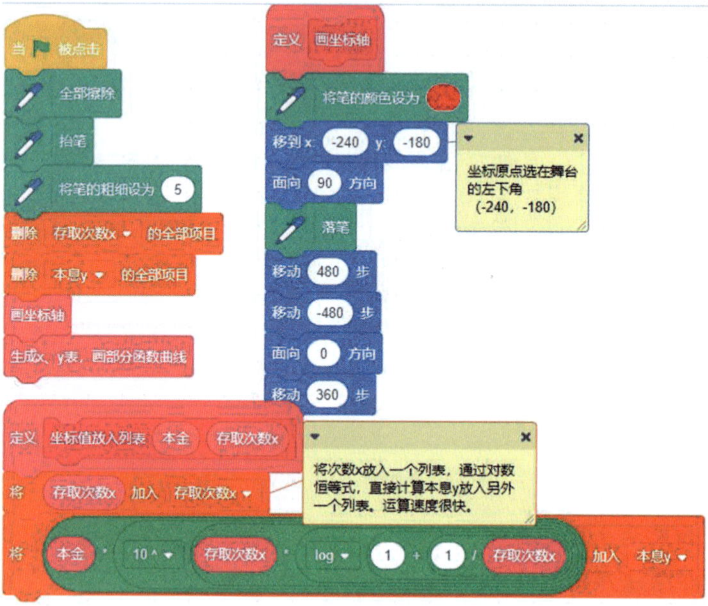
当 被点击
全部擦除
抬笔
将笔的粗细设为 5
删除 存取次数x 的全部项目
删除 本息y 的全部项目
画坐标轴
生成x、y表，画部分函数曲线
定义 画坐标轴
将笔的颜色设为
移到 x: -240 y: -180
坐标原点选在舞台的左下角（-240，-180）
面向 90 方向
落笔
移动 480 步
移动 -480 步
面向 0 方向
移动 360 步
定义 坐标值放入列表 本金 存取次数x
将 存取次数x 加入 存取次数x
将次数x放入一个列表，通过对数恒等式，直接计算本息y放入另外一个列表。运算速度很快。
将 本金 * 10 ^ 存取次数x * log 1 + 1 / 存取次数x 加入 本息y

图 5-3　直接计算本息放入列表的子积木

定义 生成x、y表，画部分函数曲线
将 n 设为 0
重复执行 365 * 24 * 20 次
坐标值放入列表 100 n
将 n 增加 1
将笔的颜色设为
将 n 设为 1
重复执行 160 次
x轴上以3个步长为一个单位，y轴上一个步长为一个单位。坐标原点左下移动了，因此要分别减去240和180.
抬笔
将x坐标设为 -240 + 3 * 存取次数x 的第 n 项
将y坐标设为 -180 + 本息y 的第 n 项
落笔
将 n 增加 1
定义 坐标值放入列表 本金 存取次数x
将 存取次数x 加入
将 y 设为 本金
重复执行 存取次数x 次
将 y 设为 y * 1 + 1 / 存取次数x
将 y 加入 本息y
将存放次数x放入一个列表，通过循环计算本息y放入另外一个列表。运算速度慢。

图 5-4　用循环计算总金额的子程序

函数图像、存取次数 $x$ 列表和本息 $y$ 列表，如图 5-5 所示。从列表看到，次数达到一定程度，总金额增加的速度逐渐放缓了，慢慢地稳定在 271. 82……，永远达不到 271. 83。本利和(总金额)除以本金的商越来越趋近于自然对数的底 e=2. 718 281 828 4……。

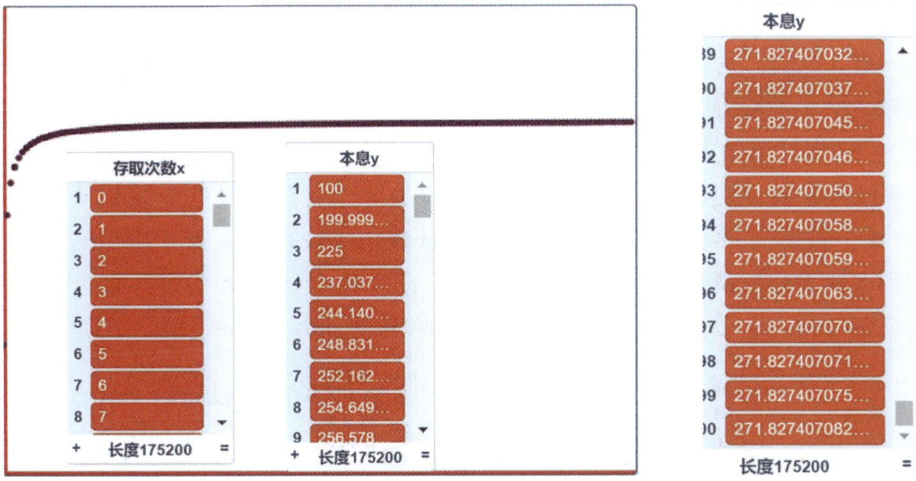

(a)　　(b)

图 5-5　函数图像列表

## 5.1.3 自然常数 e

e 的自然特性体现在把存钱生钱的过程换成生物细胞繁衍的过程，e 就成了增长倍数的天花板(极限) $\lim\limits_{n\to\infty}\left(1+\frac{1}{n}\right)^n=\mathrm{e}$，这是数学中最著名最有用的极限。

如果年利率不是 1 而是一般的 $r$，那么增长倍数的天花板是多少呢？

用换元法求极限　$$\lim_{n\to\infty}\left(1+\frac{r}{n}\right)^n$$

令　$$\frac{n}{r}=m,$$

则　$$\frac{r}{n}=\frac{1}{m},\quad n=mr$$

$$n\to\infty \text{ 时}$$

$$m\to\infty,\ \lim_{m\to\infty}\left(1+\frac{1}{m}\right)^m=\mathrm{e}$$

所以　$$\lim_{n\to\infty}\left(1+\frac{r}{n}\right)^n=\lim_{m\to\infty}\left(1+\frac{1}{m}\right)^{mr}=\left(\lim_{m\to\infty}\left(1+\frac{1}{m}\right)^m\right)^r=\mathrm{e}^r$$

把 $r$ 看成自变量 $x$，这就是指数函数 $y=\mathrm{e}^x$。它的反函数就是自然对数函数 $y=\ln x$。这个函数的导函数就是它自己，它在研究自然界的许多规律中发挥了巨大作用。

数学家欧拉还利用它和虚数 i 把 e 和圆周率 π 联系起来了，即著名的欧拉公式

$$\mathrm{e}^{i\pi}=1。$$

## 5.1.4 穷举法找爱因斯坦台阶级数

爱因斯坦台阶数是指一个特定的阶梯数，满足以下条件：如果每步上 2 阶，最后剩 1 阶；如果每步上 3 阶，最后剩 2 阶；如果每步上 5 阶，最后剩 4 阶；如果每步上 6 阶，最后剩 5 阶；只有当每步上 7 阶时，最后刚好一阶也不剩。

下面是两个使用穷举法计算的程序。

(1) 可以用简单的方法，从 1 开始，逐一检查，直到同时满足 5 个条件为止。但是这样的算法不费神但费时。可以根据最后一个条件，判断出级数应该是 7 的倍数，因此可以“逐 7 检查”(每隔 7 级判断一次)，数量就会减少很多。为了避免四个条件同时成立的积木块太长，设立 4 个变量 $A$，$B$，$C$，$D$ 分别存储前 4 个条件是否成立的逻辑值，四个条件均成立等价于 $A$，$B$，$C$，$D$ 的乘积不等于 0，脚本如图 5-6 所示。

当 被点击
将 级数 设为 0
重复执行
将 级数 增加 7
将 A 设为 级数 除以 2 的余数 = 1
将 B 设为 级数 除以 3 的余数 = 2
将 C 设为 级数 除以 5 的余数 = 4
将 D 设为 级数 除以 6 的余数 = 5
如果 A * B * C * D = 0 不成立 那么
说 连接 满足条件的阶梯步数是 和 级数
停止 这个脚本
A true
B true
C true
D true
级数 119
满足条件的阶梯步数是119
大小 100
角色1

图 5-6 穷举法找“爱因斯坦台阶级数的程序

(2) 可以初值设为 11，每次循环增加 6 级。图 5-6 的程序变量过多，改个方式，只需设一个“符合条件个数”变量，把每个条件值(符合即为真等于 1，不符合即为假等于 0)作为“符合条件个数”的增量。每次开始要清零，达到 4 就意味着结束，脚本如图 5-7 所示。

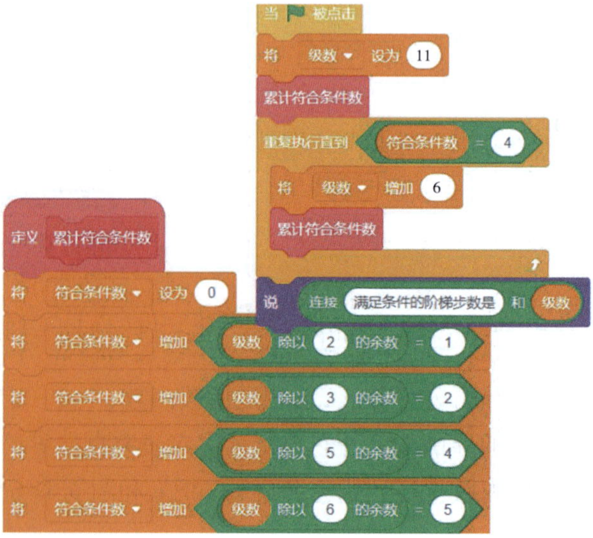
当 被点击
将 级数 设为 11
累计符合条件数
重复执行直到 符合条件数 = 4
将 级数 增加 6
累计符合条件数
说 连接 满足条件的阶梯步数是 和 级数
定义 累计符合条件数
将 符合条件数 设为 0
将 符合条件数 增加 级数 除以 2 的余数 = 1
将 符合条件数 增加 级数 除以 3 的余数 = 2
将 符合条件数 增加 级数 除以 5 的余数 = 4
将 符合条件数 增加 级数 除以 6 的余数 = 5

图 5-7 改进的程序

# 任务 2　验证“冰雹猜想”

## 任务概述

小明听数学老师讲过一个非常有趣的游戏案例，该游戏十分简单：任意写出一个自然数 $N$，并且按照以下的规律进行变换：如果是个奇数，则下一步变成 $3N+1$。如果是个偶数，则下一步变成$\frac{N}{2}$。

人们发现，无论 $N$ 是怎样一个数字，最终都无法逃脱回到谷底 1。准确地说，是无法逃出落入底部的 4—2—1—4 循环，永远也逃不出这样的数字黑洞，这就是著名的“冰雹猜想”，通常也被称为“角谷猜想”。

## 任务重点与实施

本任务算法比较简单，依据游戏规则，对用户输入的数 $N$，如果是偶数就减半(除以 2)，否则就乘 3 加 1，直到 $N=1$ 为止。通过编程程序来了解这个有趣的游戏。验证“冰雹猜想”的脚本和 $N=27$ 时的全部变换过程(称作“雹程”)，如图 5-8 所示。

当 被点击
将 雹程 设为 0
询问 请输入一个正整数 并等待
将 N 设为 回答
重复执行
如果 N 除以 2 的余数 = 0 那么
将 N 设为 N / 2
否则
将 N 设为 N * 3 + 1
将 雹程 增加 1
等待 0.001 秒
如果 N = 1 那么
说 连接 最后角谷数是 和 N
停止 这个脚本
N 1
回答 27
雹程 111
最后角谷数是1
冰雹猜想：
以一个正整数n为例，如果n为偶数，就将它变为n/2，如果除后变为奇数，则将它乘3加1（即3n+1）。不断重复这样的运算，经过有限步后，一定可以得到1吗？
人们通过大量的验算，从来没有发现反例，但是也没有人能证明。任意选一个整数N，规则如下：如果N为奇数，那么运算N*3+1；如果N为偶数，那么运算N/2。
得到一步结果后，如果N不等于1，再重复按规则运算。

图 5-8　验证“冰雹猜想”的脚本和 $N=27$ 时的雹程

下面可以验证 $N=27$ 这个数，会发现经过 77 步的变换，$N$ 到达顶峰值 9 232，然后又经过 34 步变换到达谷底值 1。雹程需要 111 步，其顶峰值 9 232，达到了原有数字 27 的 342 倍左右。如果以瀑布般的直线下落变换(如果 $N=2^m$，则前面 $m-1$ 次“雹程”都是减半)来比较，则具有同样雹程的数字 $N$ 要达到 $2^{111}$ 的天量。

# 任务 3　寻找“完美数”

## 任务概述

小明经常听人说起完美数，英文名叫 Perfect number，又称完全数或完备数，是一些满足特殊条件的自然数。首先需要了解什么是一个数的“真因子”，就是即除了自身以外的约数。

完美数 $N$，就是它的所有真因子的和 $S$ 恰好等于它本身。第一个完美数是 6，第二个完美数是 28，第三个完美数是 496，后面的完美数还有 8 128、33 550 336、8 589 869 056 等。相关数据显示已经找到 51 个完美数。与完美数关联的还有盈数（满足 $S>N$）和亏数（满足 $S<N$）。

## 任务重点与实施

### 5.3.1　“完美数”的编写

用穷举法编写一个找完美数的程序。是否为真因子可以用余数是否为 0 来鉴别。如果是真因子，就加进装真因子和的变量 $S$ 里面。最后比较 $S$ 与 $N$ 是否相等。如果 $N$ 是完美数，就放进名字为“完美数表”的列表。脚本和结果如图 5-9 所示。

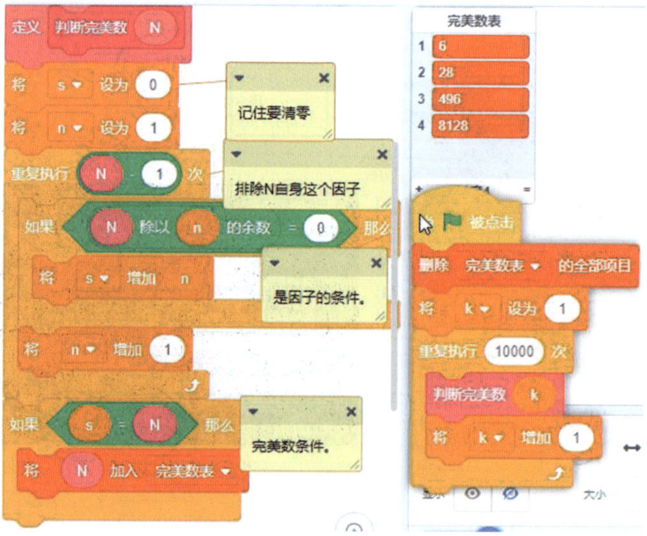

定义 判断完美数 N
将 s 设为 0
将 n 设为 1
记住要清零
重复执行 N - 1 次
排除N自身这个因子
如果 N 除以 n 的余数 = 0 那么
将 s 增加 n
是因子的条件。
将 n 增加 1
如果 s = N 那么
完美数条件。
将 N 加入 完美数表
完美数表
1 6
2 28
3 496
4 8128
被点击
删除 完美数表 的全部项目
将 k 设为 1
重复执行 10000 次
判断完美数 k
将 k 增加 1

图 5-9　穷举法找完美数的脚本和结果

### 5.3.2　寻找 1 000 以内的素数

素数指的是只能被 1 和它自身整除的整数。素数没有除自身和 1 以外的约数。

考虑到程序的通用性，需要从键盘输入“下限”和“上限”的值，本例下限 = 1，上限 = 1 000，则所编写的程序应能够显示（放入素数列表）出 1 ~ 1 000 之间的所有素数。

考虑用双层循环结构实现。由于 2 是最小的素数，也是唯一的偶素数。可以先把 2 放入素数列表，外层循环对 3 到上限之间的每个数进行迭代，逐一检查其是否为素数（用一个标志变量“是否素数”的值会否为 1 来判断），如果是素数便将此 $N$ 放入素数列表。

外层循环的循环变量用变量 $N$ 表示，$N$ 即代表当前需要进行判断的整数，显然，$3 \leqslant N \leqslant$ 上限，可将每次循环增量设为 2。

内层循环稍显复杂，可用一个子积木完成，其功能是判断当前的 $N$ 是否为素数。核心算法：先将“是否素数”赋值为 1，判定一个整数 $N$ 是否为素数的关键，就是要判定整数 $N$ 是否有 1 和它自身以外的约数，若有这样的约数，立即判定 $N$ 为合数，变量“是否素数”赋值为 0，结束判断停止这个脚本 ，如图 5-10 所示；若没有，则判定 $N$ 为素数（保持“是否素数” = 1 不变）。

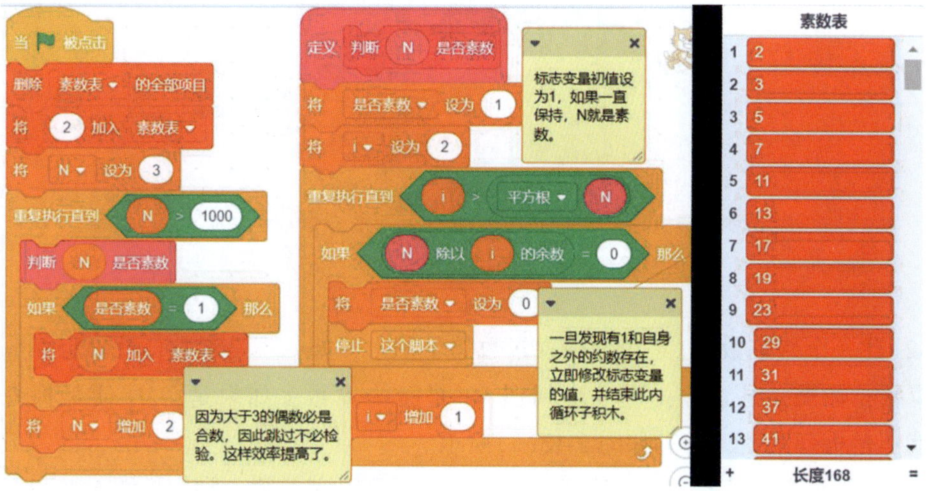

当 被点击
删除 素数表 的全部项目
将 2 加入 素数表
将 N 设为 3
重复执行直到 N > 1000
判断 N 是否素数
如果 是否素数 = 1 那么
将 N 加入 素数表
将 N 增加 2
因为大于3的偶数必是合数，因此跳过不必检验。这样效率提高了。
定义 判断 N 是否素数
将 是否素数 设为 1
将 i 设为 2
标志变量初值设为1，如果一直保持，N就是素数。
重复执行直到 i > 平方根 N
如果 N 除以 i 的余数 = 0 那么
将 是否素数 设为 0
停止 这个脚本
一旦发现有1和自身之外的约数存在，立即修改标志变量的值，并结束此内循环子积木。
i 增加 1
素数表
1 2
2 3
3 5
4 7
5 11
6 13
7 17
8 19
9 23
10 29
11 31
12 37
13 41
长度168

图 5-10　寻找 1 000 以内的素数的脚本

设内循环变量为 $i$，$i$ 从 2 开始，直到 $\sqrt{N}$ 为止（有定理可保证不必遍历到 $N-1$）。其中的任何一个 $N$ 除以 $i$ 的余数为 0，可以确定当前的整数 $N$ 不是素数，给变量“是否素数”赋值为 0，并提前结束该内次循环。

如果 $N$ 一直不能被 2 到 $\sqrt{N}$ 中的任何一个整数所整除，则在完成最后一次循环后，才终止循环。此时，可以确定当前的整数 $N$ 为素数，此时“是否素数” = 1 保持不变。便于外循环判断将 $N$ 放入素数列表。

## 5.3.3 用梅森素数寻找“完美数”

瑞士数学家和物理学家欧拉证明所有的偶完美数都有形式 $2^{p-1} \cdot (2^{p}-1)$。因此，人们只要找到 $2^{p}-1$ 型素数，就可以发现偶完美数了。

数学界将 $2^{p}-1$ 型素数称为“梅森素数”（Mersenne prime，记为 $M_p$），因为法国数学家和法兰西科学院奠基人梅森在这方面的研究成果较为卓著。梅森素数貌似简单，但探究难度却极大。它不仅需要高深的理论和纯熟的技巧，还需要进行艰巨的计算。现在仅发现 52 个梅森素数。

使用 Scratch 编程找出前 6 个梅森素数，再根据欧拉的结论找出对应的前 6 个完美数，具体操作方法如下。

(1)创建一个判别素数的子积木，建一个求幂函数的子积木，脚本如图 5-11 所示。

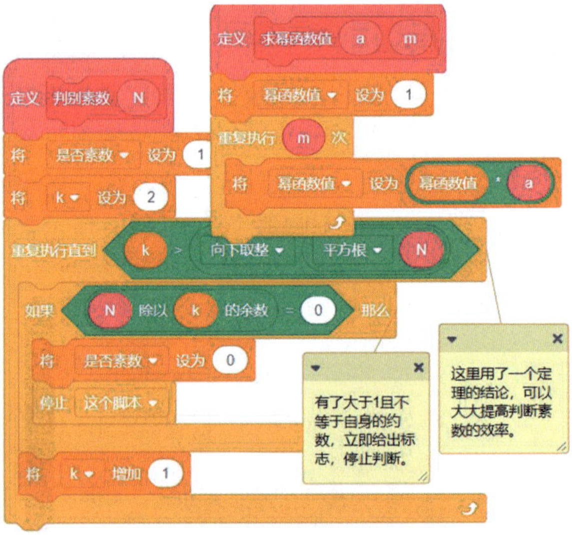
定义 求幂函数值 a m
将 幂函数值 设为 1
重复执行 m 次
将 幂函数值 设为 幂函数值 * a
定义 判别素数 N
将 是否素数 设为 1
将 k 设为 2
重复执行直到 k > 向下取整 平方根 N
如果 N 除以 k 的余数 = 0 那么
将 是否素数 设为 0
停止 这个脚本
将 k 增加 1
有了大于1且不等于自身的约数，立即给出标志，停止判断。
这里用了一个定理的结论，可以大大提高判断素数的效率。

图 5-11　判别素数和求幂函数的子积木脚本

(2)建一个判别数 $M_p$ 是否为梅森素数的子积木，如 $p$ 不是素数，就确定 $M_p$ 不会是梅森素数，如果 $p$ 是素数，进一步判别 $M_p$ 是否为素数，如果是，$M_p$ 便是梅森素数，否则就不是梅森素数，脚本如图 5-12(a)所示。

(3)对梅森素数的指数 $p$，计算 $2^{p-1}\cdot(2^p-1)$获得完美数，脚本见图 5-12(b)所示。

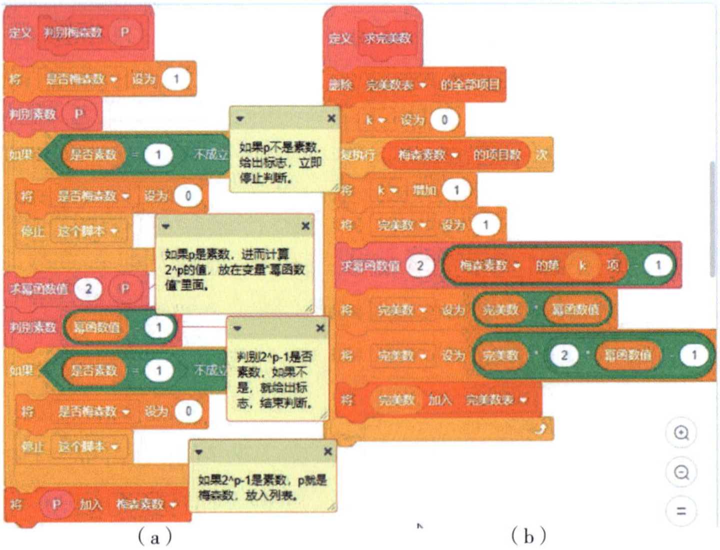
如果p不是素数，给出标志，立即停止判断。
如果p是素数，进而计算2^p的值，放在变量"幂函数值"里面。
判别2^p-1是否素数，如果不是，就给出标志，结束判断。
如果2^p-1是素数，p就是梅森数，放入列表。

(a)　　　　　　(b)

图 5-12　判别梅森素数和完美数的脚本

(4)将个数提高到7，运行一下，很快算出来了(注意：超过7时，受Scratch精度所限，计算 $2^{p-1}\cdot(2^p-1)$ 尾数有些许误差。)。前8个完美数的主程序和结果如图5-13所示。

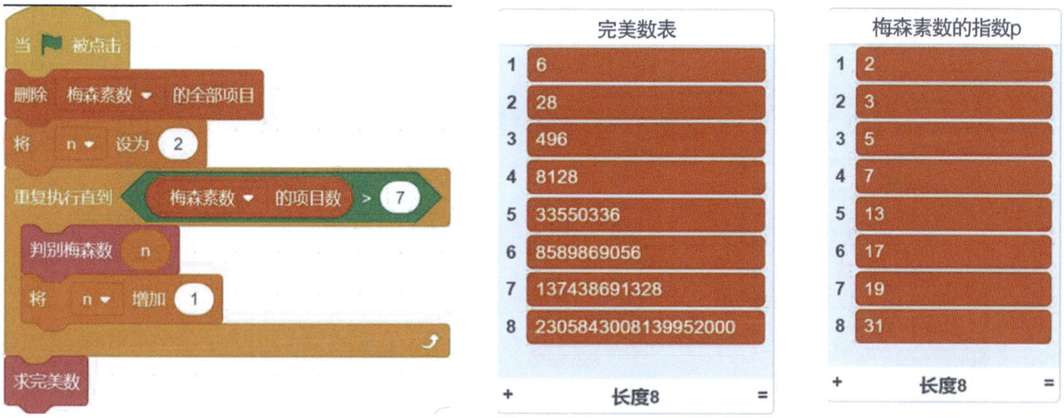


(a) (b) (c)

图5-13 前8个完美数的主程序和结果

# 任务4 寻找“亲和数”

## 任务概述

亲和数又称相亲数、友爱数、友好数，是指两个正整数中，彼此的全部约数之和(本身除外)与另一方相等。例如，“220的全部约数(除掉本身)相加的和是：1+2+4+5+10+11+20+22+44+55+110=284，而284的全部约数(除掉本身)相加的和是：1+2+4+71+142=220。又如1 184和1 210，2 620和2 924。

## 任务重点与实施

### 5.4.1 “亲和数”的算法

亲和数的算法步骤具体如下。

(1)构造“生成约数和表”的子积木，从M=1开始，把计算出来的M(本身除外)的约数和，依次放在一个叫“约数和”的列表里面，如图5-14所示。

(2)在“约数和”列表里面，根据亲和数的条件找出亲和数对，放入“亲和数对”列表中。具体过程是：让$i$($i$从220开始)和$j$($j$从$i$开始)遍历，一旦某个数$i$等于另一个数$j$的约数和(也就是约数和列表的第$j$项)，立即比对$i$的约数和(即是约数和列表的第$i$项)是否等于$j$，如果相等，就把这一对数放入结果列表中。

(3)因为最小的亲和数是 220，所以遍历可以从 220 开始。为了避免重复和把完美数当做亲和数，再加一个 $i<j$ 的条件，如图 5-15 所示。

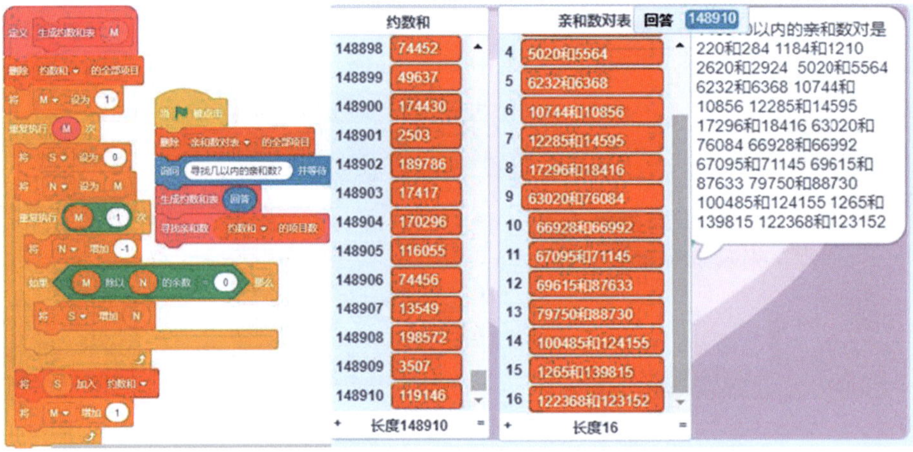

定义 生成约数和表 M
删除 约数和 的全部项目
将 M 设为 1
重复执行 M 次
将 S 设为 0
将 N 设为 M
将 S 加入 约数和
将 M 增加 1
当 被点击
删除 亲和数对表 的全部项目
询问 寻找几以内的亲和数? 并等待
生成约数和表 回答
寻找亲和数 约数和 的项目数
约数和
148898 74452
148899 49637
148900 174430
148901 2503
148902 189786
148903 17417
148904 170296
148905 116055
148906 74456
148907 13549
148908 198572
148909 3507
148910 119146
长度148910
亲和数对表
回答 148910
4 5020和5564
5 6232和6368
6 10744和10856
7 12285和14595
8 17296和18416
9 63020和76084
10 66928和66992
11 67095和71145
12 69615和87633
13 79750和88730
14 100485和124155
15 1265和139815
16 122368和123152
长度16
以内的亲和数对是
220和284 1184和1210
2620和2924 5020和5564
6232和6368 10744和
10856 12285和14595
17296和18416 63020和
76084 66928和66992
67095和71145 69615和
87633 79750和88730
100485和124155 1265和
139815 122368和123152

图 5-14　生成约数和列表程序和主程序、部分亲和数对

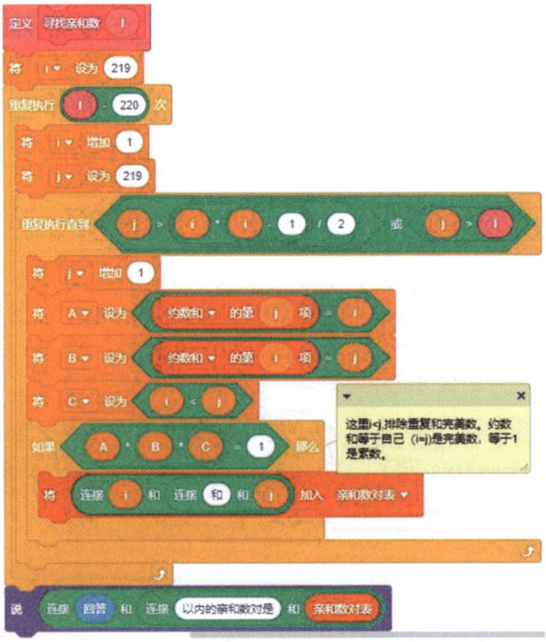

定义 寻找亲和数 I
将 i 设为 219
重复执行 I - 220 次
将 i 增加 1
将 j 设为 219
重复执行直到
或
将 j 增加 1
将 A 设为
约数和 的第 j 项
将 B 设为
约数和 的第 i 项
将 C 设为
这里i<j,排除重复和完美数。约数和等于自己（i=j)是完美数，等于1是素数。
如果 那么
将 连接 i 和 连接 和 和 j 加入 亲和数对表
说 连接 回答 和 连接 以内的亲和数对是 和 亲和数对表

图 5-15　判别亲和数的程序

## 5.4.2 验证“哥德巴赫猜想”

哥德巴赫猜想的表述并不复杂：不小于 4 的正偶数都能够分解为两个素数之和。虽然该猜想没有最后证明，可以在一定范围内(如 2 000 以内)验证它，输出符合条件的素数对中，相差最大的那一对。

为了验证歌德巴赫猜想对 2 000 以内的不小于 4 的正偶数 $N$ 都是成立的，要将整数分解为两部分：$j$ 和 $N-j$，然后判断分解出的两个整数 $j$ 和 $N-j$ 是否均为素数。若是，则满足题意，否则应重新进行分解和判断。具体操作步骤如下。

(1) 为此需要定义一个判断正整数是否为素数的子积木供调用，如图 5-16 所示。

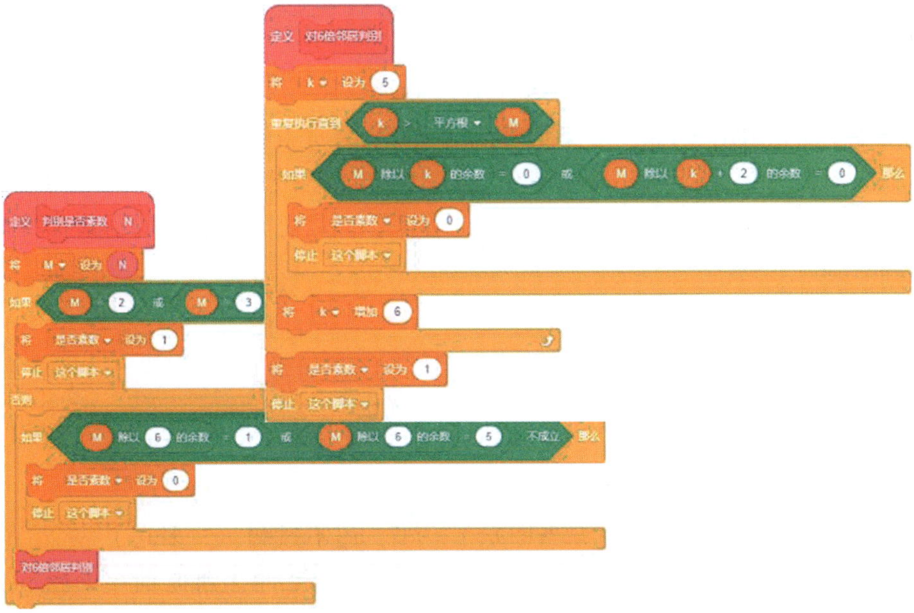
定义 对6倍邻居判别
将 k 设为 5
重复执行直到 k > 平方根 M
如果 M 除以 k 的余数 = 0 或 M 除以 k + 2 的余数 = 0 那么
将 是否素数 设为 0
停止 这个脚本
将 k 增加 6
将 是否素数 设为 1
停止 这个脚本
定义 判别是否素数 N
将 M 设为 N
如果 M 2 或 M 3
将 是否素数 设为 1
停止 这个脚本
否则
如果 M 除以 6 的余数 = 1 或 M 除以 6 的余数 = 5 不成立 那么
将 是否素数 设为 0
停止 这个脚本
对6倍邻居判别

图 5-16　一个高效判别

(2) 对每一个不小于 4 的偶数 $N$，两素数相差最大的那一组解，一定是其中 $j$ 最小的那组。所以如果将 $j$ 从小到大遍历(循环)，则第一组满足猜想的 $j$ 和 $N-j$ 就是要求的解，立即将符合猜想的第一组解放入一个列表里，跳出验证循环，如图 5-17 所示。

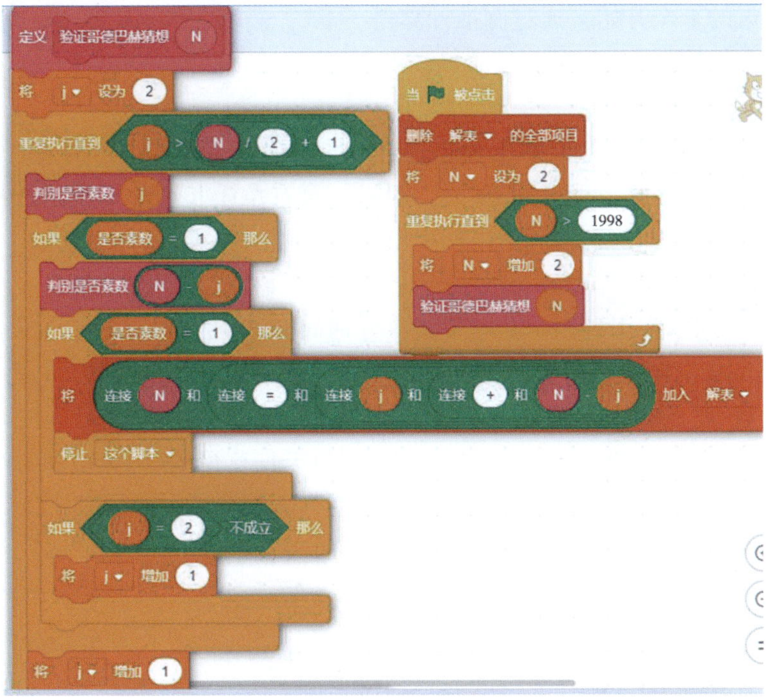
定义 验证哥德巴赫猜想 N
将 j 设为 2
重复执行直到 j > N / 2 + 1
判别是否素数 j
如果 是否素数 = 1 那么
判别是否素数 N - j
如果 是否素数 = 1 那么
将 连接 N 和 连接 = 和 连接 j 和 连接 + 和 N - j 加入 解表
停止 这个脚本
如果 j = 2 不成立 那么
将 j 增加 1
将 j 增加 1
当 被点击
删除 解表 的全部项目
将 N 设为 2
重复执行直到 N > 1998
将 N 增加 2
验证哥德巴赫猜想 N

图 5-17　验证哥德巴赫猜想子积木和主程序

(3)对变量 $N$，从 $N=4$ 开始验证，每轮 $N$ 增加 2，直到 $N=2\ 000$ 为止，如图 5-17 所示。

## 项目小结

本项目主要介绍用 Scratch 来探究“数”的问题，首先介绍了求最大公约数和最小公倍数的方法；其次介绍了验证“冰雹猜想”；最后介绍了寻找“完美数”及“亲和数”。通过本项目的学习，读者能了解“数”的基本的算法，提高逻辑思维能力，从而提高解决实际问题的能力。

## 项目习题

1. 编写解决猴子吃桃问题的程序。

【猴子吃桃问题】

猴子第一天摘下若干个桃子，当即吃了一半，还不过瘾，又多吃了一个。第二天早上又将剩下的桃子吃掉一半，又多吃了一个。以后每天早上都吃前一天剩下的一半零一个。到第 10 天早上想再吃时，见只剩下一个桃子了。求第一天共摘多少个桃子？

【算法提示】

由
$$前一天数量-\frac{前一天数量}{2}-1=后一天数量$$
得到
$$前一天数量=2\times(后一天数量+1)$$
从第 10 天的 1 个开始，通过倒推计算得。

2. 编写解决牛吃草问题的程序。

【牛吃草问题】

牧场上有一片青草，每天都生长得一样快。这片青草供给 10 头牛吃，可以吃 22 天，或者供给 16 头牛吃，可以吃 10 天，期间一直有草生长。如果供给 25 头牛吃，可以吃多少天？这种类型的题目因由牛顿提出也叫牛顿问题或者消长问题。

【算法提示】

解决牛吃草问题常用到四个基本公式，分别如下。

(1)每天长草量=(对应的牛头数×吃的较多天数-相应的牛头数×吃的较少天数)÷(吃的较多天数-吃的较少天数)。

(2)原有草量=每头牛每天吃草×吃的天数-每天长草量×吃的天数。

(3)吃的天数=原有草量÷(每头牛每天吃草-每天长草量)。

(4)每头牛每天吃草=原有草量÷吃的天数+每天长草量。

解题环节主要有以下四步。

(1)求出每天长草量。

(2)求出牧场原有草量。

(3)求出每天实际消耗原有草量(牛吃的草量-生长的草量=消耗原有的草量)。

(4)最后求出牛可吃的天数。

3. 练习编程求数根。

数根是对于一个正整数 $n$，将它的各个数位上的数字相加得到一个新数，如果这个数是一位数，就称之为 $n$ 的数根，否则重复处理直到它成为一个一位数。例如，$n=34$，$3+4=7$，7 是一位数，所以 7 是 34 的数根。再如，$n=345$，$3+4+5=12$，$1+2=3$，3 是一位数，所以 3 是 345 的数根。

【算法提示】

可用直到循环，直接用（apple 的第 1 个字符）积木取得各个数位上的数字。

4. 编写冰雹猜想验证程序，要求把每一步的数放在一个列表里面(图 5-18)，便于观察分析。

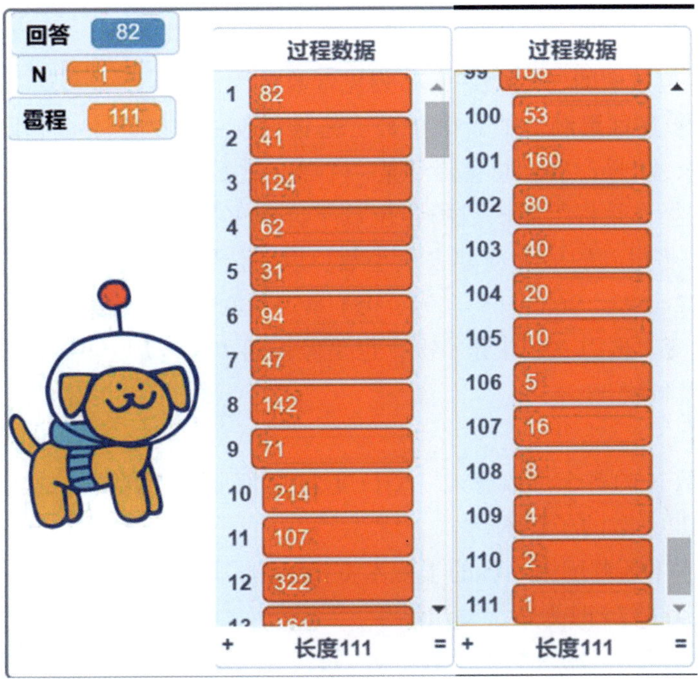


图 5-18　把验证冰雹猜想的过程数据放入列表

5. 编程把 10 000 以内的盈数、亏数和完美数选出来，分别放进 3 个列表。

6. “将军饮马”是几何中求最短距离问题的重要模型，用穷举法和对称点(具有对称关系的数问题)连线法，各编一个模拟“将军饮马”问题的程序。

(1)唐朝诗人李欣的诗《古从军行》中：“白日登山望峰火，黄昏饮马傍交河。”诗中隐含着一个有趣的数学问题。如图 5-19 所示，诗中将军在观望烽火之后从山脚下的 $A$ 点出发，走到河边饮马后再到 $B$ 点宿营，请问怎样走才能使总的路程最短？

(2)用穷举法在河边从左到右逐点测试到角色 $A$ 和 $B$ 的距离之和，比较找出最小值，并回溯(从右到左)找到取最小值的那个点的位置。

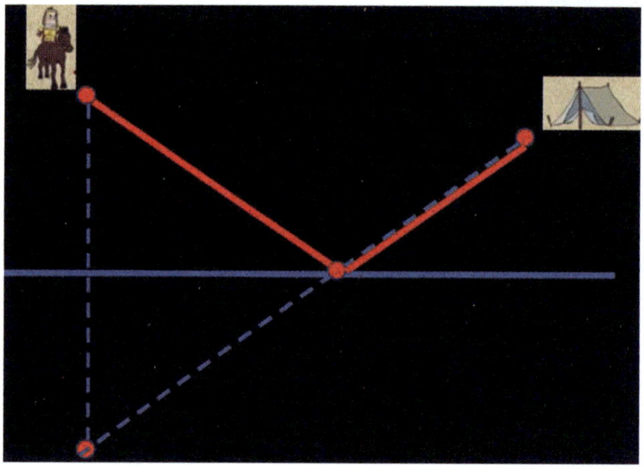

图 5-19　将军饮马问题示意图

7. 编程求 4 位数中的“黑洞数-卡布列克常数”。

卡布列克常数又称黑洞数或者陷阱数，是指任何一个数字不全相同的整数，在经过有限次“重排求差”操作后，总会得到某一个或一些数，这些数即为黑洞数。

“重排求差”操作是将组成该数的各位数字分别重排成最大数和最小数(不够 $N$ 位数时前面补 0)，将得到的最大数减去最小数。以 3 位数为例，207 的“重排求差”操作序列是：720−027 = 693，963−369 = 594，954−459 = 495，此后再进行“重排求差”操作结果不再发生改变。再用 208 计算一次，也是停止到 495，所以 495 是三位黑洞数。同理 6174 是四位黑洞数。

【算法提示】

(1)把 4 位数 N 的各个位数放入一个长度为 4 的列表，借鉴冒泡排序的算法，分别建立求最大数和最小数的子积木。

(2)建子积木不断调用第一步的子积木重排求差，可设变量“卡布列克常数”存放得到差，直到差值为 6174 时为止，输出结果。

(3)主程序获得用户输入的 4 位数，对“回答”值调用第二步的子程序。

## 项目概述

递归算法(recursion algorithm)在计算机科学中是指一种通过重复将问题分解为同类的子问题而解决问题的方法。递归式方法可以被用于解决很多的计算机科学问题，因此它是计算机科学中十分重要的一个概念。计算理论可以证明递归的作用可以完全取代循环，因此在很多函数编程语言中习惯用递归来实现循环。Scratch 和大多数编程语言一样也可以实现函数的自调用，做出许多十分惊艳的项目。

## 学习目标

- 能够寻找具有某些特殊性质的数(公约数、公倍数、自然数、素数、完美数等)。
- 了解寻找具有某些特定关系(如逆序、对称)的数对。
- 熟悉验证有关定理或猜想。

## 思政目标

- 培养学生遵守编程道德规范和职业道德，增强网络安全意识。
- 让学生体会到编程的社会价值，增强社会责任感。

06

# 项目6　递归的用法

# 任务 1　大道至简的递归

## 任务概述

递归算法就是程序的自身调用。表现在一段程序中往往会遇到调用自身的一种编程策略，利用大道至简的思想，把一个大的复杂的问题层层转换为一个和原问题相似的小问题来求解的这样一种策略。递归往往能给人们带来非常简洁、直观的代码形式，从而使编码大大简化。

## 任务重点与实施

### 6.1.1　递归的算法

递归的思维模式确实与常规的思维相逆，通常用从上而下的思维解决问题，而递归却是从下往上的思维进行。这样就能看到使用很少的语句解决了非常大的问题，所以递归策略的最主要体现就是用小的代码量解决非常复杂的问题。

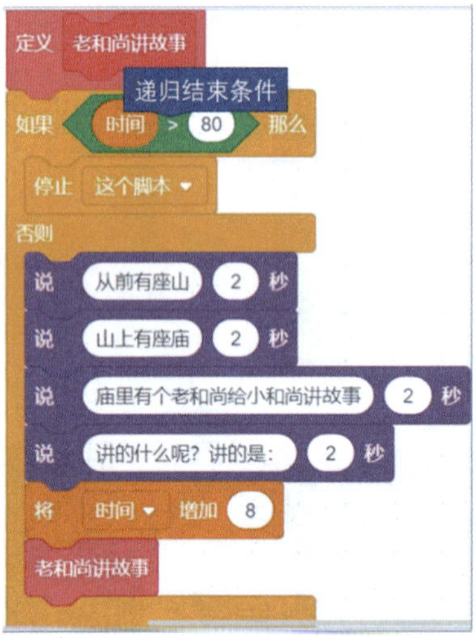
定义 老和尚讲故事
递归结束条件
如果 时间 > 80 那么
停止 这个脚本
否则
说 从前有座山 2 秒
说 山上有座庙 2 秒
说 庙里有个老和尚给小和尚讲故事 2 秒
说 讲的什么呢？讲的是： 2 秒
将 时间 增加 8
老和尚讲故事

（a）

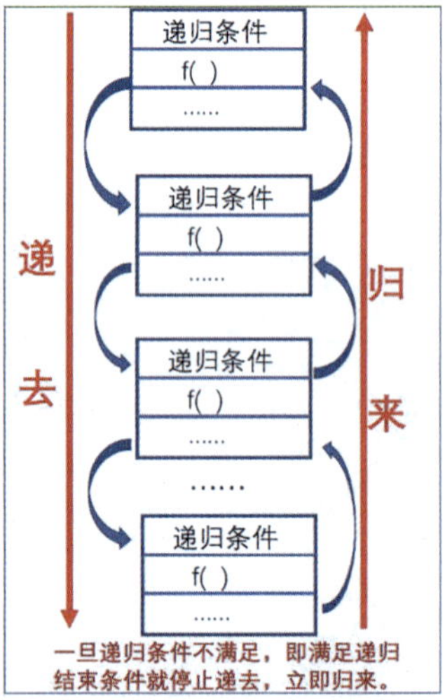
递归条件
f( )
......
递
去
归
来
一旦递归条件不满足，即满足递归结束条件就停止递去，立即归来。

（b）

图 6-1　递归算法示意图

递归算法解决问题的特点如下。

（1）递归就是方法里调用自身。

（2）在使用递归策略时，必须有一个明确的递归结束条件，称为递归出口。当满足了这个条件的时候就不再递归了。

（3）找返回值：应该给上一级返回什么信息。

(4)本级递归应该做什么：在这一级递归中，应该完成什么任务。

递归其实可以看做两部分操作，一步步去寻求子问题的解是“递”；得到最基本的子问题的解之后，再一步步返回求上一层的解是“归”。

## 6.1.2 求阶乘

在解决问题时可以通过判断问题是否具有可分解为相同逻辑的多个子问题，以及存在明确终止条件的特点，来确定是否可以用递归来解决。递归计算阶乘的脚本如图 6-2 所示。确定问题可以使用递归来解决的话，解决递归问题的方法如下。

(1)先定义一个函数(子积木)，明确这个函数的功能。

(2)寻找问题与子问题之间的关系(递推公式)，补充到第一步中。

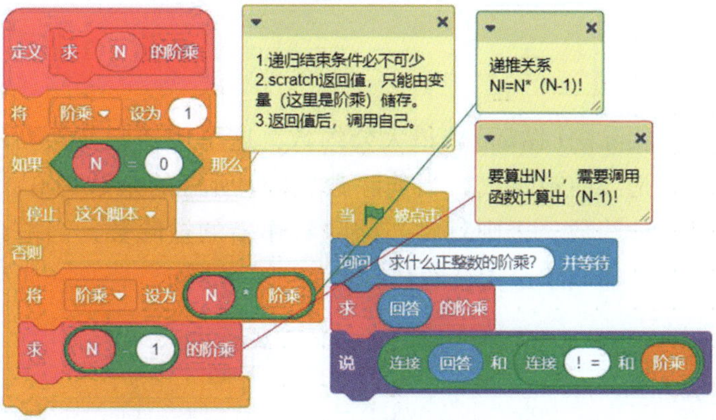

定义 求 N 的阶乘
将 阶乘 设为 1
如果 N = 0 那么
停止 这个脚本
否则
将 阶乘 设为 N * 阶乘
求 N - 1 的阶乘
1.递归结束条件必不可少
2.scratch返回值，只能由变量（这里是阶乘）储存。
3.返回值后，调用自己。
递推关系
N!=N*（N-1)!
要算出N!，需要调用函数计算出（N-1)!
当 被点击
询问 求什么正整数的阶乘? 并等待
求 回答 的阶乘
说 连接 回答 和 连接 ! = 和 阶乘

图 6-2 递归计算阶乘的脚本

## 6.1.3 用递归求斐波拉契数列

斐波拉契数列的规律是从第三项开始的每一项都等于前面两项的和，用递推公式表示就是 F(1)=1，F(2)=1，F(n)=F(n−1)+F(n−2)。递归求斐波拉契数列脚本如图 6-3 所示。

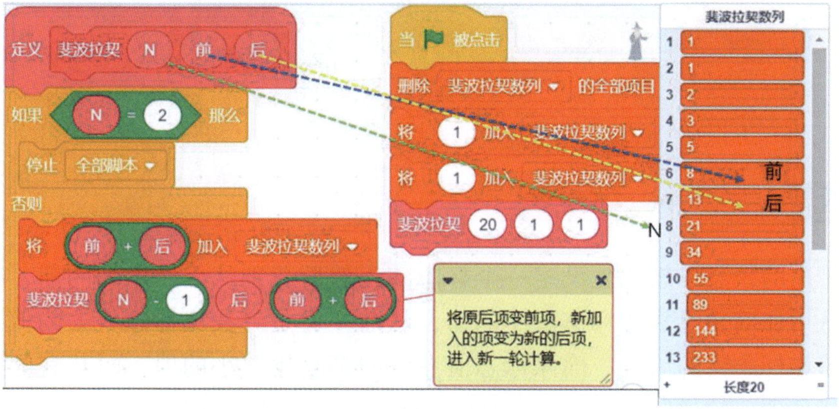

定义 斐波拉契 N 前 后
如果 N = 2 那么
停止 全部脚本
否则
将 前 + 后 加入 斐波拉契数列
斐波拉契 N - 1 后 前 + 后
当 被点击
删除 斐波拉契数列 的全部项目
将 1 加入 斐波拉契数列
将 1 加入 斐波拉契数列
斐波拉契 20 1 1
将原后项变前项，新加入的项变为新的后项，进入新一轮计算。
斐波拉契数列
1 1
2 1
3 2
4 3
5 5
6 8
7 13
8 21
9 34
10 55
11 89
12 144
13 233
长度20
前
后
N

图 6-3 递归求斐波拉契数列脚本

# 任务 2　按递归算法实现的数学问题

## 任务概述

有一些数学问题的数据是按递归定义的。例如，有规律的数值计算和数列通项公式等。

## 任务重点与实施

### 6.2.1 递归求最大公约数

用穷举法和辗转相除法(循环)求最大公约数，这里用递归替换循环实现辗转相除法。递归结束的条件是当前被除数被当前除数整除(所得的余数为 0)。如果满足，就将当前除数作为最大公约数。否则就将当前除数作新的被除数，当前余数作为新的除数，进行下一轮除法。递归求最大公约数脚本如图 6-4 所示。

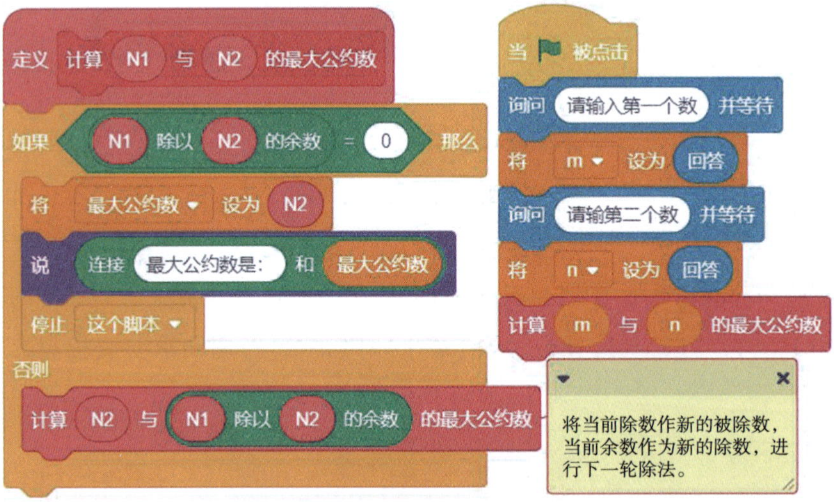
定义 计算 N1 与 N2 的最大公约数
如果 N1 除以 N2 的余数 = 0 那么
将 最大公约数 设为 N2
说 连接 最大公约数是: 和 最大公约数
停止 这个脚本
否则
计算 N2 与 N1 除以 N2 的余数 的最大公约数
当 被点击
询问 请输入第一个数 并等待
将 m 设为 回答
询问 请输第二个数 并等待
将 n 设为 回答
计算 m 与 n 的最大公约数
将当前除数作新的被除数，当前余数作为新的除数，进行下一轮除法。

图 6-4　递归求最大公约数脚本

### 6.2.2 递归快速排序

快速排序的核心思想是先设定一个标志值，然后分别从无序序列的前、后进行双向遍历，从后往前是寻找比标志值小的值，从前往后是寻找比标志值大的值，然后调整这两个值和标志值的位置，确保标志值左侧的都是比它小的值，而其右侧都是比它大的值。然后下一轮递归——以标志值作为分界，其左侧和右侧分别再重复上述过程。

（1）先生成一个待排序的无重复数字（当然也可以重复）的列表，生成无重复数表、交换列表项的主程序如图 6-5 所示。

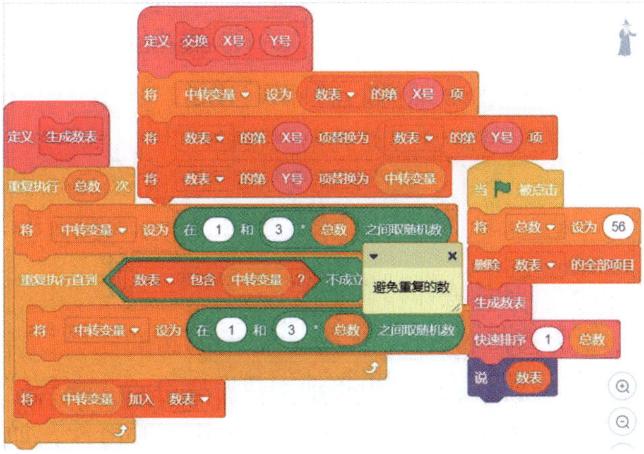

定义 交换 X号 Y号
将 中转变量 设为 数表 的第 X号 项
将 数表 的第 X号 项替换为 数表 的第 Y号 项
将 数表 的第 Y号 项替换为 中转变量
定义 生成数表
重复执行 总数 次
将 中转变量 设为 在 1 和 3 总数 之间取随机数
重复执行直到 数表 包含 中转变量 ? 不成立
避免重复的数
将 中转变量 设为 在 1 和 3 总数 之间取随机数
将 中转变量 加入 数表
当 被点击
将 总数 设为 56
删除 数表 的全部项目
生成数表
快速排序 1 总数
说 数表

图 6-5　生成无重复数表、交换列表项的主程序

（2）同时参考冒泡排序，自定义一个交换列表元素的子积木，如图 6-6 所示。

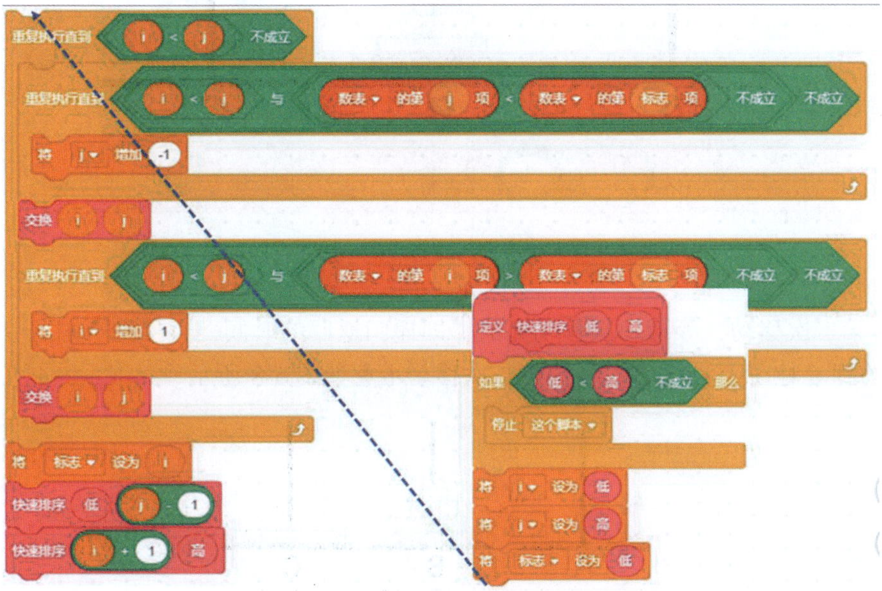

重复执行直到 i < j 不成立
重复执行直到 i < j 与 数表 的第 j 项 < 数表 的第 标志 项 不成立 不成立
将 j 增加 -1
交换 i j
重复执行直到 i < j 与 数表 的第 i 项 > 数表 的第 标志 项 不成立 不成立
将 i 增加 1
交换 i j
将 标志 设为 i
快速排序 低 j - 1
快速排序 i + 1 高
定义 快速排序 低 高
如果 低 < 高 不成立 那么
停止 这个脚本
将 i 设为 低
将 j 设为 高
将 标志 设为 低

图 6-6　递归快速排序子积木

（3）定义一个快速排序的子模块，让标志位右边的项与之比较，如果比它小，就交换到左边去。再与左边的项比较，如果比它大，就交换到右边。然后递归调用自身让标志位遍历。

## 6.2.3　经典的递归问题——汉诺塔

汉诺塔是一个经典的递归问题，源于印度的一个古老传说。传说中，大梵天创造世界时做了三根金刚石柱子，在一根柱子上从下往上按照大小顺序摞着 64 片黄金圆盘。大梵天命令婆罗门把圆盘从一根柱子移动到另一根柱子，且规定任何时候在小圆盘上都不能放大圆盘，且一次只能移动一个圆盘。

汉诺塔问题的递归解法可以分为以下三个步骤。

(1)将除最大的圆盘外的所有圆盘从第一根柱子移动到第二根柱子。

(2)将最大的圆盘从第一根柱子移动到第三根柱子。

(3)将第二根柱子上的所有圆盘移动到第三根柱子上。

### 6.2.4 计算汉诺塔移动次数

计算汉诺塔移动次数，具体操作步骤如下。

(1)第一次移动，$n$ 为圆盘的数量，A，B，C 为所给的柱子，当 $n=1$，只需把盘子从 A 搬到 C 即可。当 $n>1$ 时，设 $f(n)$ 为移动次数，则有 $f(n)=2f_{(n-1)}+1$。要把 A 柱子上的上面 $n-1$ 个盘子，移动到 B(中转)柱子上，要用 $f(n-1)$ 次，如图 6-7 所示。

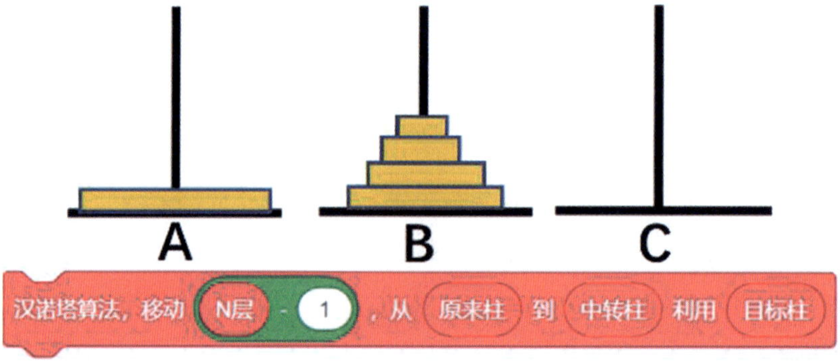


图 6-7　第一次移动示意图

(2)第二次移动，等第一次移动完成，即递归返回的时候，直接把 A 柱子上的最后一个移动到 C 柱子上，要用 1 次，第二次移动示意如图 6-8 所示。

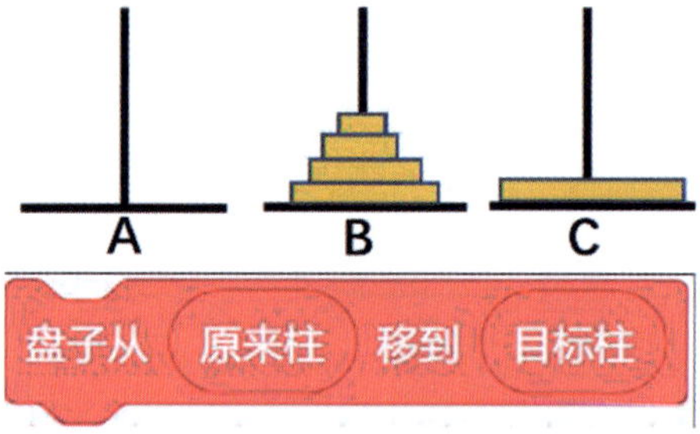


图 6-8　第二次移动示意图

(3)第三次移动，把 B 柱子上的 $n-1$ 个盘子通过柱子 A 中转(B 和 A 角色转换了)移动到柱子 C 上，要用 $f(n-1)$ 次，如图 6-9 所示。

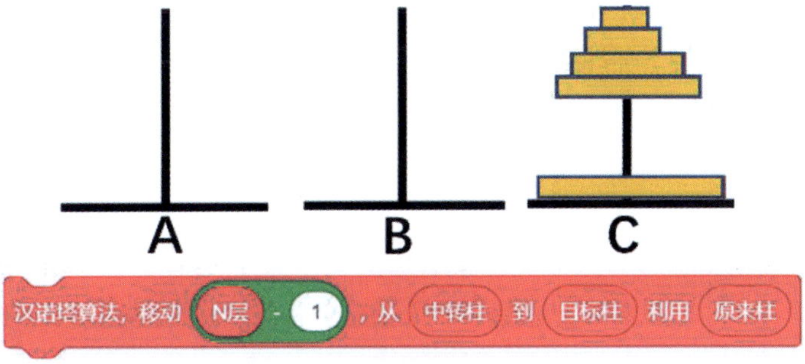
A
B
C
汉诺塔算法，移动 N层 - 1 ，从 中转柱 到 目标柱 利用 原来柱

图 6-9 第三次移动示意图

以上为汉诺塔移动次数的操作，图 6-10 为汉诺塔递归程序。

定义 汉诺塔算法，移动 N层 ，从 原来柱 到 目标柱 利用 中转柱
如果 N层 = 1 那么
盘子从 原来柱 移到 目标柱
否则
汉诺塔算法，移动 N层 - 1 ，从 原来柱 到 中转柱 利用 目标柱
盘子从 原来柱 移到 目标柱
汉诺塔算法，移动 N层 - 1 ，从 中转柱 到 目标柱 利用 原来柱
1. 如果N=1，直接从原来柱放到目标柱即可。
2. 如果N>1,调用自己，把原来柱上面的N-1个盘子搬到中转柱上，
3. 将原来柱最底下的盘子搬到目标柱，
4. 调用自己，把中转柱上的 N-1个盘子搬到目标柱。
定义 盘子从 原柱X 移到 目标柱Y
将 连接 原柱X 和 连接 搬到 和 目标柱Y 加入 搬动记录列表
当 被点击
询问 几层盘子? 并等待
将 层数N 设为 回答
删除 搬动记录列表 的全部项目
汉诺塔算法，移动 层数N ，从 A 到 C 利用 B

图 6-10 汉诺塔递归程序

由于之前已经定义好了这个积木的功能，那么接下来的把 $n-1$ 个圆盘由 A 到 C 或由 B 移到 C 就可以很自然的调用这个积木的下一级功能。这就是递归的优势，代码十分简洁。

为了把搬运过程记下来，脚本里建立了一个“搬动记录列表”，把每一次过程用字符形象地存放在列表里。列表长度就是次数，内容就是搬动过程。

## 6.2.5 汉诺塔搬动的动画程序

汉诺塔的移动过程比较复杂，图片来表示是不现实的，可以发挥 Scratch 的动画优势，编写一个显示汉诺塔移动过程的脚本。为此将使用 Scratch 的角色克隆(复制)和私有(局部)变量。多角色协同，还需要使用“消息传递”功能。

与前文相关的脚本相比，就是将原来字符存入列表的动作，变为让盘子移动的过程在舞台上动态地展示出来。

为此需要多建立一个盘子角色，根据盘子的数量 $N$，把盘子编写出 $N$ 个分身(克隆体)，去充当那些盘子。每个克隆体有一个身份标签，就是私有变量“盘名(私变)”的值，即字符“盘子 x”，x 是顺序号，让主控程序用递归来判断该从什么柱子向另外某个柱子搬动盘子。

那么需要计算在出发柱子的什么位置将哪个盘移动，目的柱子的哪个位置是接收位置。

为此需要建立三个列表：柱子 1，柱子 2，柱子 3，第一个列表(柱子 1)里面从上到下依次放入盘子的序号，后面两个列表里面先放 $N$ 个 0 表示是空的，需要往里面某个位置放盘子时，就将这个位置的内容换成该盘子的番号即“盘名(私变)”。“盘子”角色的初始设置的脚本如图 6-11 所示。

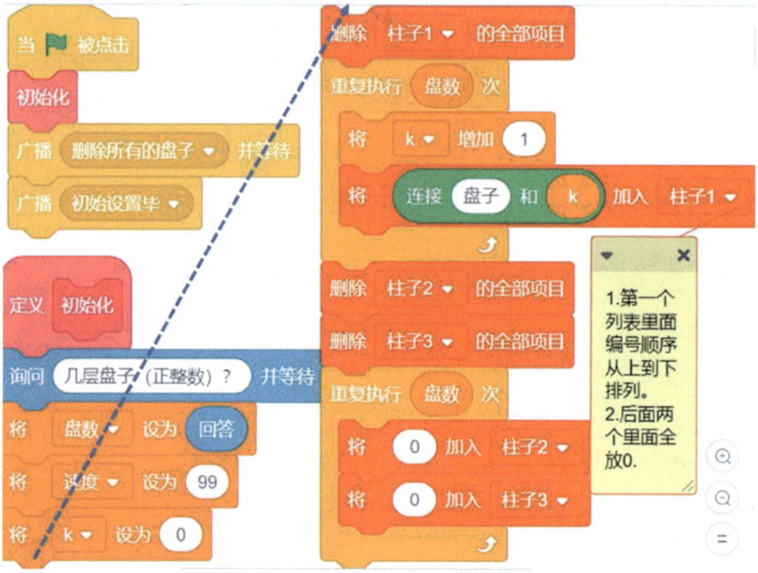

当 被点击
初始化
广播 删除所有的盘子 并等待
广播 初始设置毕
定义 初始化
询问 几层盘子(正整数)？ 并等待
将 盘数 设为 回答
将 速度 设为 99
将 k 设为 0
删除 柱子1 的全部项目
重复执行 盘数 次
将 k 增加 1
将 连接 盘子 和 k 加入 柱子1
删除 柱子2 的全部项目
删除 柱子3 的全部项目
重复执行 盘数 次
将 0 加入 柱子2
将 0 加入 柱子3
1.第一个列表里面编号顺序从上到下排列。
2.后面两个里面全放0.

图 6-11 “盘子”角色的初始设置的脚本

下面是“主控”角色的递归算法程序。

(1)将柱子代号 A、B、C 换成 1、2、3，是为了方便后面程序的编写，如图 6-12 所示。

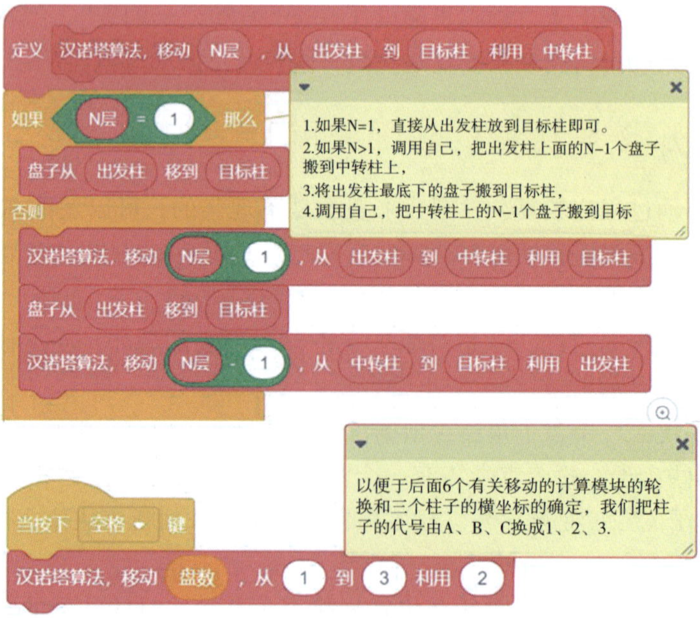

定义 汉诺塔算法，移动 N层 ，从 出发柱 到 目标柱 利用 中转柱
如果 N层 = 1 那么
盘子从 出发柱 移到 目标柱
否则
汉诺塔算法，移动 N层 - 1 ，从 出发柱 到 中转柱 利用 目标柱
盘子从 出发柱 移到 目标柱
汉诺塔算法，移动 N层 - 1 ，从 中转柱 到 目标柱 利用 出发柱
1.如果N=1，直接从出发柱放到目标柱即可。
2.如果N>1，调用自己，把出发柱上面的N-1个盘子搬到中转柱上，
3.将出发柱最底下的盘子搬到目标柱，
4.调用自己，把中转柱上的N-1个盘子搬到目标
当按下 空格 键
汉诺塔算法，移动 盘数 ，从 1 到 3 利用 2
以便于后面6个有关移动的计算模块的轮换和三个柱子的横坐标的确定，我们把柱子的代号由A、B、C换成1、2、3.

图 6-12 汉诺塔递归算法子积木

(2)关键模块“盘子从出发柱到目标柱”的内容更加复杂，因为要区分为 6 种情况，6 种情况的脚本如图 6-13 所示。

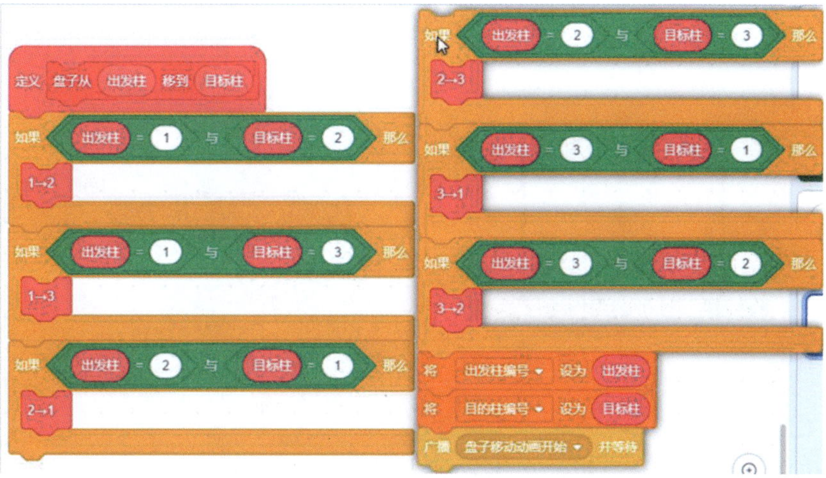

图 6-13　实现盘子从出发柱到目标柱的 6 种情况的脚本

关于柱 1 移动到柱 2 的脚本(图 6-14)算法如下。

出发柱对应的列表里，从上往下第一个不是 0 的位置上的盘子该移动，并把这个非 0 值(盘子的番号)放进“移动盘号”(这是一个克隆体(盘子)要不要移动的关键信号)，然后将这个非 0 值改置为 0。

而目标柱对应列表里，从下往上第一个是 0 的位置 k 就是接收位置，当有盘子传过来，这里的列表内容就应由 0 改为传递过来的盘号。

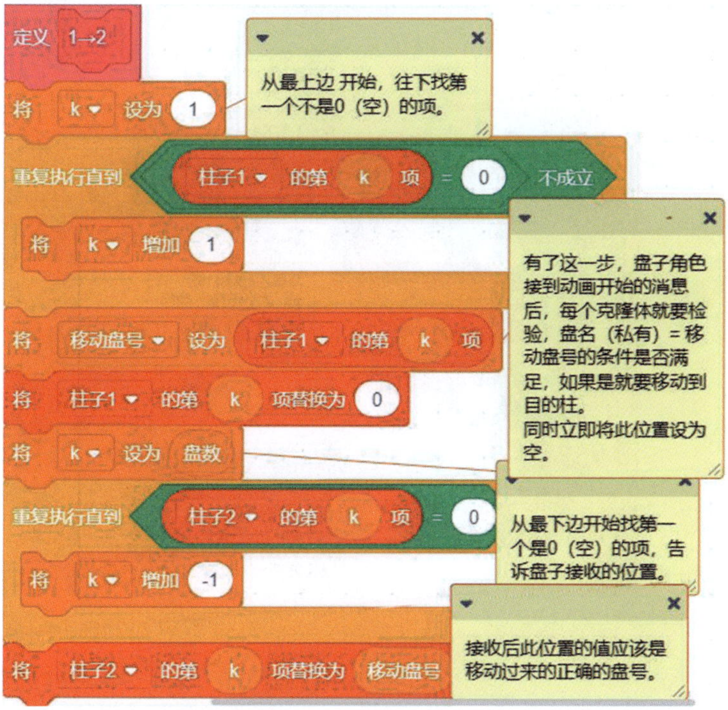
定义 1→2
将 k 设为 1
从最上边 开始，往下找第一个不是0（空）的项。
重复执行直到 柱子1 的第 k 项 = 0 不成立
将 k 增加 1
有了这一步，盘子角色接到动画开始的消息后，每个克隆体就要检验，盘名（私有）= 移动盘号的条件是否满足，如果是就要移动到目的柱。
同时立即将此位置设为空。
将 移动盘号 设为 柱子1 的第 k 项
将 柱子1 的第 k 项替换为 0
将 k 设为 盘数
重复执行直到 柱子2 的第 k 项 = 0
从最下边开始找第一个是0（空）的项，告诉盘子接收的位置。
将 k 增加 -1
接收后此位置的值应该是移动过来的正确的盘号。
将 柱子2 的第 k 项替换为 移动盘号

图 6-14　柱 1 移动到柱 2 的脚本

有了以上准备后，剩下就是在舞台上布置柱子和盘子。具体内容如下。

如图 6-15(a)所示的图形作为舞台背景，三根柱子底部坐标分别为(-160，-150)、(0，-150)和(160，-150)。角色“盘子”的造型为一个椭圆。背景和盘子角色造型如图 6-15 所示。

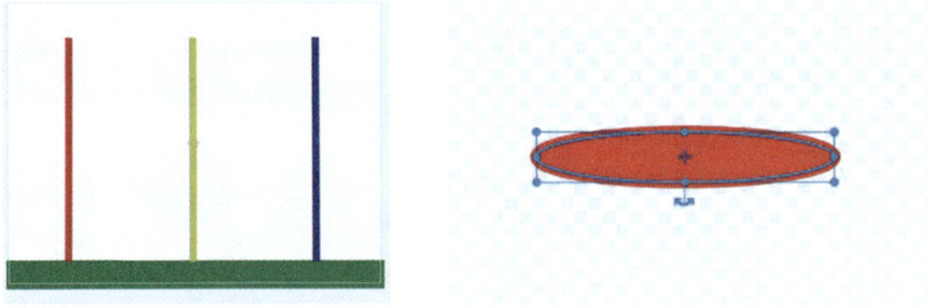

（a）　　　　　　（b）

图 6-15　背景和盘子角色造型

移动动作分三步：第一步，在出发柱上移到柱顶；第二步，平移到目标柱顶；第三步下移到目标位置。“盘子”的动作脚本如图 6-16 所示，克隆体盘子的动作如图 6-17 所示。

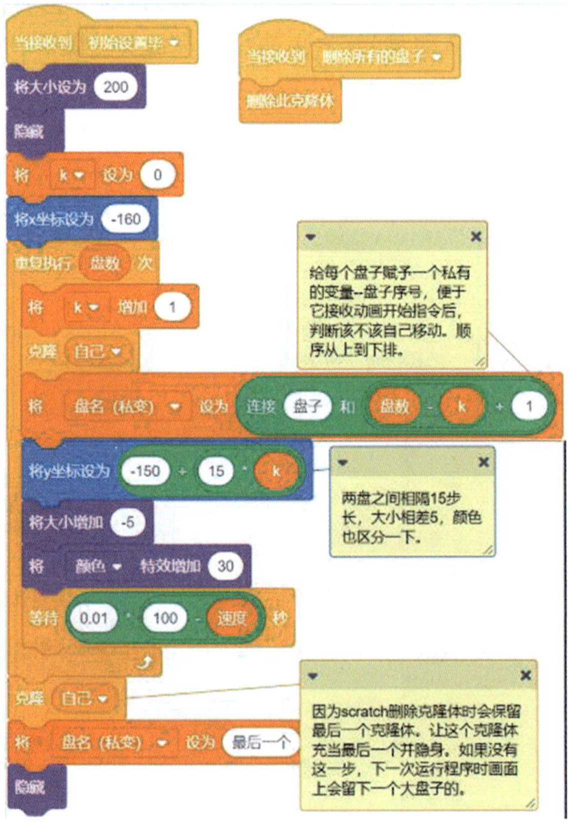

当接收到 初始设置毕
将大小设为 200
隐藏
将 k 设为 0
将x坐标设为 -160
重复执行 盘数 次
将 k 增加 1
克隆 自己
将 盘名（私变） 设为 连接 盘子 和 盘数 - k + 1
将y坐标设为 -150 + 15 * k
将大小增加 -5
将 颜色 特效增加 30
等待 0.01 * 100 - 速度 秒
克隆 自己
将 盘名（私变） 设为 最后一个
隐藏
当接收到 删除所有的盘子
删除此克隆体
给每个盘子赋予一个私有的变量--盘子序号，便于它接收动画开始指令后，判断该不该自己移动。顺序从上到下排。
两盘之间相隔15步长，大小相差5，颜色也区分一下。
因为scratch删除克隆体时会保留最后一个克隆体。让这个克隆体充当最后一个并隐身。如果没有这一步，下一次运行程序时画面上会留下一个大盘子的。

图 6-16　“盘子”的动作脚本

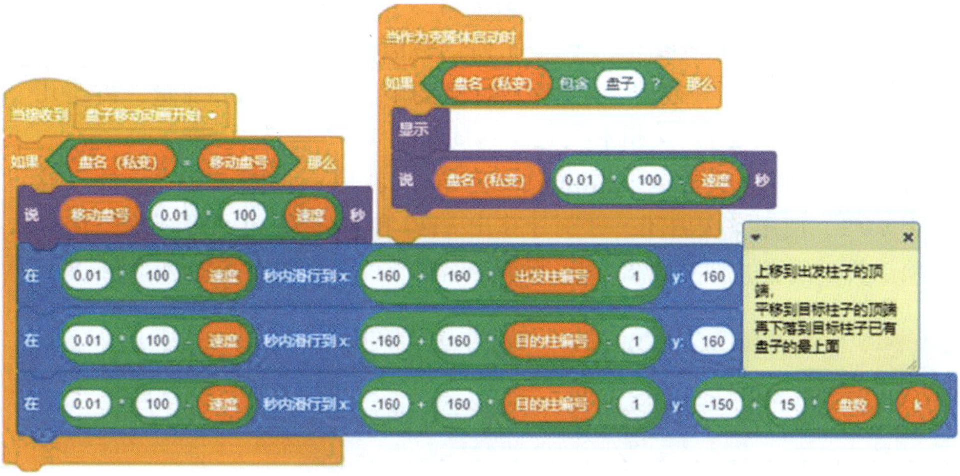
当作为克隆体启动时
如果 盘名（私变） 包含 盘子 ? 那么
显示
说 盘名（私变） 0.01 * 100 - 速度 秒
当接收到 盘子移动动画开始
如果 盘名（私变） = 移动盘号 那么
说 移动盘号 0.01 * 100 - 速度 秒
在 0.01 * 100 - 速度 秒内滑行到 x: -160 + 160 * 出发柱编号 - 1 y: 160
在 0.01 * 100 - 速度 秒内滑行到 x: -160 + 160 * 目的柱编号 - 1 y: 160
在 0.01 * 100 - 速度 秒内滑行到 x: -160 + 160 * 目的柱编号 - 1 y: -150 + 15 * 盘数 - k
上移到出发柱子的顶端，
平移到目标柱子的顶端
再下落到目标柱子已有盘子的最上面
图 6-17　克隆体盘子的动作

# 任务 3　递推关系的组合数学

## 任务概述

递推关系在组合数学中的应用主要体现在通过递推公式来求解各种计数问题。递推关系是一种通过已知的初始条件，利用前一项或多项的结果来逐步推导出后续项的方法。在组合数学中，递推关系常用于求解斐波那契数列、组合数等问题。

## 任务重点与实施

### 6.3.1 明安图—卡塔兰数

明安图—卡塔兰数是组合数学中一个常在各种计数问题中出现的数列。以比利时的数学家欧仁·查理·卡塔兰(1814—1894)命名。然而，该数列表1730年左右被我国蒙古族数学家明安图在对三角函数幂级数的推导中首次发现，1774年被发表在《割圜密率捷法》，时间远远早于卡塔兰。有学者建议将此数命名为“明安图数”或“明安图—卡塔兰数”。

令 $h(0)=1$ 时，“明安图—卡塔兰数”满足 $n$ 阶递推关系式为

$$h(n)=\sum_{k=0}^{n-1} h(k)\times h(n-k-1)\ ,\quad n\geqslant 1$$

明安图—卡塔兰数列的前几项为

$$n=0,1,2,3,\cdots n$$

例如，1，1，2，5，14，42，132，429，1 430，4 862，16 796，58 786，208 012，

742 900，2 674 440，9 694 845，35 357 670，129 644 790，……。

从递推公式看出，只要知道 1 到 $n-1$ 阶的数值，就能算出第 $n$ 阶的数值。因此可以用递归解决。使用一个“栈表”用于存放计算的中间结果和循环变量，再建几个用于存放、更新中间结果的自定义积木。

然后定义主程序，设置递归的出口(结束条件)就是 $n=0$ 或 $n=1$。

对于 $n\geqslant 1$，使用 $n$ 次循环，分别计算出 $h(k)$ 和 $h(n-k-1)$，再依次添加存放在栈表的末项。关于栈表的脚本如图 6-18 所示，递归子程序如图 6-19 所示。

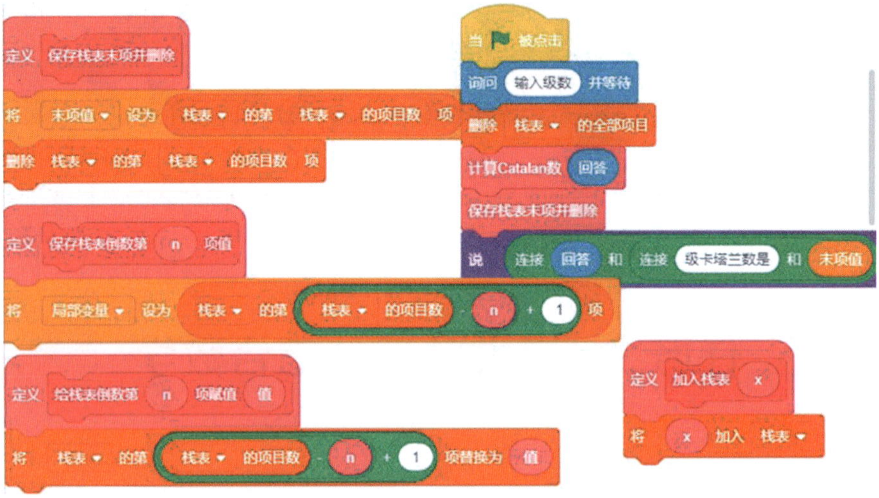

定义 保存栈表末项并删除
将 末项值 设为 栈表 的第 栈表 的项目数 项
删除 栈表 的第 栈表 的项目数 项
定义 保存栈表倒数第 n 项值
将 局部变量 设为 栈表 的第 栈表 的项目数 - n + 1 项
定义 给栈表倒数第 n 项赋值 值
将 栈表 的第 栈表 的项目数 - n + 1 项替换为 值
当 被点击
询问 输入级数 并等待
删除 栈表 的全部项目
计算Catalan数 回答
保存栈表末项并删除
说 连接 回答 和 连接 级卡塔兰数是 和 末项值
定义 加入栈表 x
将 x 加入 栈表

图 6-18　关于栈表的脚本

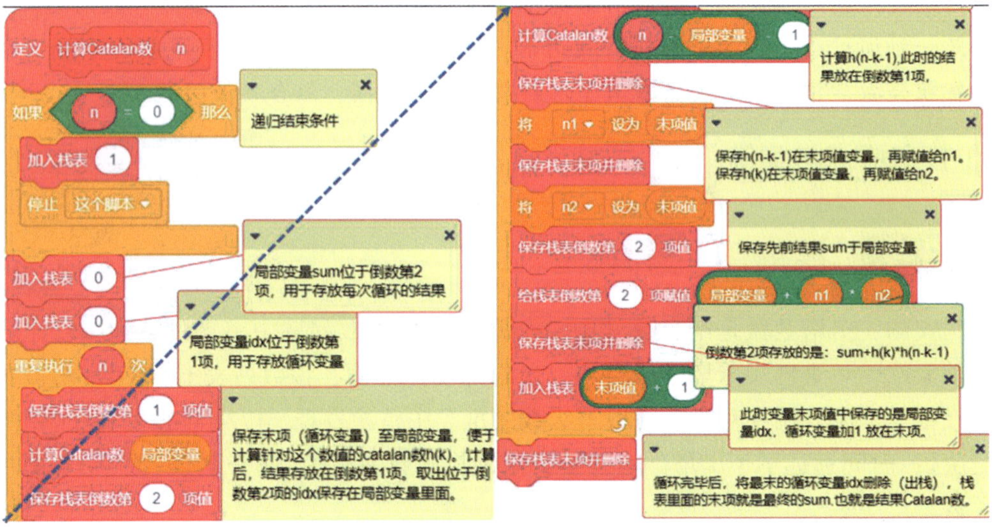

定义 计算Catalan数 n
如果 n = 0 那么
加入栈表 1
停止 这个脚本
递归结束条件
加入栈表 0
加入栈表 0
局部变量sum位于倒数第2项，用于存放每次循环的结果
局部变量idx位于倒数第1项，用于存放循环变量
重复执行 n 次
保存栈表倒数第 1 项值
计算Catalan数 局部变量
保存栈表倒数第 2 项值
保存末项（循环变量）至局部变量，便于计算针对这个数值的catalan数h(k)。计算后，结果存放在倒数第1项。取出位于倒数第2项的idx保存在局部变量里面。
(a)
计算Catalan数 n - 局部变量 - 1
计算h(n-k-1),此时的结果放在倒数第1项,
保存栈表末项并删除
将 n1 设为 末项值
保存栈表末项并删除
将 n2 设为 末项值
保存h(n-k-1)在末项值变量，再赋值给n1。保存h(k)在末项值变量，再赋值给n2。
保存栈表倒数第 2 项值
保存先前结果sum于局部变量
给栈表倒数第 2 项赋值 局部变量 + n1 * n2
倒数第2项存放的是：sum+h(k)*h(n-k-1)
保存栈表末项并删除
加入栈表 末项值 + 1
此时变量末项值中保存的是局部变量idx，循环变量加1.放在末项。
保存栈表末项并删除
循环完毕后，将最末的循环变量idx删除（出栈），栈表里面的末项就是最终的sum.也就是结果Catalan数。
(b)

图 6-19　递归子程序

## 6.3.2 斯特林数

斯特林数有两类，第一类 Stirling 数和第二类 Stirling 数，自 18 世纪以来一直吸引

许多数学家的兴趣，如欧拉、柯西、西尔沃斯特和凯莱等。后来哥本哈根大学的尼尔森(Niels Nielsen，1865-1931)提出了“Stirlingschen Zahlen erster Art”(第一类 Stirling 数)和“Stirlingschen Zahlen zweiter Art”(第二类 Stirling 数)，首次把这两类数冠以“Stirling 数”之名 。因为苏格兰数学家斯特林(J. Stirling，1692-1770)首次发现这些数并说明了它们的重要性。

1958 年，Riordan 首先应用 $s(n, k)$ 和 $S(n, k)$ 来分别表示第一类 Stirling 数和第二类 Stirling 数，1770 年，L. Lagrenge 推导出了第一类 Stirling 数的递推关系和数论的性质。而 P. S. Lapace 和 A. Cauchy 则在第二类 Stirling 数的逼近理论上取得了一些成果。1933 年，Ch. Jordan 在一篇论文中对 Stirling 数做了彻底的阐述，并给出了一些 Stirling 数的重要性质。

第一类(用小写字母 s)斯特林数 $s(n, k)$ 的递推关系式为

$$s(n, k)=s(n-1, k-1)+(n-1)s(n-1, k)$$

第二类(用大写字母 S)斯特林数 $S(n, k)$ 的递推关系式为

$$S(n, k)=S(n-1, k-1)+kS(n-1, k)$$

从递推公式看出，只要知道 1 到 $n-1$ 阶的数值，就能算出第 $n$ 阶的数值。因此可以用递归解决。用一个“栈表”用于存放计算的中间结果和循环变量，再建几个用于存放、更新中间结果的自定义积木。

然后定义主程序，设置递归的出口(结束条件)就是 $n=0$ 或 $n=1$。

对于 $n\geqslant1$，使用 $n$ 次循环，分别计算出 $S(n-1, k-1)$ 和 $s(n-1, k)$，再依次添加存放在栈表的末项。第一类斯特林数计算的栈表操作代码如图 6-20 所示。

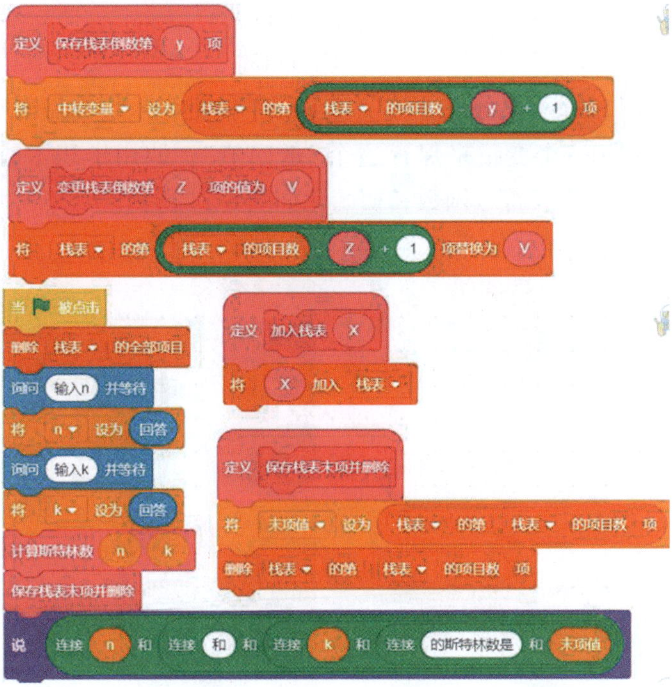

定义 保存栈表倒数第 y 项
将 中转变量 设为 栈表 的第 栈表 的项目数 y + 1 项
定义 变更栈表倒数第 Z 项的值为 V
将 栈表 的第 栈表 的项目数 Z + 1 项替换为 V
当 被点击
删除 栈表 的全部项目
询问 输入n 并等待
将 n 设为 回答
询问 输入k 并等待
将 k 设为 回答
计算斯特林数 n k
保存栈表末项并删除
说 连接 n 和 连接 和 和 连接 k 和 连接 的斯特林数是 和 末项值
定义 加入栈表 X
将 X 加入 栈表
定义 保存栈表末项并删除
将 末项值 设为 栈表 的第 栈表 的项目数 项
删除 栈表 的第 栈表 的项目数 项

图 6-20　第一类斯特林数计算的栈表操作代码

第一类斯特林数计算的递归子积木如图 6-21 所示。第二类斯特林数计算的递归子积木如图 6-22 所示。

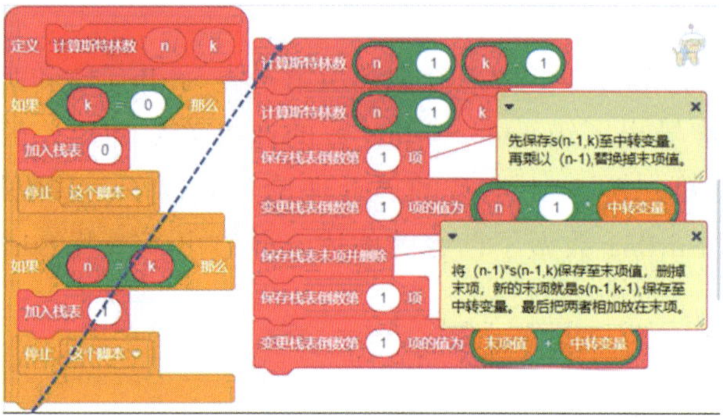

定义 计算斯特林数 n k
如果 k = 0 那么
加入栈表 0
停止 这个脚本
如果 n = k 那么
加入栈表 1
停止 这个脚本
计算斯特林数 n - 1 k - 1
计算斯特林数 n - 1 k
保存栈表倒数第 1 项
变更栈表倒数第 1 项的值为 n - 1 * 中转变量
保存栈表末项并删除
保存栈表倒数第 1 项
变更栈表倒数第 1 项的值为 末项值 + 中转变量
先保存s(n-1,k)至中转变量，再乘以（n-1),替换掉末项值。
将（n-1)*s(n-1,k)保存至末项值，删掉末项，新的末项就是s(n-1,k-1),保存至中转变量。最后把两者相加放在末项。

图 6-21　第一类递归子积木

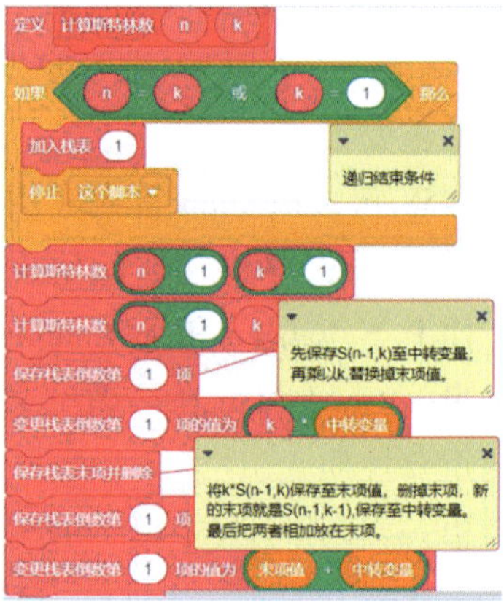

定义 计算斯特林数 n k
如果 n = k 或 k = 1 那么
加入栈表 1
停止 这个脚本
递归结束条件
计算斯特林数 n - 1 k - 1
计算斯特林数 n - 1 k
保存栈表倒数第 1 项
变更栈表倒数第 1 项的值为 k * 中转变量
保存栈表末项并删除
保存栈表倒数第 1 项
变更栈表倒数第 1 项的值为 末项值 + 中转变量
先保存S(n-1,k)至中转变量，再乘以k,替换掉末项值。
将k*S(n-1,k)保存至末项值，删掉末项，新的末项就是S(n-1,k-1),保存至中转变量。最后把两者相加放在末项。

图 6-22　第二类递归子积木

## 6.3.3 用互相调用的递推关系画渔网

渔网图形的坐标递推关系式为

$$\begin{cases} x_{n+1}=y_n-sign(x_n)\times\sqrt{|bx_n-c|} \\ y_{n+1}=a-x_n \end{cases}$$

$$sign(x)=\begin{cases} 1, & x>0 \\ 0, & x=0 \\ -1, & x<0 \end{cases}$$

其中符号函数用 Scratch 的子积木定义函数，不能把积木块当做函数值(返回值)调用。因此定义时，要用一个变量来保存这个“返回值”，调用子积木时，必须先调用、后使用这个“返回值”变量。符号函数和初始化如图 6-23 所示。

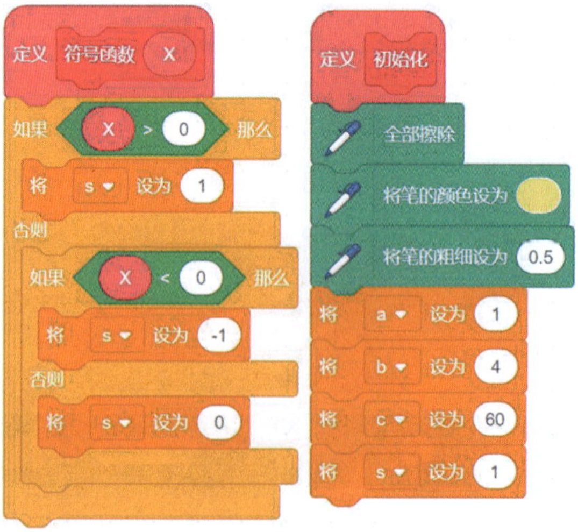

定义 符号函数 X
如果 X > 0 那么
将 s 设为 1
否则
如果 X < 0 那么
将 s 设为 -1
否则
将 s 设为 0
定义 初始化
全部擦除
将笔的颜色设为
将笔的粗细设为 0.5
将 a 设为 1
将 b 设为 4
将 c 设为 60
将 s 设为 1

图 6-23　符号函数和初始化

用递归建立画图自定义子程序，用适当参数运行递归画渔网图程序如图 6-24 所示。

定义 画环形图 X Y 级数N
如果 级数N 0 那么
停止 全部脚本
否则
将 X 设为 X
符号函数 X
将 d 设为 Y s 平方根 绝对值 b X c
将 e 设为 a X
抬笔
移到 x: 0.8 d y: 0.7 e
适当放缩比例
落笔
抬笔
画环形图 d e 级数N 1
当 被点击
初始化
画环形图 0 0 500000

图 6-24　递归画渔网图程序

不同参数迭代五十万次的渔网图，如图 6-25 所示。

（a）　　（b）　　（c）

图 6-25　不同参数迭代五十万次的渔网图

## 项目小结

本项目主要介绍了用递归的方式解决了典型应用，首先介绍了递归的算法；其次介绍了递归求最大公约数、递归快速排序和汉诺塔搬动的动画程序；最后介绍了递推关系在组合数学中的应用。通过本项目的学习，读者能了解递归的算法，比较递归与循环的联系与区别，从而解决一些应用问题。

# 项目习题

1. 用递归画正多边形螺旋。

2. 用递归编程解猴子吃桃问题。

3. 用递归求爬楼梯的方法数。假设你在爬一段楼梯，需要 $n$(正整数)个台阶才能到达顶部。每一次，可以爬 1 个或 2 个台阶，如图 6-26 所示。请问可以用多少种不同的方式到达顶部？提示：$n$ 是一个正整数。

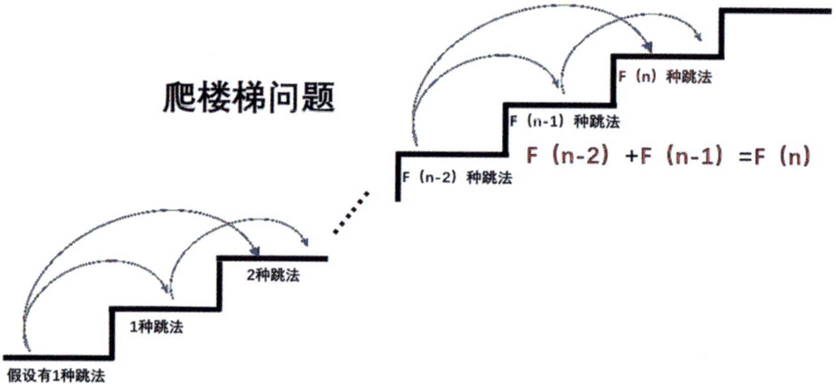


图 6-26 爬楼梯问题示意图

4. 借鉴画渔网图的方法，画环形图(图 6-27)。环形的递推公式为

$$\begin{cases} x_{n+1}=d\sin(ax_n)-\sin(by_n) \\ y_{n+1}=c\cos(ax_n)+\cos(by_n) \end{cases}$$

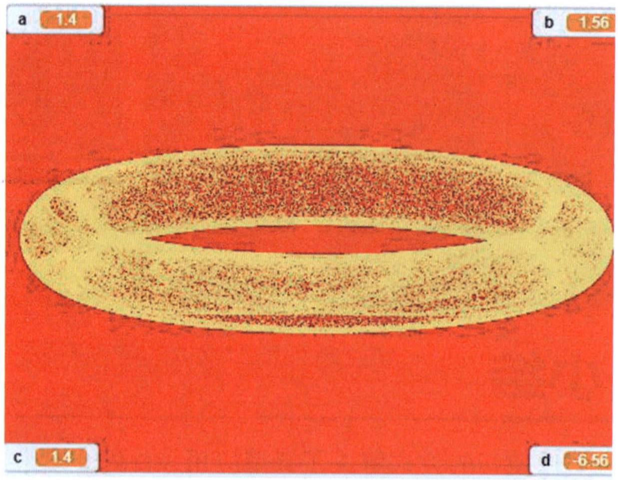


图 6-27 环形图

5. 作为直到循环、克隆和私有(局部)变量的典型应用，编写一个模拟防疫对比实验的程序(图 6-28)。通过程序模拟在新冠肺炎传播过程中，采取隔离手段和不采取隔

离手段的对比效果。绿色小人代表健康人群，红色小人代表感染病毒人群。具体要求如下。

(1)左侧为不带隔离区的情况，右侧为带有隔离区的情况，左侧和右侧区域各有一个计时器，计时器初始值为0。

(2)点击绿旗，两侧区域分别自动随机生成20个小人(绿色小人19个，红色小人1个)并随机移动(滑行模块参数设置2 s)，右侧区域的小人在隔离区外移动。

(3)此时计时器开始计时，每秒数字加1(计算器取整)。

(4)绿色小人碰到红色小人(不能简略为碰到红色，否则会重复计数)，绿色小人被传染，变成红色小人。

(5)右侧区域中的绿色小人被传染变红之后3 s被放在隔离区不再移动(右侧第一个红色小人在开始计时3 s后进入隔离区不动)。

(6)当左侧区域所有绿色小人变红以后左侧计时器停止计时，同时左侧所有红色小人停止移动。

(7)右侧所有红色小人都在隔离区内，隔离区外没有红色小人，右侧计时器停止计时。

【提示】

给角色设置"实验者类型"私有变量，这样每个克隆体都有一个类型，分左右红绿搭配4种类型分别赋予指令，右侧实验者感染3 s后到隔离区静默，还需要设立一个"被感染时刻"的私有变量，当计时器减去被感染时刻大于3 s就是感染时间超过3 s。

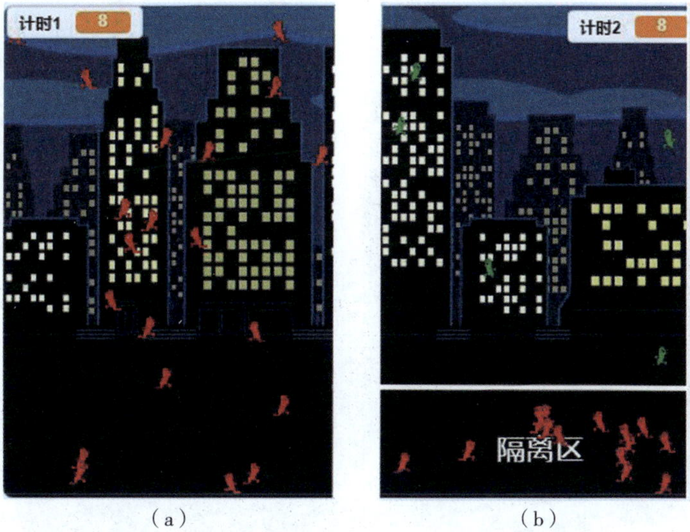


图6-28　对比区域(背景)效果图

# 项目7　分形几何图

## 项目概述

分形通常被定义为一个粗糙或零碎的几何形状，可以分成数个部分，且每一部分都(至少近似地)是整体缩小后的形状，即具有自相似的性质。不少复杂的物理现象，背后就是反映着这类层次结构的分形几何学。正是利用这种自相似性，用递归实现其图形的绘制。

## 学习目标

- 了解 Y 型几何分形图。
- 掌握科赫分形图。
- 熟悉谢尔宾斯基分形。
- 掌握 L 系统规则画分形。
- 熟悉互相调用的递归关系分形。

## 思政目标

- 培养学生了解和传承我国传统文化，增强学生对本土文化的自信。
- 引导学生树立与时俱进的学习意识、投身科学研究和技术创新的远大理想，激发学生强烈的爱国主义使命感与责任心。

# 任务 1　分形几何——fractal

## 任务概述

数千年以来，几何学的研究者一直认为能用几何来揭示自然的奥秘。甚至近代物理学的奠基者、伟大的科学家伽利略断言：“大自然的语言是数学，它的标志是三角形、圆和其他几何图形”。然而在很长的时间中传统几何学所描述的三角形、圆等几何图形都只是具有可切性的规则形体。这类形体在自然界里只占极少数。

## 任务重点与实施

### 7.1.1 对称二叉树

#### 1. 常见对称二叉树

最常见的一种分形树模型是对称二叉树，如图 7-1 所示，以长度为 1(单位长度)的垂直线段作为树干，顶部分叉成两个分支，每一个分支与树干的延长线所夹角度都为 $\theta$ ($0° < \theta < 180°$)，每一个分支的长度都是 $r$($0 < r < 1$)。这两个分支又构成了子树的主干，子树又按照同样的规则分成两个更小分支。夹角仍然为 $\theta$，4 个新分支的长度则都是 $r_2$，根据这个规则不断地添加更小的分支，便得到了对称二叉树。当然也有不对称的分形树，如蕨类图形。

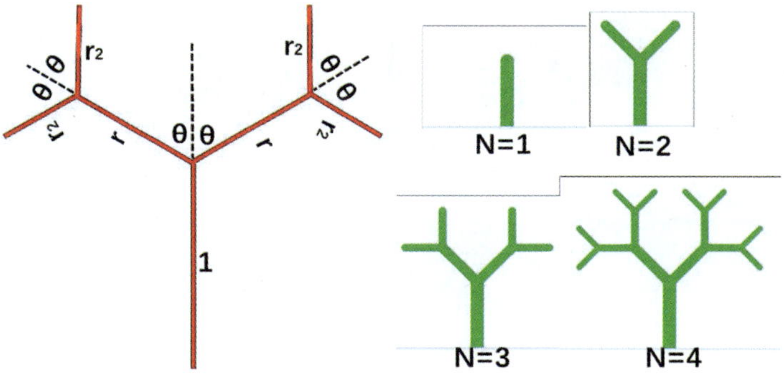

图 7-1　对称二叉树示意图

递归结束条件是层数 $N=1$，此时就是画一个线段并退回。$N>1$ 就按练习题的步骤画一条线段，左转 $\theta$，用递归子积木来画一个稍短的线段，再右转 $2\theta$，用递归子积木来画相同长度的线段，转回最初的方向并退回。把枝干长度、粗细、层数和转角这些可变量设置成递归子积木的参数，便于下一级调用。

根据以上画法分析，给定长度 $r$，转角 $\theta$ 和主干的粗细 $a$ 的初值，画一个 12 级的二叉树。给定初值并调用递归子积木的主程序如图 7-2 所示。基于递归子积木设计方法绘制对称二叉树脚本如图 7-3 所示。

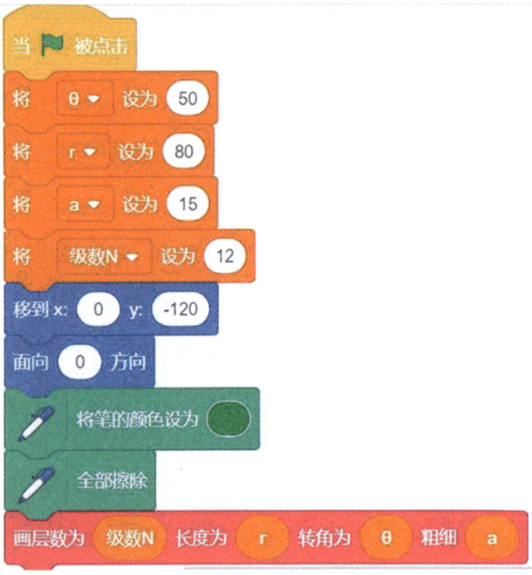
当 被点击
将 θ 设为 50
将 r 设为 80
将 a 设为 15
将 级数N 设为 12
移到 x: 0 y: -120
面向 0 方向
将笔的颜色设为
全部擦除
画层数为 级数N 长度为 r 转角为 θ 粗细 a

图 7-2　给定初值并调用递归子积木的主程序

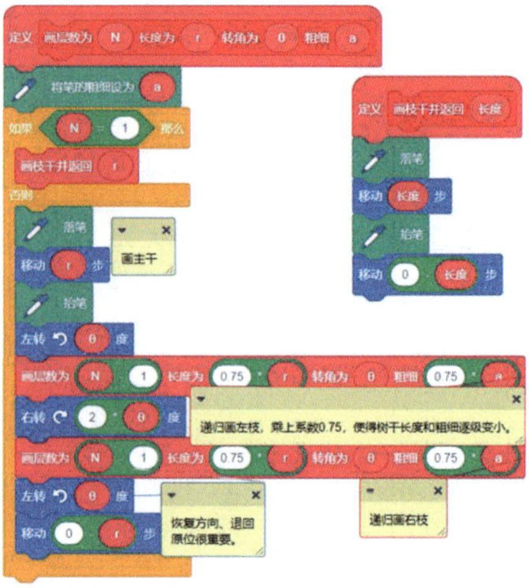
定义 画层数为 N 长度为 r 转角为 θ 粗细 a
将笔的粗细设为 a
如果 N = 1 那么
画枝干并返回 r
否则
落笔
移动 r 步
画主干
抬笔
左转 θ 度
画层数为 N - 1 长度为 0.75 * r 转角为 θ 粗细 0.75 * a
递归画左枝，乘上系数0.75，使得树干长度和粗细逐级变小。
右转 2 * θ 度
画层数为 N - 1 长度为 0.75 * r 转角为 θ 粗细 0.75 * a
递归画右枝
左转 θ 度
移动 0 - r 步
恢复方向、退回原位很重要。
定义 画枝干并返回 长度
落笔
移动 长度 步
抬笔
移动 0 - 长度 步

图 7-3　对称二叉树脚本

画出的 12 层对称二叉树如图 7-4 所示。

a 15
θ 50
r 80
级数N 12

图 7-4　画出的 12 层对称二叉树

## 2. 黄金对称二叉树

如果比例因子“伸缩系数”太小，树的分支就会稀稀落落，整棵树形如枯木朽株，如果太大，分支就会彼此重叠，绿盖如荫，遮天蔽日。如果左右两边分支刚好接触且不重叠，这棵树就一定非常特殊。

研究表明，对于每个角 $\theta$ 都有一个唯一的比例因子 rsc，使得对称二叉树刚好能够左右接触且不重叠。而如果比例因子 rsc 又刚好等于黄金比例 0.618，那么这棵树就又拥有了极其独特的美学特征，将之称为“黄金对称二叉树”。计算可知，黄金对称二叉树一共有四种，分别对应于 $\theta$ 为 60°、108°、120°和 144°，如图 7-5 所示。

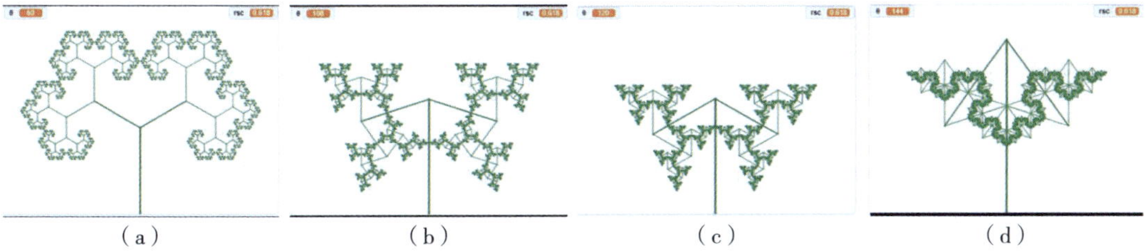

(a)
(b)
(c)
(d)

图 7-5　黄金对称二叉树

## 任务实践

(1)改变角度与缩放比例，看看树形有什么变化？

(2)树干与树叶的颜色如何区分(图 7-6 和图 7-7)？

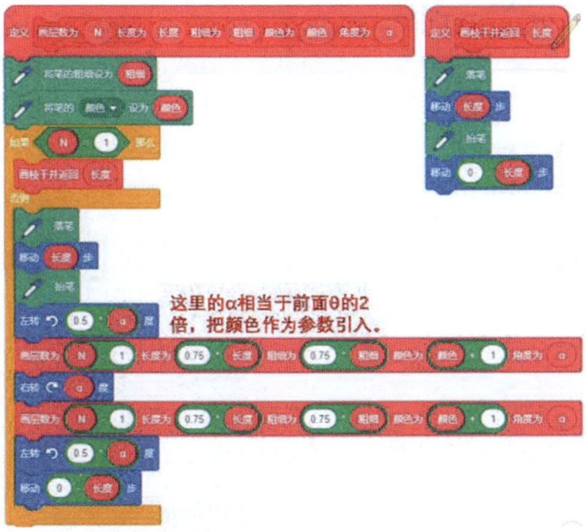

这里的α相当于前面θ的2
倍，把颜色作为参数引入。

图 7-6　加入颜色参数的递归子积木代码

转角α 52
层数N 15

图 7-7　颜色变化的对称二叉树

(3)能否让鼠标移动来控制参数变化，动态观察变化(图 7-8)？

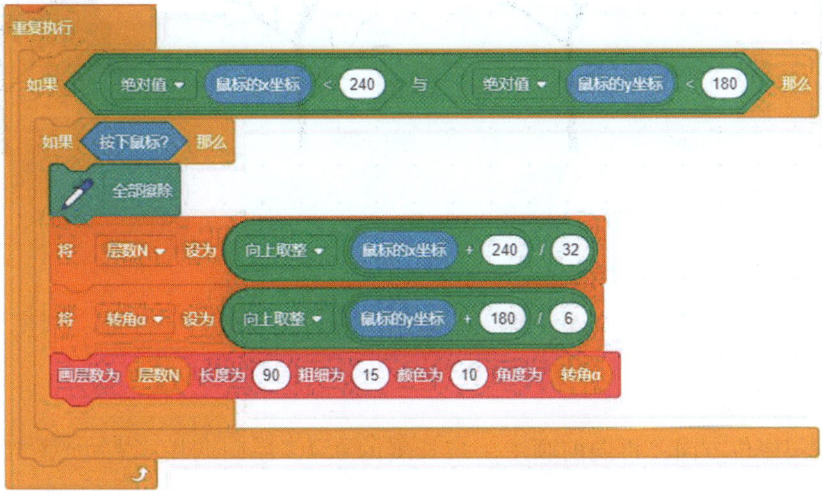

重复执行
如果 绝对值 鼠标的x坐标 < 240 与 绝对值 鼠标的y坐标 < 180 那么
如果 按下鼠标? 那么
全部擦除
将 层数N 设为 向上取整 鼠标的x坐标 + 240 / 32
将 转角α 设为 向上取整 鼠标的y坐标 + 180 / 6
画层数为 层数N 长度为 90 粗细为 15 颜色为 10 角度为 转角α

图 7-8　用鼠标控制层数和转角的程序

## 7.1.2 倾斜的二叉树

如果一棵树在迎风坡上，它的枝干会倾斜向一边(如左边)，能画出倾斜的二叉树吗？只需在递归子积木中对前两个旋转角度做调整(第一次向左角度增大，第二次向右角度减小)，后面的恢复方向做相应变动即可，向左倾斜的二叉树如图 7-9 所示。

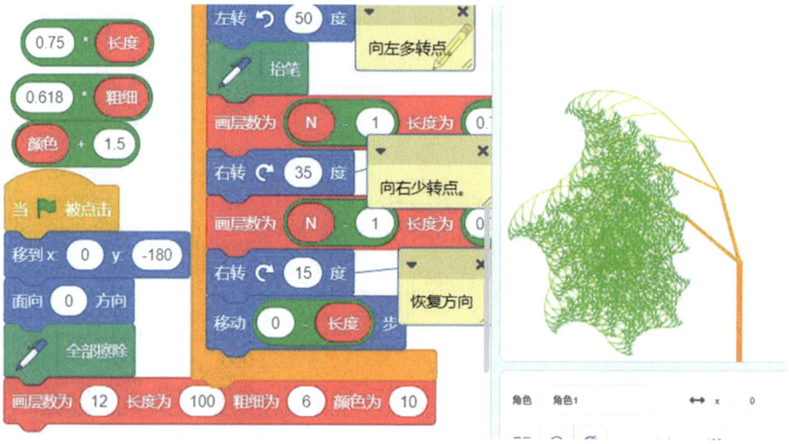

0.75 * 长度
0.618 * 粗细
颜色 + 1.5
当 被点击
移到 x 0 y -180
面向 0 方向
全部擦除
画层数为 12 长度为 100 粗细为 6 颜色为 10
左转 50 度
向左多转点。
抬笔
画层数为 N - 1 长度为
右转 35 度
向右少转点。
画层数为 N - 1 长度为
右转 15 度
恢复方向
移动 0 - 长度 步
角色 角色1

图 7-9　向左倾斜的二叉树

## 7.1.3 更接近真实的“多叉”树

自然界的树并非标准对称的，一棵不对称的多叉树如图 7-10 所示。

级数N 1
级数N 2
此枝右折
其余左折
级数N 3
级数N 7

(a)　(b)　(c)　(d)

图 7-10　一棵不对称的多叉树

画非标准对称的“多叉”树，操作步骤如下。

(1) 先画主干枝长度的 0.5，递归调用画左边(左转 50 度)最小枝，规模(长度和粗细)是主干枝的$\frac{1}{1.8}$。

(2) 回归原位方向，再向前画主干枝长度的 0.4，递归调用画右边(右转 50 度)次小枝，规模是$\frac{1}{1.7}$，注意这里的转折与主干和其他枝相反，是向右折，因此递归调用时的方向参数要乘以-1。

(3)回归原位方向，再向前画主干长度的0.1，开始左转“方向”度，向前画主干长度的$\frac{1}{5}$，完成转折。

(4)递归调用画最大枝，规模是主干枝的$\frac{1}{1.3}$，然后右转50°，递归调用画第二大枝，规模是$\frac{1}{1.4}$。

上述为画此分形树的操作，画树的递归子积木代码如图7-11所示。

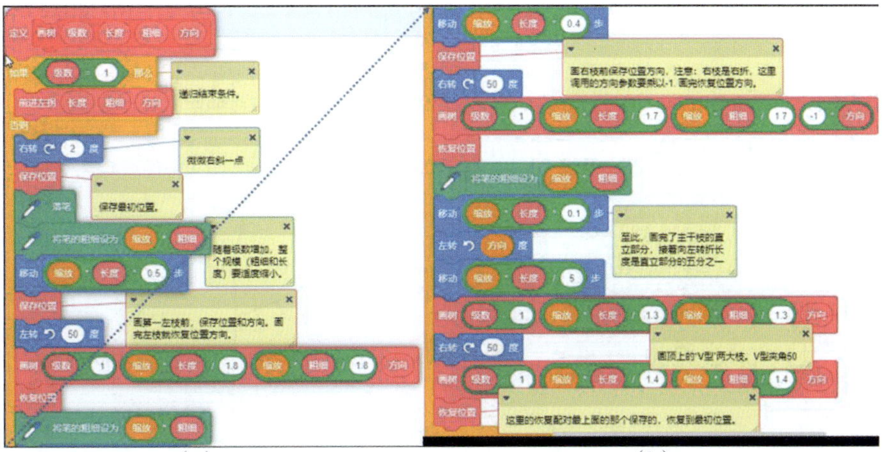
递归结束条件。
微微右斜一点
保存最初位置。
随着级数增加，整个规模（粗细和长度）要逐渐缩小。
画第一左枝前，保存位置和方向，画完左枝就恢复位置方向。
画右枝前保存位置方向，注意：右枝是右折，这里调用的方向参数要乘以-1，画完恢复位置方向。
至此，画完了主干枝的直立部分，接着向左转折长度是直立部分的五分之一
画顶上的“V型”两大枝，V型夹角50
这里的恢复配对最上面的那个保存的，恢复到最初位置。
(a)　(b)

图7-11　画树的递归子积木代码

上文多次提到回归原位和方向，这是递归的“归”。本任务中开始使用“保存位置(方向)”和“恢复位置(方向)”子积木，需要先建立一个位置(方向)列表。需要保存时，把当前位置的$x$坐标、$y$坐标、方向三个值依次放入该列表中；需要恢复时，就依次从列表的最后开始取出数据，顺序是倒过来的方向、$y$坐标、$x$坐标。

需要注意的是，每取出一个数据，必须立即删除列表的最后一项，以保证下一个最后项是要取的下一个数据。图7-12为保存、恢复位置方向的子积木，图7-13为主程序和画折线段的子积木代码。

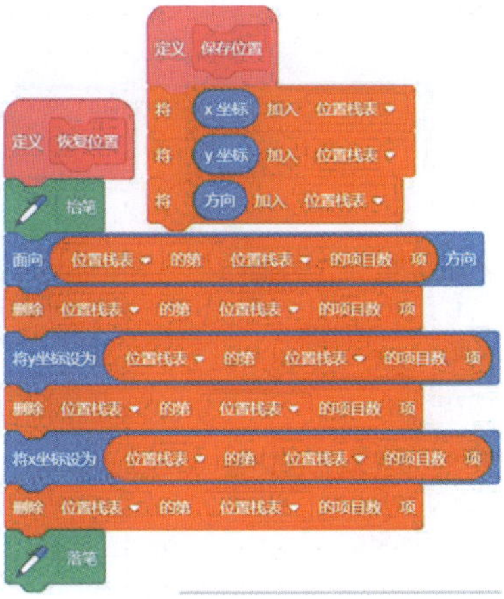
定义 保存位置
将 x坐标 加入 位置栈表
将 y坐标 加入 位置栈表
将 方向 加入 位置栈表
定义 恢复位置
抬笔
面向 位置栈表 的第 位置栈表 的项目数 项 方向
删除 位置栈表 的第 位置栈表 的项目数 项
将y坐标设为 位置栈表 的第 位置栈表 的项目数 项
删除 位置栈表 的第 位置栈表 的项目数 项
将x坐标设为 位置栈表 的第 位置栈表 的项目数 项
删除 位置栈表 的第 位置栈表 的项目数 项
落笔

图7-12　保存、恢复位置方向的子积木

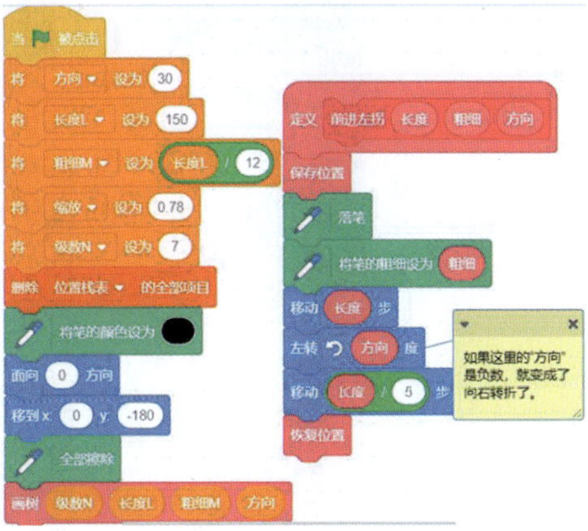
当 被点击
将 方向 设为 30
将 长度L 设为 150
将 粗细M 设为 长度L / 12
将 缩放 设为 0.78
将 级数N 设为 7
删除 位置栈表 的全部项目
将笔的颜色设为
面向 0 方向
移到 x 0 y -180
全部擦除
画树 级数N 长度L 粗细M 方向
定义 前进左折 长度 粗细 方向
保存位置
落笔
将笔的粗细设为 粗细
移动 长度 步
左转 方向 度
移动 长度 / 5 步
恢复位置
如果这里的“方向”是负数，就变成了向右转折了。

图7-13　主程序和画折线段的子积木代码

## 任务实践

仿照 7.1.1 加上颜色参数让树叶变绿。

### 7.1.4 蕨类分形图

蕨类植物门又称羊齿植物(pteridophyta)，是一群进化水平最高的孢子植物。本任务将画一个分形几何中最经典的蕨类分形图，蕨类整体图形和分层图形如图 7-14 所示。

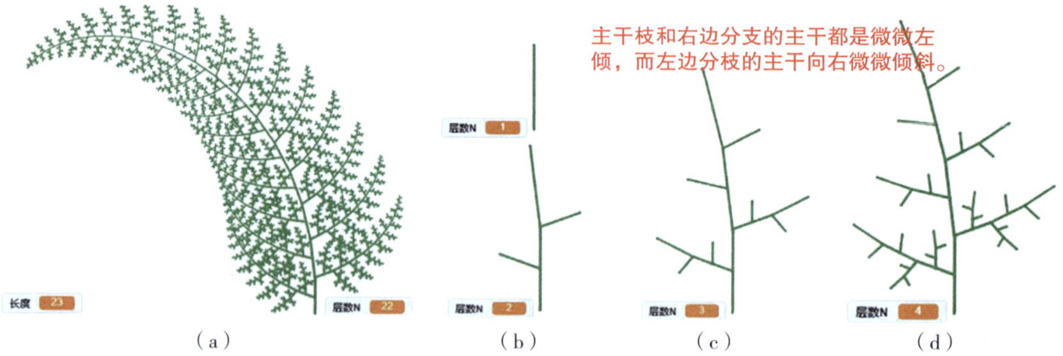
主干枝和右边分支的主干都是微微左倾，而左边分枝的主干向右微微倾斜。
长度 23
层数N 22
层数N 1
层数N 2
层数N 3
层数N 4
(a)
(b)
(c)
(d)

图 7-14　蕨类整体图形和分层图形

蕨类的特点是每个分支与总枝相似，两边分支的主干有一种“收拢”的趋势，即是左边向右倾，右边向左倾。因此递归调用画左枝时，左右方向的参数调用时要与画右枝和主干时相反(乘以-1)。

左右分枝与主干的夹角和倾斜的倾角，要根据蕨类的实际情况适当选择，防止过于冗杂，递归的终止条件除了层数 $N=0$ 外也包括了长度小于 1。保存位置方向和恢复位置方向的子积木，仍然要注意保存和恢复的配对，如图 7-15 所示。

当 被点击
将笔的粗细设为 1
抬笔
将笔的颜色设为
移到x: 120 y: -180
面向 0 方向
落笔
全部擦除
删除 栈表 的全部项目
将 长度 设为 23
将 旋转度数 设为 70
将 粗细 设为 3
将 偏度 设为 7
将 层数N 设为 22
画蕨草 长度 1 粗细 层数N
定义 保存位置方向
将 x坐标 加入 栈表
将 y坐标 加入 栈表
将 方向 加入 栈表
定义 恢复位置方向
抬笔
面向 栈表 的第 栈表 的项目数 项 方向
删除 栈表 的第 栈表 的项目数 项
将y坐标设为 栈表 的第 栈表 的项目数 项
删除 栈表 的第 栈表 的项目数 项
将x坐标设为 栈表 的第 栈表 的项目数 项
删除 栈表 的第 栈表 的项目数 项
落笔

图 7-15　蕨类分形图的主程序和位置方向保存恢复程序

画蕨类递归子积木代码如图 7-16 所示。

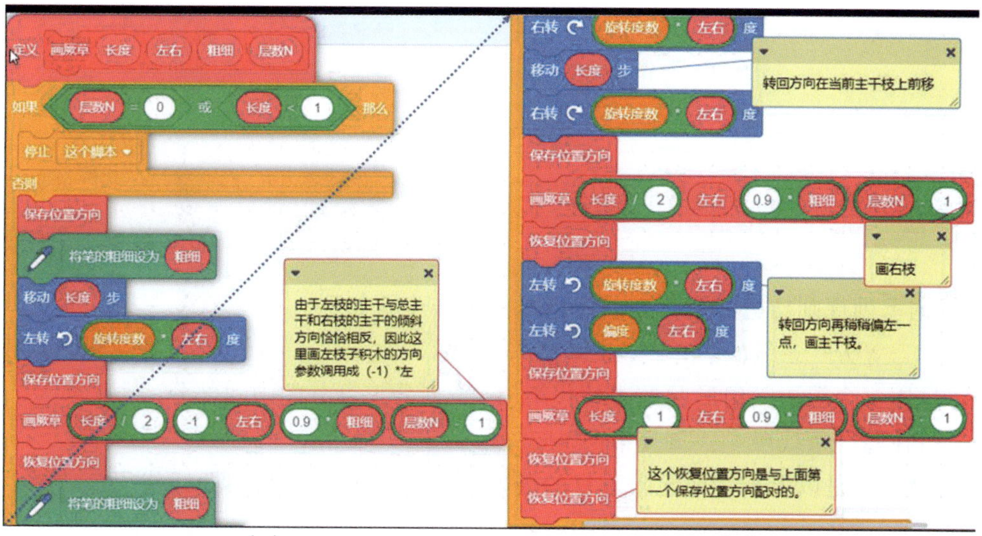
定义 画蕨草 长度 左右 粗细 层数N
如果 层数N = 0 或 长度 < 1 那么
停止 这个脚本
否则
保存位置方向
将笔的粗细设为 粗细
移动 长度 步
左转 旋转度数 * 左右 度
保存位置方向
画蕨草 长度 / 2 -1 * 左右 0.9 * 粗细 层数N - 1
恢复位置方向
将笔的粗细设为 粗细
由于左枝的主干与总主干和右枝的主干的倾斜方向恰恰相反，因此这里画左枝子积木的方向参数调用成 (-1) *左
右转 旋转度数 * 左右 度
移动 长度 步
转回方向在当前主干枝上前移
右转 旋转度数 * 左右 度
保存位置方向
画蕨草 长度 / 2 左右 0.9 * 粗细 层数N - 1
恢复位置方向
画右枝
左转 旋转度数 * 左右 度
左转 偏度 * 左右 度
转回方向再稍稍偏左一点，画主干枝。
保存位置方向
画蕨草 长度 1 左右 0.9 * 粗细 层数N - 1
恢复位置方向
恢复位置方向
这个恢复位置方向是与上面第一个保存位置方向配对的。

（a）　　　　　　（b）

图 7-16　蕨类递归子积木代码

# 任务 2　科赫分形曲线

## 任务概述

科赫曲线是早期被描述的一种分形曲线。它由瑞典数学家 Helge von Koch 在 1904 年发表的一篇题为“从初等几何构造的一条没有切线的连续曲线”的论文中提出。虽然这条曲线处处连续，但处处不光滑，处处不可微。构造这类曲线是从初始元出发，如取一条线段或一个多边形。原则上是按一定的规则变线段为折线，形成生成元，分形的结构也由折线形状确定。

## 任务重点与实施

### 7.2.1　科赫雪花

根据科赫曲线分级示意图（图 7-17）和科赫雪花分级示意图（图 7-18），设初始元是一条线段。

级数N 2
级数N 3
级数N 4

（a）　　　　　　（b）　　　　　　（c）

图 7-17　科赫曲线分级示意图

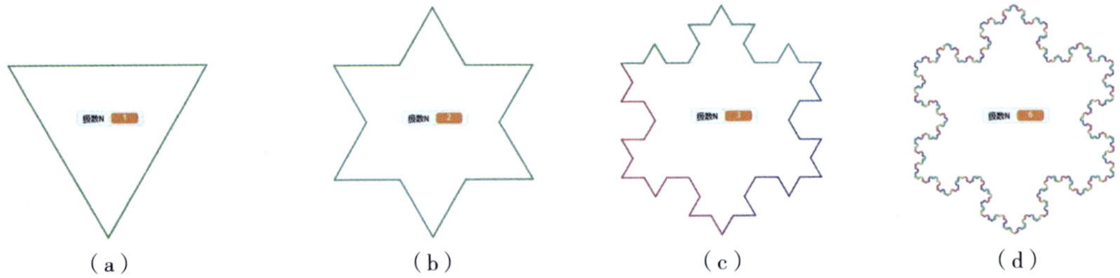
(a)
(b)
(c)
(d)

图 7-18　科赫雪花分级示意图

根据下列规则构造一个科赫曲线，具体操作步骤如下。

(1)三等分一条线段。

(2)用一个等边三角形两条边替代第(1)步划分三等分的中间部分。

(3)在每一条线段上，重复第(2)步。

科赫曲线是以上步骤地无限重复的极限结果。图 7-19 为科赫曲线代码。

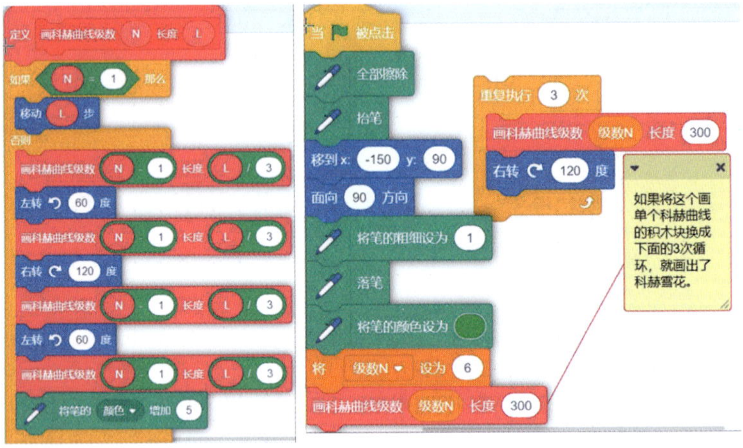
定义 画科赫曲线级数 N 长度 L
如果 N = 1 那么
移动 L 步
否则
画科赫曲线级数 N - 1 长度 L / 3
左转 60 度
画科赫曲线级数 N - 1 长度 L / 3
右转 120 度
画科赫曲线级数 N - 1 长度 L / 3
左转 60 度
画科赫曲线级数 N - 1 长度 L / 3
将笔的 颜色 增加 5
当 被点击
全部擦除
抬笔
移到 x: -150 y: 90
面向 90 方向
将笔的粗细设为 1
落笔
将笔的颜色设为
将 级数N 设为 6
画科赫曲线级数 级数N 长度 300
重复执行 3 次
画科赫曲线级数 级数N 长度 300
右转 120 度
如果将这个画单个科赫曲线的积木块换成下面的3次循环，就画出了科赫雪花。

图 7-19　科赫曲线代码

## 任务实践

折线的等腰尖角如果向下(相当于内凹，叫反科赫雪花)，写出相应的脚本。图 7-20 为初始方向面向 30°时生成的反雪花。用外凸科赫雪花生成反科赫雪花。

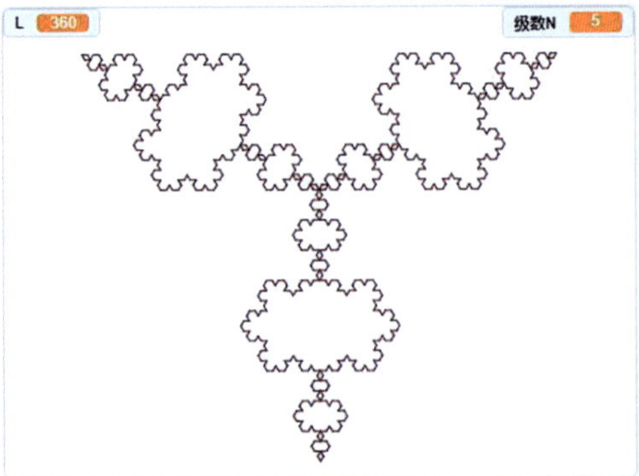
L 360
级数N 5

图 7-20　反科赫雪花分形

根据另一种科赫雪花的分级示意图(图 7-21)，编程画出另一种科赫雪花(图 7-22)，注意：调用 6 次递归子积木画线的起点方向和结束位置方向。

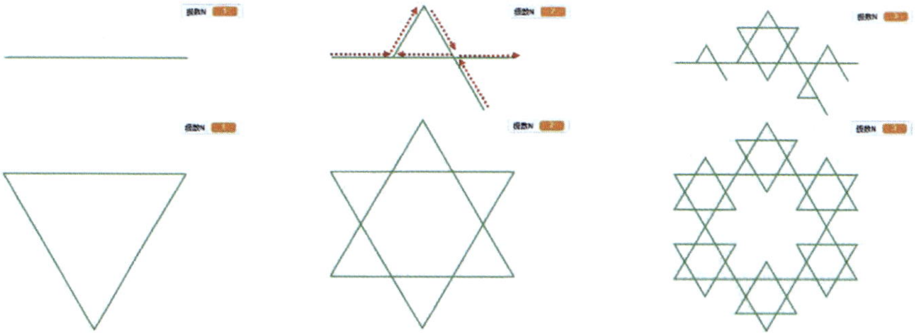

(a)　　(b)　　(c)

图 7-21　另一种科赫雪花的分级示意图

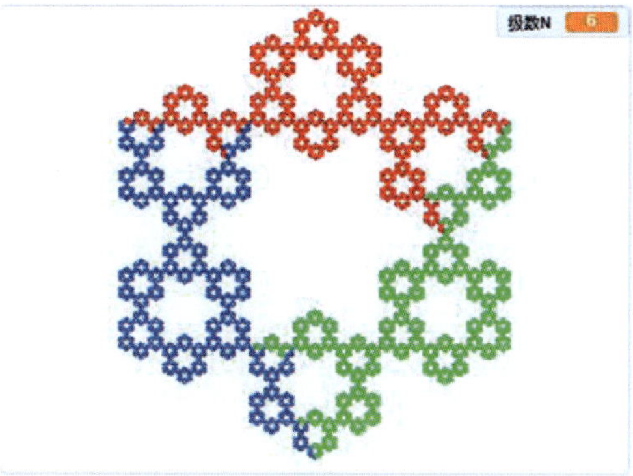


图 7-22　另一种科赫雪花

## 7.2.2 盒分形边界

把科赫曲线折线的中间部分尖角换成内凹(或者外凸)的有一个缺口的正方形部分，叫作直角型科赫曲线(图 7-23)。由五个线段组成，它们长度是上一级的$\frac{1}{3}$，通过移动转直角的动作形成。

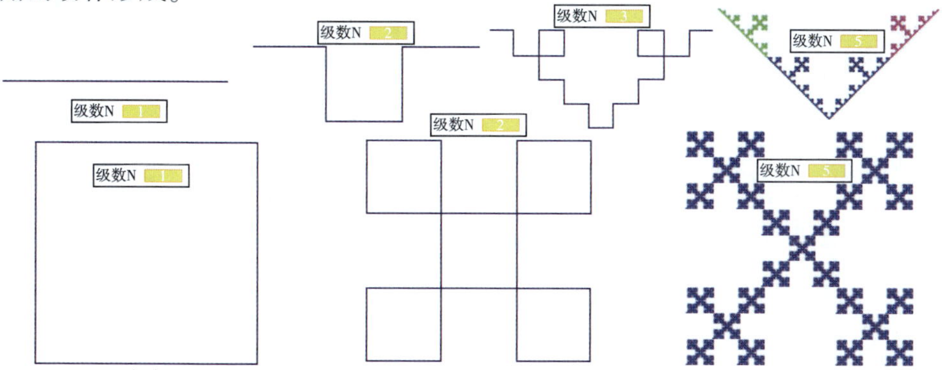


(a)　　(b)　　(c)

图 7-23　盒分形的分级示意图

从左上角开始，画一次直角型科赫曲线右转 90，循环 4 次，就把四段连在一起构成了盒分形。盒分形代码如图 7-24 所示。

当 被点击
将 级数N 设为 5
将 长度L 设为 320
将笔的粗细设为 1.5
从左上角开始。
移到 x: 0 - 长度L / 2 y: 长度L / 2
全部擦除
面向 90 方向
落笔
将笔的颜色设为
画盒分形级数 级数N 长度 长度L
重复执行 4 次
画盒分形级数 级数N 长度 长度L
右转 90 度
定义 画盒分形级数 N 长度 L
如果 N = 1 那么
移动 L 步
停止 这个脚本
否则
画盒分形级数 N - 1 长度 L / 3
右转 90 度
重复执行 3 次
画盒分形级数 N - 1 长度 L / 3
左转 90 度
右转 180 度
画盒分形级数 N - 1 长度 L / 3

图 7-24　盒分形代码

## 任务实践

(1) 用外凸直角型科赫曲线如何实现盒分形？

(2) 仿照图以上代码，每一级画一次左转 90°，循环 4 次就是十字绣曲线(cross-stitch curve)(图 7-25)。

(3) 如果从左上角开始画右转 90°，循环 4 次获得十字绣曲线，直角型科赫曲线的中间部分该外凸还是内凹？

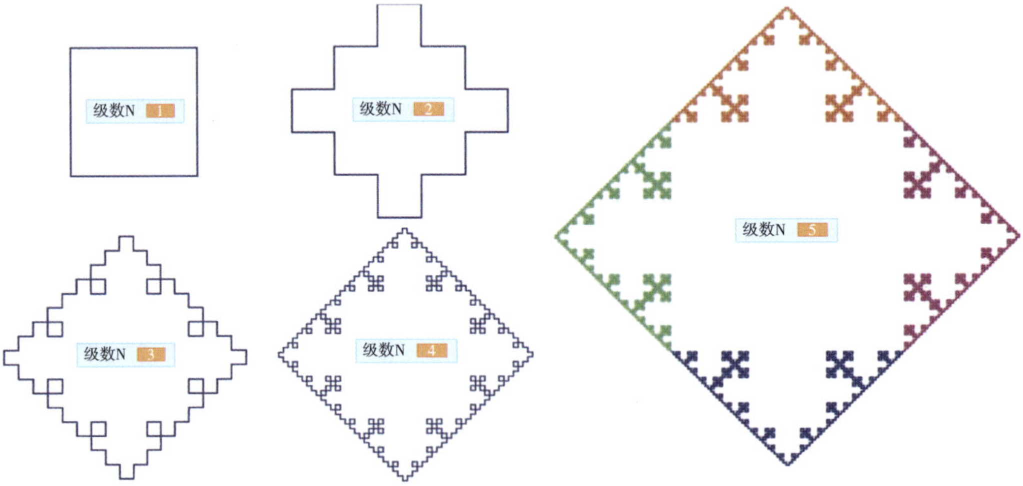
级数N 1
级数N 2
级数N 3
级数N 4
级数N 5

图 7-25　四个直角型科赫曲线组成十字绣分级图

## 7.2.3 变种科赫曲线

变种科赫曲线由两段组成，每一级的旋转角度的方向恰恰与上一级的相反，而长度有所缩小。上排是单一变种科赫曲线，下排是左下角开始，旋转 90°四次的变种科赫曲线，如图 7-26 所示。

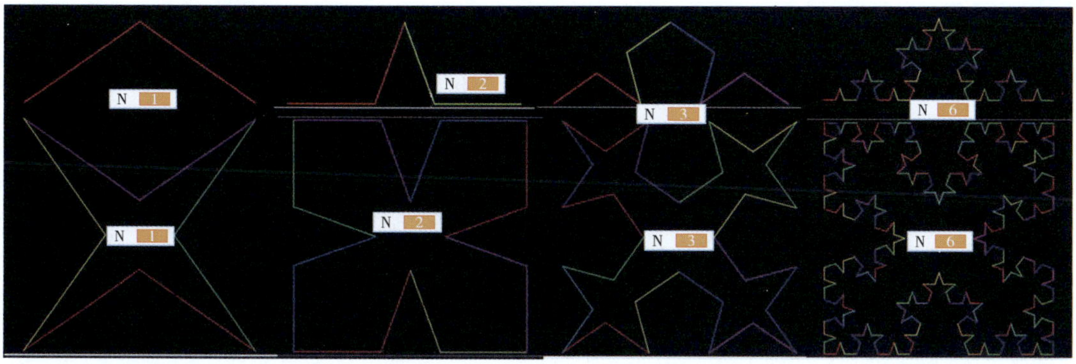

N 1
N 1
N 2
N 2
N 3
N 3
N 6
N 6

（a）（b）（c）（d）

图 7-26　变种科赫曲线(雪花)$\theta$=35°的 1，2，3，6 级示意图

为此设置一个方向系数和伸缩比例。在调用递归子积木前改变方向系数。之后立即恢复到本级的方向。递归子积木先左转一个带方向的角度(35°)画一段，再右转同方向的两个 35°(不相邻的两内角之和)画一段，再左转 35°恢复成原来方向。变种科赫雪花代码如图 7-27 所示。

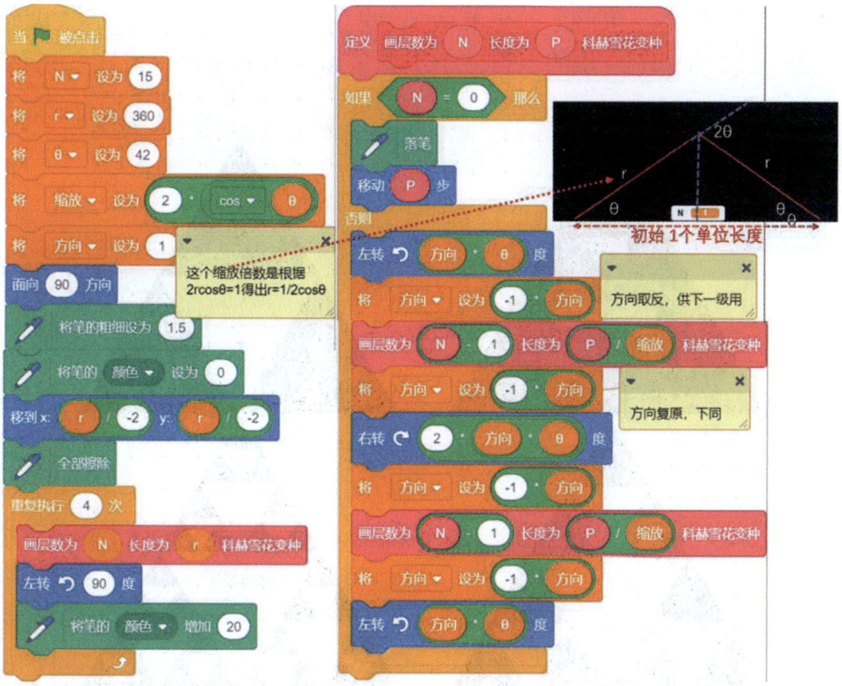

当 被点击
将 N 设为 15
将 r 设为 360
将 θ 设为 42
将 缩放 设为 2 * cos θ
将 方向 设为 1
这个缩放倍数是根据 2rcosθ=1得出r=1/2cosθ
面向 90 方向
将笔的粗细设为 1.5
将笔的 颜色 设为 0
移到 x: r / -2 y: r / -2
全部擦除
重复执行 4 次
画层数为 N 长度为 r 科赫雪花变种
左转 90 度
将笔的 颜色 增加 20
定义 画层数为 N 长度为 P 科赫雪花变种
如果 N = 0 那么
落笔
移动 P 步
否则
左转 方向 * θ 度
将 方向 设为 -1 * 方向
方向取反，供下一级用
画层数为 N - 1 长度为 P / 缩放 科赫雪花变种
将 方向 设为 -1 * 方向
方向复原，下同
右转 2 * 方向 * θ 度
将 方向 设为 -1 * 方向
画层数为 N - 1 长度为 P / 缩放 科赫雪花变种
将 方向 设为 -1 * 方向
左转 方向 * θ 度
2θ
r
r
θ
θ
初始 1个单位长度

图 7-27　变种科赫雪花代码

# 任务 3　谢尔宾斯基分形

## 任务概述

小明在科普书上见过以谢尔宾斯命名的三角和地毯分形，马上要编程画这种分形了。于是就搜索到以下相关信息：瓦茨瓦夫·弗朗西斯克·谢尔宾斯基是对集合论、数论、函数的理论和拓扑学领域做出重要贡献的波兰数学家。他以对集合论(包括选择公理和连续统假设的研究)、数论、函数的理论和拓扑学的出色贡献而闻名。著名的谢尔宾斯三角分形，就是由他在 1915 年提出的。

## 任务重点与实施

### 7.3.1　谢尔宾斯基三角

设初始元是一个正三角形，根据下列规则构造一个谢尔宾斯基地毯，谢尔宾斯基三角的分级示意图如图 7-28 所示，操作步骤如下。

(1) 4 等分一个正三角形，变换为四个小三角形。

(2) 去掉中间的一个小三角形，保留剩余的三个小三角形。

(3) 在剩余的三个小三角形上，重复第(2)步。

为了便于递归，把第(2)步的保留三个小三角形，等价地转化成在空三角形上画出三个小三角形。

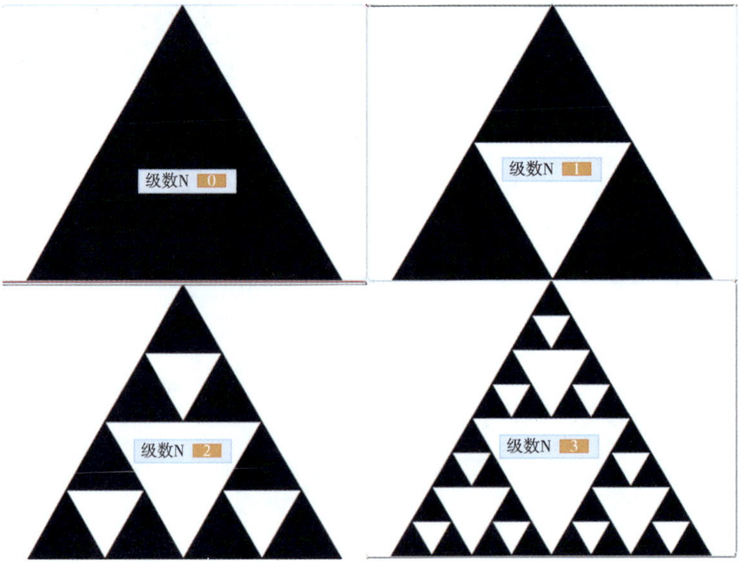


图 7-28　谢尔宾斯基三角的分级示意图

先建一个画实心正三角形的自定义模块，由于 Scratch 没有往封闭几何图形着色的功能，使用每画一段适当减小一点点步长后再旋转 120°这样的“内卷”方式连续画折线直到长度小于 0.2，进而画出实心的正三角形。画实心三角形和位置保存恢复程序如图 7-29 所示。

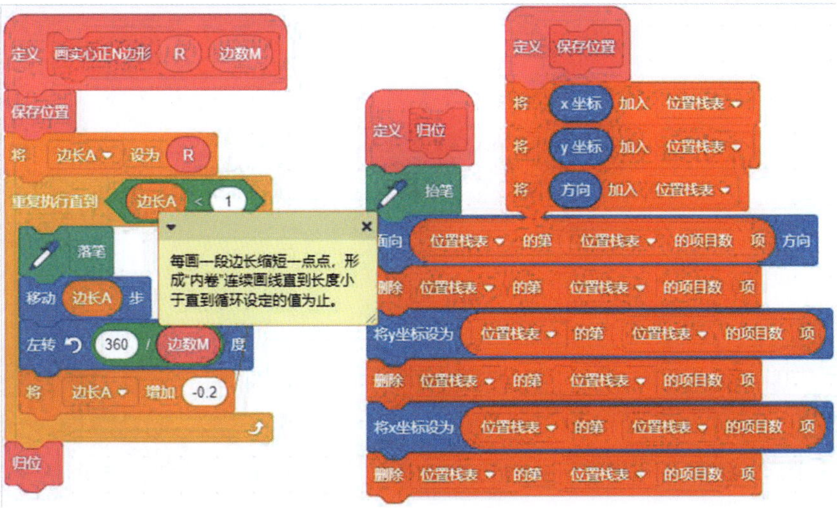

定义 画实心正N边形 R 边数M
保存位置
将 边长A 设为 R
重复执行直到 边长A < 1
落笔
移动 边长A 步
左转 360 / 边数M 度
将 边长A 增加 -0.2
归位
每画一段边长缩短一点点，形成“内卷”连续画线直到长度小于直到循环设定的值为止。
定义 归位
抬笔
面向 位置栈表 的第 位置栈表 的项目数 项 方向
删除 位置栈表 的第 位置栈表 的项目数 项
将y坐标设为 位置栈表 的第 位置栈表 的项目数 项
删除 位置栈表 的第 位置栈表 的项目数 项
将x坐标设为 位置栈表 的第 位置栈表 的项目数 项
删除 位置栈表 的第 位置栈表 的项目数 项
定义 保存位置
将 x 坐标 加入 位置栈表
将 y 坐标 加入 位置栈表
将 方向 加入 位置栈表

图 7-29　画实心三角形和位置保存恢复程序

递归子积木的结束条件是级数 $N=1$ 时画一个三角形，否则就在适当位置画三个边长减半的三角形。注意，画三角形子程序是从左下角横向起笔左转 120°的顺序，因此在递归调用时也要从左下角横向起笔。主程序是先画左边三角形，其次画上面的三角形，最后画右边的三角形，如图 7-30 所示。

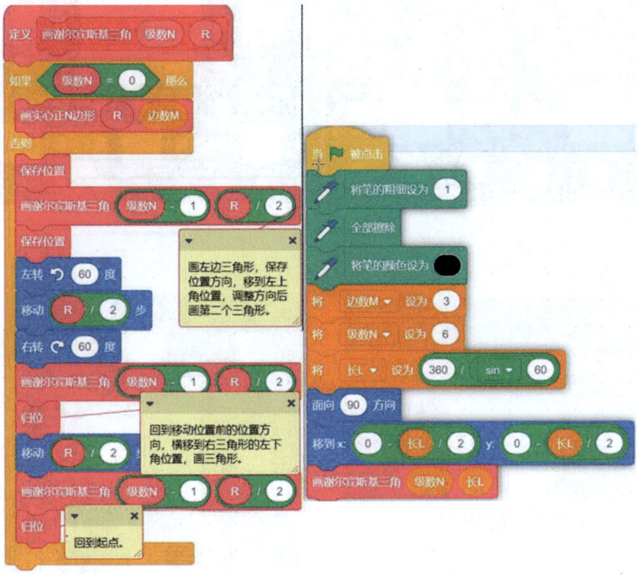

定义 画谢尔宾斯基三角 级数N R
如果 级数N = 0 那么
画实心正N边形 R 边数M
否则
保存位置
画谢尔宾斯基三角 级数N - 1 R / 2
保存位置
左转 60 度
移动 R / 2 步
右转 60 度
画谢尔宾斯基三角 级数N - 1 R / 2
归位
移动 R / 2 步
画谢尔宾斯基三角 级数N - 1 R / 2
归位
画左边三角形，保存位置方向，移到左上角位置，调整方向后画第二个三角形。
回到移动位置前的位置方向，横移到右三角形的左下角位置，画三角形。
回到起点。
当 被点击
将笔的粗细设为 1
全部擦除
将笔的颜色设为
将 边数M 设为 3
将 级数N 设为 6
将 长L 设为 360 / sin 60
面向 90 方向
移到 x: 0 - 长L / 2 y: 0 - 长L / 2
画谢尔宾斯基三角 级数N 长L

图 7-30　画谢尔宾斯基三角形的递归子积木和主程序

递归调用，不像科赫曲线那样连续不断，需要变换位置，因此保存和恢复位置方向特别重要，图 7-31 为谢尔宾斯基三角形。

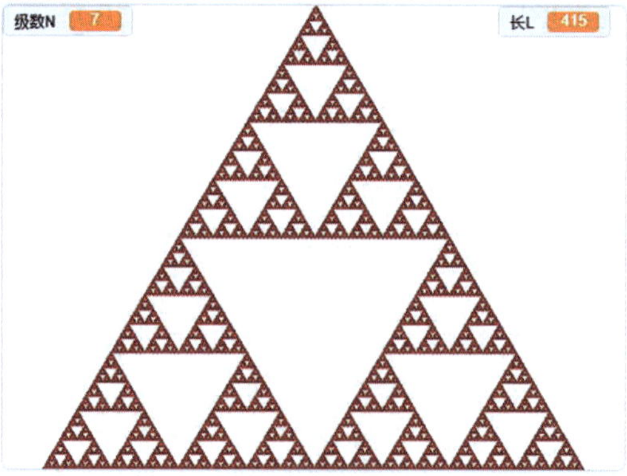


图 7-31　谢尔宾斯基三角形

## 7.3.2 谢尔宾斯基地毯

谢尔宾斯基地毯的分级示意图如图 7-32 所示。

下面把中间挖去一个边长为原边长$\frac{1}{3}$的正方形，变成在空白正方形的周围依次画出八个边长为原来$\frac{1}{3}$的正方形即可，如图 7-33 所示。

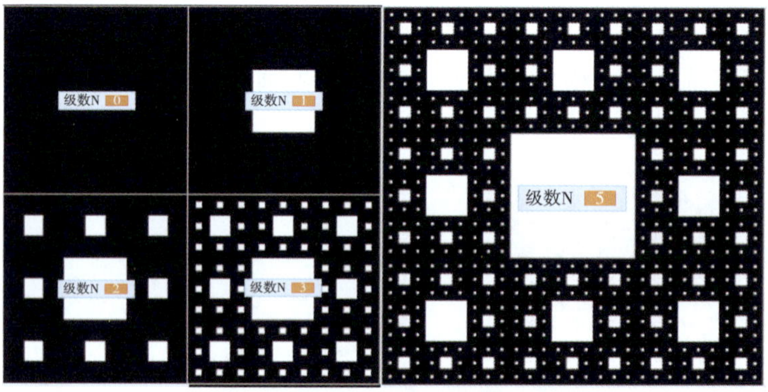


图 7-32　谢尔宾斯基地毯的分级示意图

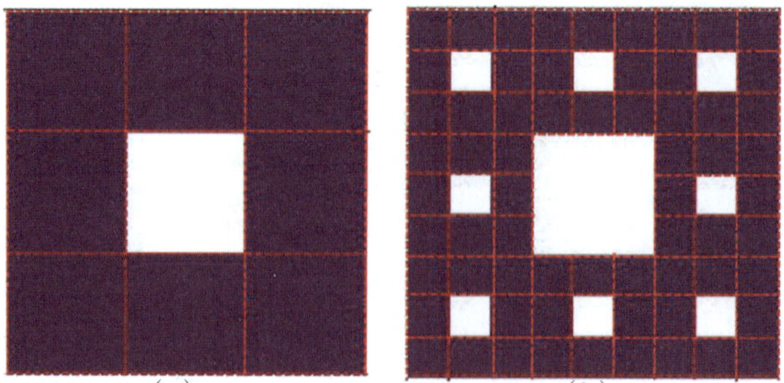

（a）　　　　　　（b）

图 7-33　中间挖方块示意图

有了思路框架，剩下就是画图。画实心正方形的思路和图 7-27 的一样，主程序也差不多，只是调用时把边数换成 4，画笔颜色换成蓝色即可。

递归子积木，画八个方块分成 4 组，从左下角开始，每组画两个画完归位。画谢尔宾斯基地毯递归子积木代码图 7-34 所示。

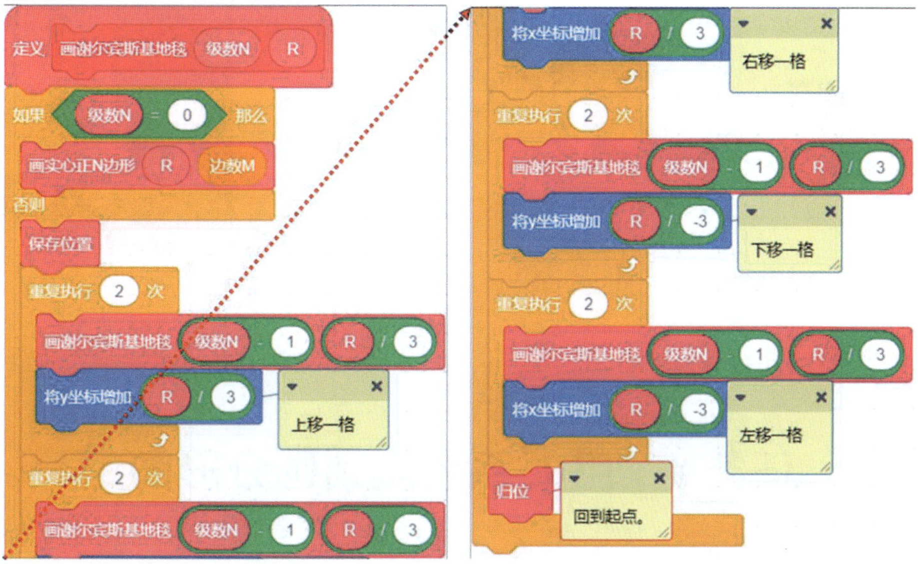

定义 画谢尔宾斯基地毯 级数N R
如果 级数N = 0 那么
画实心正N边形 R 边数M
否则
保存位置
重复执行 2 次
画谢尔宾斯基地毯 级数N - 1 R / 3
将y坐标增加 R / 3
上移一格
重复执行 2 次
画谢尔宾斯基地毯 级数N - 1 R / 3
将x坐标增加 R / 3
右移一格
重复执行 2 次
画谢尔宾斯基地毯 级数N - 1 R / 3
将y坐标增加 R / -3
下移一格
重复执行 2 次
画谢尔宾斯基地毯 级数N - 1 R / 3
将x坐标增加 R / -3
左移一格
归位
回到起点。

（a）　　　　　　　　　　（b）

图 7-34　画谢尔宾斯基地毯递归子积木代码

## 7.3.3　另一种正方形分形

另一种正方形分形也可制作谢尔宾斯基三角形，操作步骤如下。

（1）先创建一个正方形。

（2）切掉右下角的$\frac{1}{4}$。

（3）然后切掉剩下的三个小正方形的右下角。不断重复这一过程，将得到如图 7-35 所示的图案。

0级
1级
2级
7级

图 7-35　方块版谢尔宾斯基三角分级示意图

把迭代过程看做是在空白正方形的右上、左上和左下依次画三个边长减半的正方形即可。脚本如图 7-36 所示。

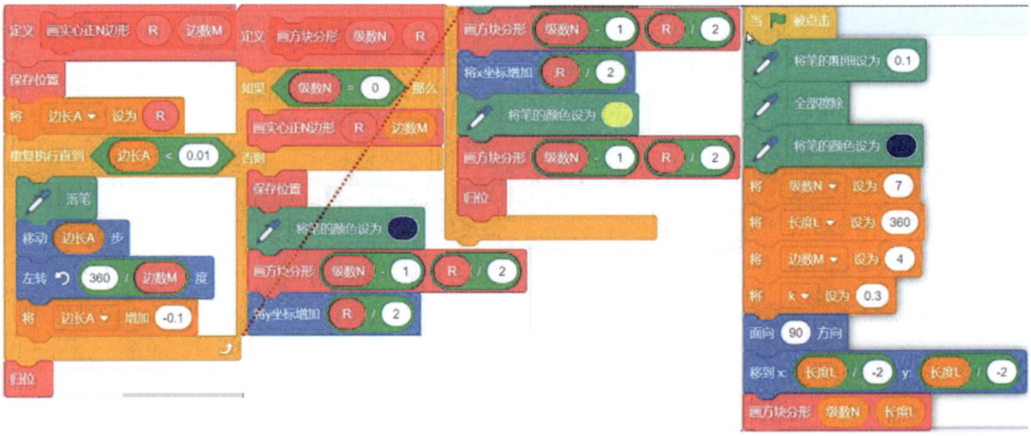
定义 画实心正N边形 R 边数M
保存位置
将 边长A 设为 R
重复执行直到 边长A < 0.01
落笔
移动 边长A 步
左转 360 / 边数M 度
将 边长A 增加 -0.1
归位
定义 画方块分形 级数N R
如果 级数N = 0 那么
画实心正N边形 R 边数M
否则
保存位置
将笔的颜色设为
画方块分形 级数N - 1 R / 2
将y坐标增加 R / 2
画方块分形 级数N - 1 R / 2
将x坐标增加 R / 2
将笔的颜色设为
画方块分形 级数N - 1 R / 2
归位
当 被点击
将笔的粗细设为 0.1
全部擦除
将笔的颜色设为
将 级数N 设为 7
将 长度L 设为 360
将 边数M 设为 4
将 k 设为 0.3
面向 90 方向
移到 x: 长度L / -2 y: 长度L / -2
画方块分形 级数N 长度L

（a）　　　　　　　　（b）

图 7-36　方块版谢尔宾斯基三角脚本

# 任务 4　用 L 系统规则画分形图

## 任务概述

Lindenmayer 系统简称 L 系统，由荷兰 Utrecht 大学的生物学和植物学家、匈牙利裔的林登麦伊尔(Aristid Lindenmayer)于 1968 年提出的有关生长发展中的细胞交互作用的数学模型，尤其被广泛应用于植物生长过程的研究。L-system 也能用于生成自相似的分形，如迭代函数系统。

用 L 系统规则来建立画一些比较复杂的曲线分形图的递归子积木，会比较清晰明了。它的主要符号如下。

(1) F 表示画一段实线；f 表示移动一段但不画线。

(2) + 表示左转一个角度；- 表示右转一个角度。

(3) 公理表示主程序调用。

## 任务重点与实施

### 7.4.1　莱维 C 型曲线

根据莱维 C 型曲线的分级示意图(图 7-37)，可以给出 L 系统规则。

L 系统规则如下。

(1) 公理：A。

(2) 规则：A→ -A++A-(规则：右转 45°-画线-左转 90°-画线-右转 45°)。

(3) 符号：A：F ；+：左转 45°；-：右转 45°。

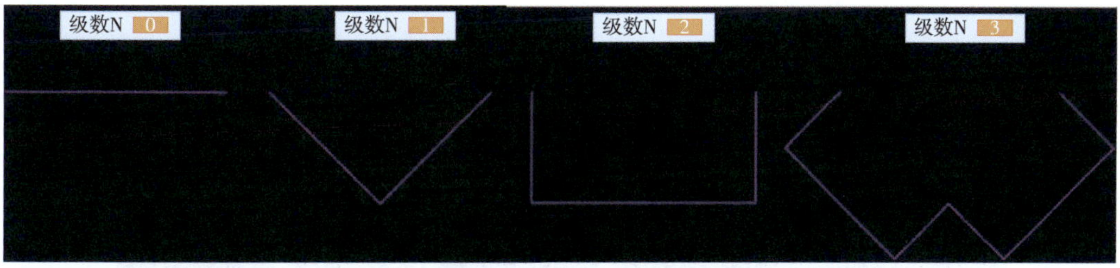
级数N 0
级数N 1
级数N 2
级数N 3

图 7-37　莱维 C 型曲线的分级示意图

根据规则建立递归子积木，如图 7-38 所示。

根据算法分析，搭建主程序调用递归子积木，莱维 C 型曲线的主程序代码如图 7-39 所示。提示：为了充分利用舞台空间，防止画笔在舞台边缘碰撞变形，画笔角色造型采用绘制(什么也不画)空造型，13 级 C 型曲线如图 7-40 所示。

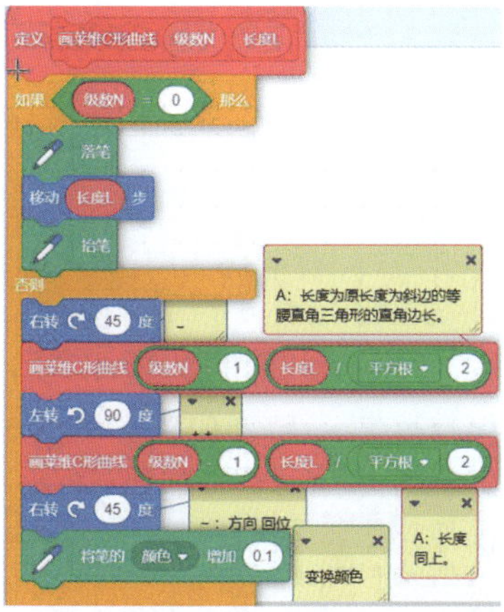
定义 画莱维C形曲线 级数N 长度L
如果 级数N = 0 那么
落笔
移动 长度L 步
抬笔
否则
右转 45 度
A：长度为原长度为斜边的等腰直角三角形的直角边长。
画莱维C形曲线 级数N - 1 长度L / 平方根 2
左转 90 度
画莱维C形曲线 级数N - 1 长度L / 平方根 2
右转 45 度
-：方向回位
将笔的 颜色 增加 0.1
变换颜色
A：长度同上。

图 7-38　莱维 C 型曲线的递归子积木代码

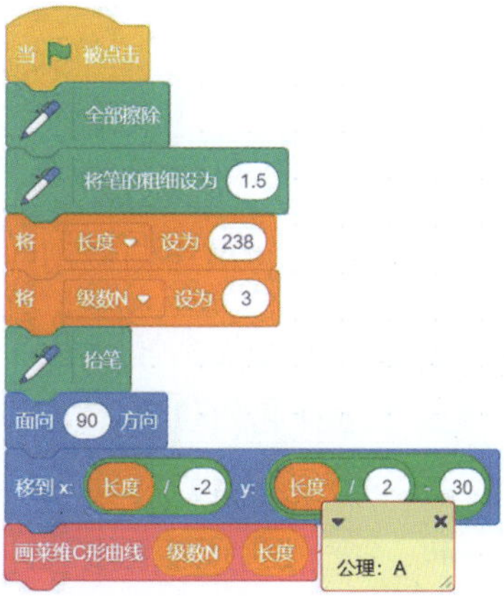
当 被点击
全部擦除
将笔的粗细设为 1.5
将 长度 设为 238
将 级数N 设为 3
抬笔
面向 90 方向
移到 x: 长度 / -2 y: 长度 / 2 - 30
画莱维C形曲线 级数N 长度
公理：A

图 7-39　莱维 C 型曲线的主程序代码

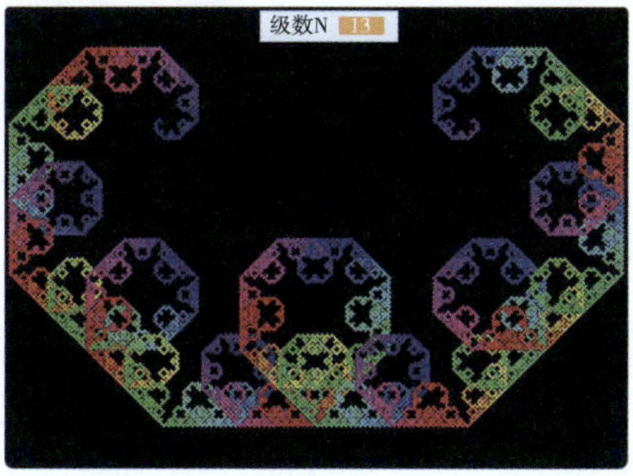
级数N 13

图 7-40　13 级 C 型曲线

## 7.4.2 五边形梅花

根据五边形梅花的分级示意图如图 7-41 所示，以最初方向为 0 度，从 2 级图形可见，L 系统规则如下。

(1)公理：++++ A++++ A++++ A++++ A++++ A。

(2)规则：A→ +A++++A----A--------A++++A++++A 。

(3) A：F；+：左转 18°；-：右转 18°。

根据图 7-41 先左转 18°递归调用画一段，再左转 72 度即 4 个 18°递归调用画一段，右转 144°递归调用画一段，再两次左转 72°递归调用画一段。注意恢复方向，使用了保存方向恢复方向的子积木(尽管可以不使用保存恢复)，在最后加右转 18°实现。

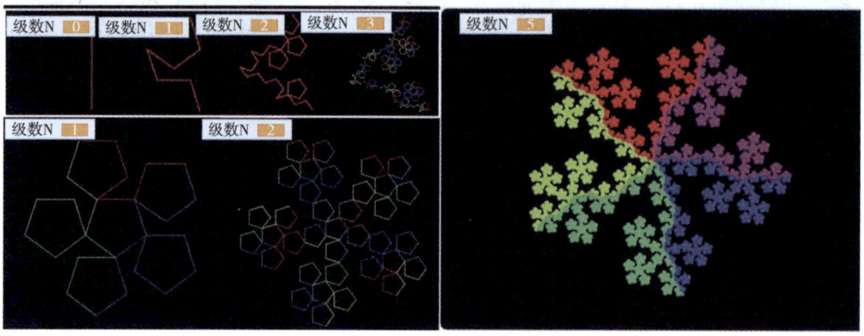
级数N 0
级数N 1
级数N 2
级数N 3
级数N 5
级数N 1
级数N 2

图 7-41　五边形梅花分形一边 A(上)和五边(下)的分级示意图

公理(主程序调用)是一个 5 次循环：旋转 72 度调用一次递归子积木，就像画科赫雪花时一样，五边形梅花单枝的递归子积木代码如图 7-42 所示。

由于在规则 A 中，每次递归调用线段的长度缩小为上一次的$\frac{1}{3}$，缩减幅度比较大，在主程序中，根据级数增加适当增加一点长度，以使得画出来的图形不至于过小，同时，根据长度适当选择起始位置，主程序和方向保存恢复子积木代码如图 7-43 所示。

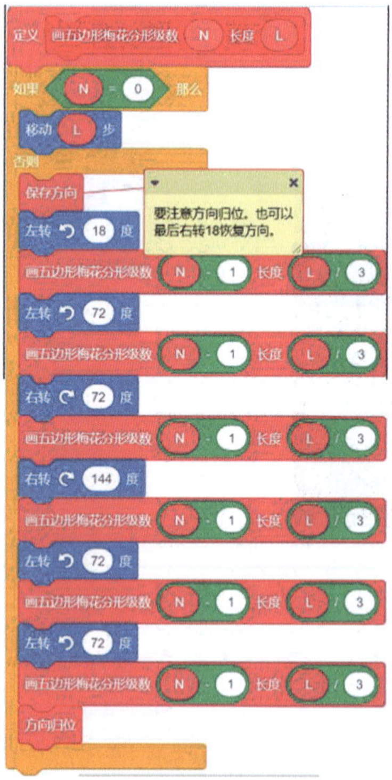
定义 画五边形梅花分形级数 N 长度 L
如果 N = 0 那么
移动 L 步
否则
保存方向
要注意方向归位。也可以最后右转18恢复方向。
左转 18 度
画五边形梅花分形级数 N - 1 长度 L / 3
左转 72 度
画五边形梅花分形级数 N - 1 长度 L / 3
右转 72 度
画五边形梅花分形级数 N - 1 长度 L / 3
右转 144 度
画五边形梅花分形级数 N - 1 长度 L / 3
左转 72 度
画五边形梅花分形级数 N - 1 长度 L / 3
左转 72 度
画五边形梅花分形级数 N - 1 长度 L / 3
方向归位

图 7-42　五边形梅花单枝的递归子积木代码

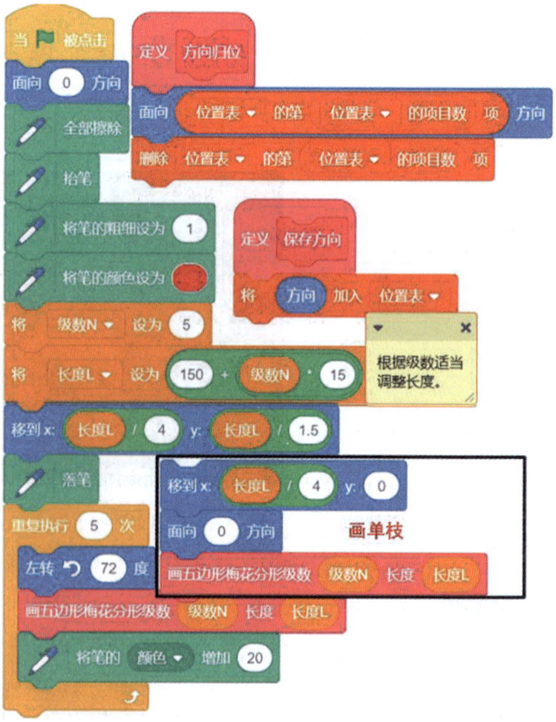
当 被点击
面向 0 方向
全部擦除
抬笔
将笔的粗细设为 1
将笔的颜色设为
将 级数N 设为 5
将 长度L 设为 150 + 级数N * 15
根据级数适当调整长度。
移到 x: 长度L / 4 y: 长度L / 1.5
落笔
重复执行 5 次
左转 72 度
画五边形梅花分形级数 级数N 长度 长度L
将笔的 颜色 增加 20
定义 方向归位
面向 位置表 的第 位置表 的项目数 项 方向
删除 位置表 的第 位置表 的项目数 项
定义 保存方向
将 方向 加入 位置表
移到 x: 长度L / 4 y: 0
面向 0 方向
画单枝
画五边形梅花分形级数 级数N 长度 长度L

图 7-43　主程序和方向保存恢复子积木代码

## 任务实践

根据如下规则来实现另一种五边形梅花，分析此规则与上文规则有何不同?

公理：A- A - A - A - A。

规则：A→A - A ++ A + A - A - A 。

符号 A ：F 前进；+：左转 72 ；-：右转 72°。

## 7.4.3 皮亚诺曲线

皮亚诺(Peano)曲线作为一种填充整个单位正方形的连续曲线，展现了数学的无限魅力和美学之美。通过不断细分正方形的边，揭示了皮亚诺曲线构造的原理，感受到了数学的神奇和无限可能性。尽管无法精确呈现皮亚诺曲线，但可以通过计算机程序生成其近似图像，用视觉方式展现其美学魅力。从一级的示意路线可得出 L 系统规则如下。

(1)公理：A。

(2)规则：A→ AA+A+A +AA+A+A-A 。

(3)符号：A：F；+：左转 90°；-：右转 90°。

皮亚诺曲线分级示意图如图 7-44 所示；画皮亚诺曲线程序代码如图 7-45 所示。

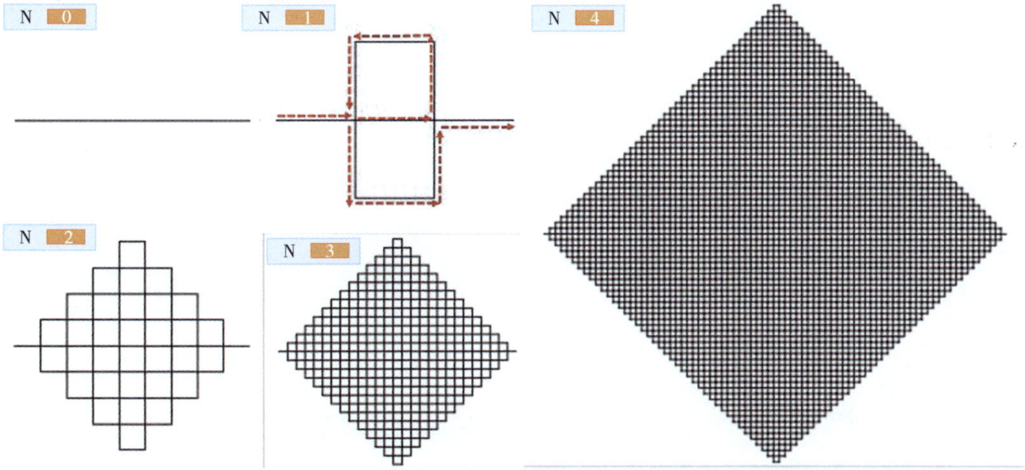


图 7-44　皮亚诺曲线分级示意图

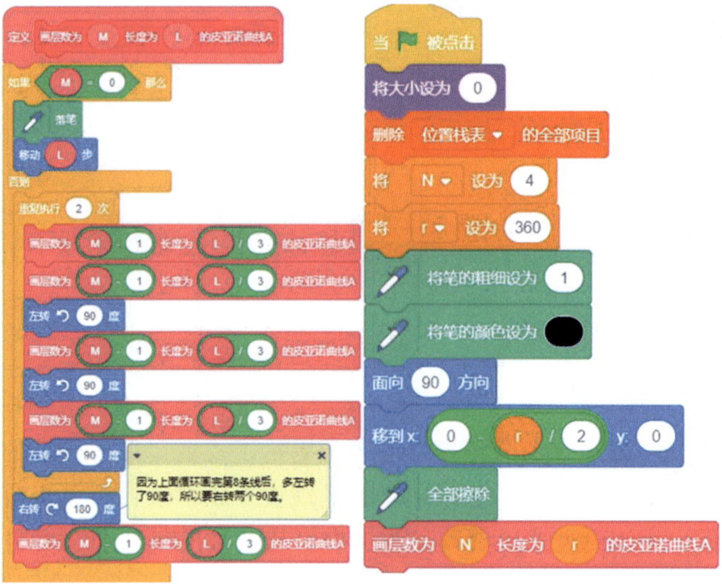
定义 画层数为 M 长度为 L 的皮亚诺曲线A
如果 M = 0 那么
落笔
移动 L 步
否则
重复执行 2 次
画层数为 M - 1 长度为 L / 3 的皮亚诺曲线A
画层数为 M - 1 长度为 L / 3 的皮亚诺曲线A
左转 90 度
画层数为 M - 1 长度为 L / 3 的皮亚诺曲线A
左转 90 度
画层数为 M - 1 长度为 L / 3 的皮亚诺曲线A
左转 90 度
因为上面循环画完第8条线后，多左转了90度，所以要右转两个90度。
右转 180 度
画层数为 M - 1 长度为 L / 3 的皮亚诺曲线A
当 被点击
将大小设为 0
删除 位置栈表 的全部项目
将 N 设为 4
将 r 设为 360
将笔的粗细设为 1
将笔的颜色设为
面向 90 方向
移到 x: 0 - r / 2 y: 0
全部擦除
画层数为 N 长度为 r 的皮亚诺曲线A

图 7-45　皮亚诺曲线程序代码

# 任务 5　其他有趣的分形

## 任务概述

本任务主要介绍其他分型，例如，H 分形、由正多边形生成雪花、规则独特的圆分形、“中国结”的井字分形等。

## 任务重点与实施

### 7.5.1　H 分形

H 分形是一种由字母“H”演化出的迷宫场景的分形图案。其构造过程是：取一个中心点(x，y)，以此中心点绘制一条长为 L 的水平直线和两条长为 H 的竖直直线，构成一个字母“H”的形状；再以两条竖直直线的上下共 4 个端点为中心点，分别绘制一条长为$\frac{L}{2}$的水平直线和两条长为$\frac{H}{2}$的竖直直线；重复以上操作直至达到要求的层数，可以绘制出 H 分形图案。

如图 7-46 所示 H 分形的分级示意图，每一级 H 分形的中间横线是画线没有递归调用，而是两端的“短线”是由递归调用画的下一级的“小 H”。

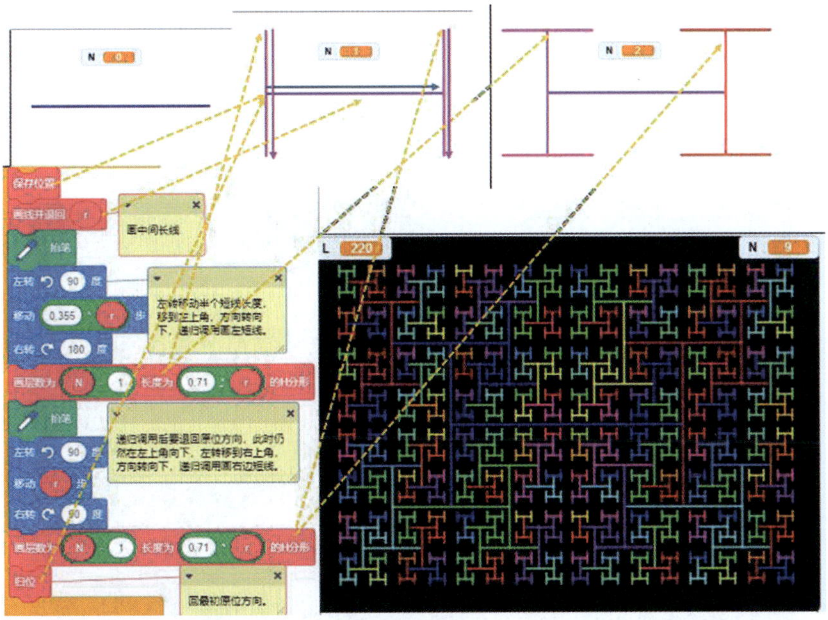
N 0
N 1
N 2
保存位置
画线并退回 r
画中间长线
抬笔
左转 90 度
左转移动半个短线长度，移到左上角，方向转向下，递归调用画左短线。
移动 0.355 * r 步
右转 180 度
画层数为 N - 1 长度为 0.71 * r 的H分形
抬笔
递归调用后要退回原位方向，此时仍然在左上角向下，左转移到右上角，方向转向下，递归调用画右边短线。
左转 90 度
移动 r 步
右转 90 度
画层数为 N - 1 长度为 0.71 * r 的H分形
归位
回最初原位方向。
L 220
N 9

图 7-46　H 分形的分级示意图

建立递归子积木时，选择起点在本级横线的左端点，构造一个画线段并退回原位和方向的子积木，保存位置方向和恢复位置方向的子积木同前。画一条横线并退回，然后抬笔到左上角向下递归画左边短线，然后移到右上角，向下递归画右短线。

## 任务实践

根据算法分析，建如图 7-47 的画 H 分形代码，位置保存和恢复的子积木同前。

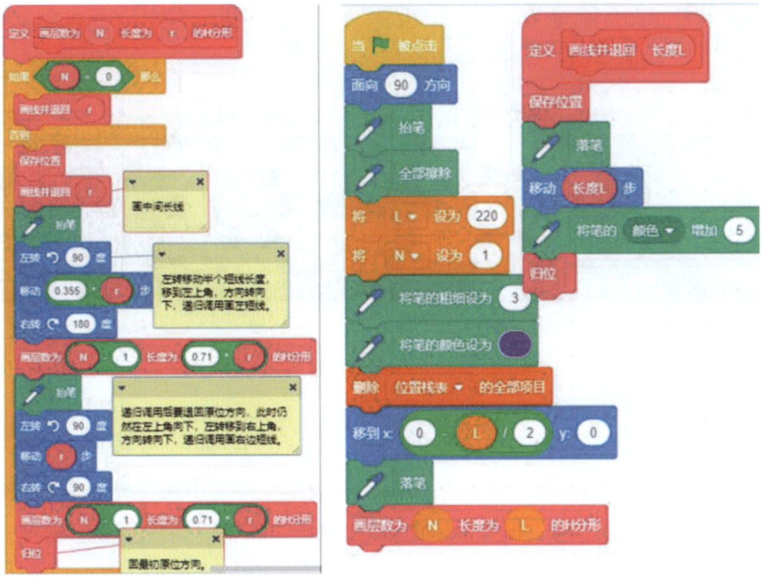
定义 画层数为 N 长度为 r 的H分形
如果 N = 0 那么
画线并退回 r
否则
保存位置
画线并退回 r
画中间长线
抬笔
左转 90 度
左转移动半个短线长度，移到左上角，方向转向下，递归调用画左短线。
移动 0.355 * r 步
右转 180 度
画层数为 N - 1 长度为 0.71 * r 的H分形
抬笔
递归调用后要退回原位方向，此时仍然在左上角向下，左转移到右上角，方向转向下，递归调用画右边短线。
左转 90 度
移动 r 步
右转 90 度
画层数为 N - 1 长度为 0.71 * r 的H分形
归位
回最初原位方向。
当 被点击
面向 90 方向
抬笔
全部擦除
将 L 设为 220
将 N 设为 1
将笔的粗细设为 3
将笔的颜色设为
删除 位置栈表 的全部项目
移到 x: 0 - L / 2 y: 0
落笔
画层数为 N 长度为 L 的H分形
定义 画线并退回 长度L
保存位置
落笔
移动 长度L 步
将笔的 颜色 增加 5
归位

图 7-47　H 分形的代码(不含位置保存和恢复的子积木)

## 7.5.2 由正多边形生成的雪花

北京冬奥会开闭幕式上惊艳的雪花，令人印象深刻。用 Scratch 也能画出一些漂亮的雪花，如图 7-48 所示。

（a）　　（b）

图 7-48　五瓣和六瓣雪花

以六边形生成六瓣实心雪花为例，首先了解迭代的逻辑，0 级是个大正六边形，一级在舞台上分裂成(画出)6+1 个正六边形(不画中间那个就是空心雪花)中心一个，周边等距离分布 6 个，二级就是 6+1 个一级正六边形分别分裂出 6+1 个二级正六边形，如图 7-49 所示。

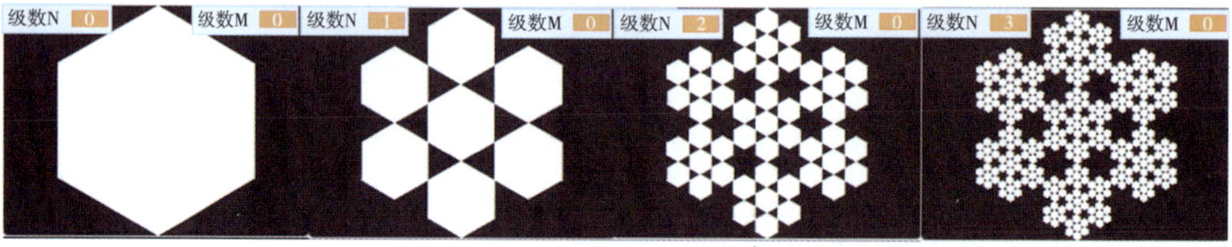


（a）　　（b）　　（c）　　（d）

图 7-49　六边形雪花的分级示意图

每一级从正多边形的中心起步，方向向上(0°)，长度以外接圆半径为基准，先画一个外接圆半径缩小为原来的三分之一的正六边形，然后向上移动两个小半径长度，到上面的中心位置画正六边形，旋转 60°(360/边数)画下一个，重复 6(边数)次，画完一定要归位本级的中心。

画正六边形的子积木也要以中心为基准，六角雪花主程序和位置保存恢复程序如图 7-50 所示。

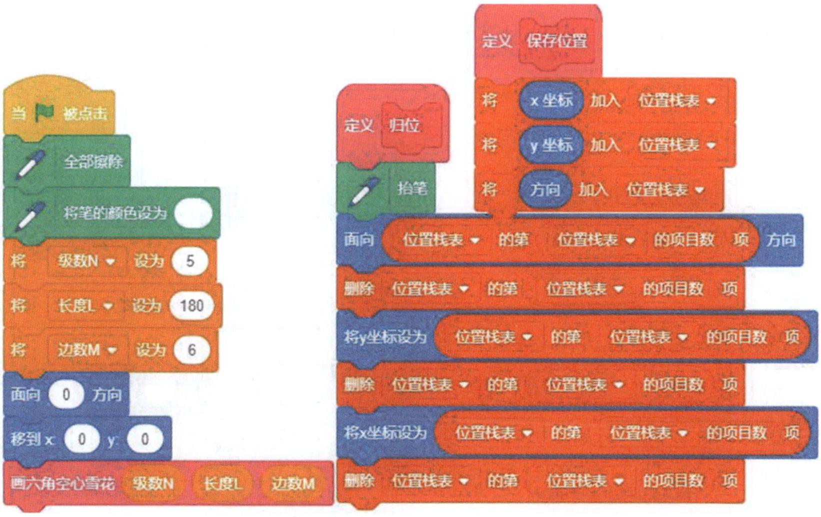
当 被点击
全部擦除
将笔的颜色设为
将 级数N 设为 5
将 长度L 设为 180
将 边数M 设为 6
面向 0 方向
移到x: 0 y: 0
画六角空心雪花 级数N 长度L 边数M
定义 归位
抬笔
面向 位置栈表 的第 位置栈表 的项目数 项 方向
删除 位置栈表 的第 位置栈表 的项目数 项
将y坐标设为 位置栈表 的第 位置栈表 的项目数 项
删除 位置栈表 的第 位置栈表 的项目数 项
将x坐标设为 位置栈表 的第 位置栈表 的项目数 项
删除 位置栈表 的第 位置栈表 的项目数 项
定义 保存位置
将 x坐标 加入 位置栈表
将 y坐标 加入 位置栈表
将 方向 加入 位置栈表

图 7-50　六角雪花主程序和位置保存恢复程序

## 7.5.3 规则独特的圆分形

规则独特的圆分形画法步骤如下。

主程序调用递归程序时，级数 $N$ 从 0 开始，逐级加 1，原来意义上的 0 级对应递归调用时“级数 $N$”等于变量“$N$”，1 级对应(级数 $N$)取“$N-1$”，以此类推……，1 级很特殊，它由 3 个实心圆组成(右边少画一个)，要单独定义而且作为递归结束的条件。其余都是由“级数 $N$”+4 个低一级(对应级数 N 增加 1)的图形组成。分布规律是在当前圆心位置为圆心，当前半径的 1.2 倍为半径的圆周上等距离的画“级数 $N$”+4 个低一级(半径要缩小为原来的三分之一左右)的分形。

例如，以变量 $N=3$(图 7-51)为例，从“级数 $N$”=0 开始调用，画 0+4 个“级数 $N$”=1 的分形，调用“级数 $N$”=$N-2$ 时，要画$(N-2)+4=3-2+4=5$ 个“级数 $N$”=2 的分形，就是三个圆组成的图形，递归调用结束。

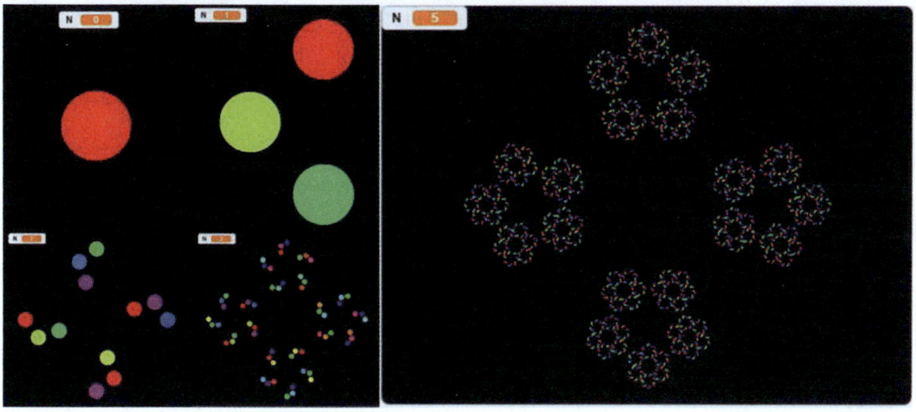
N 0
N 1
N 5

图 7-51　圆分形的分级示意图

## 任务实践

根据前面分析的特殊算法，动手编写画圆分形的脚本，圆分形的递归子积木代码如图 7-52 所示；圆分形的其他程序代码如图 7-53 所示。

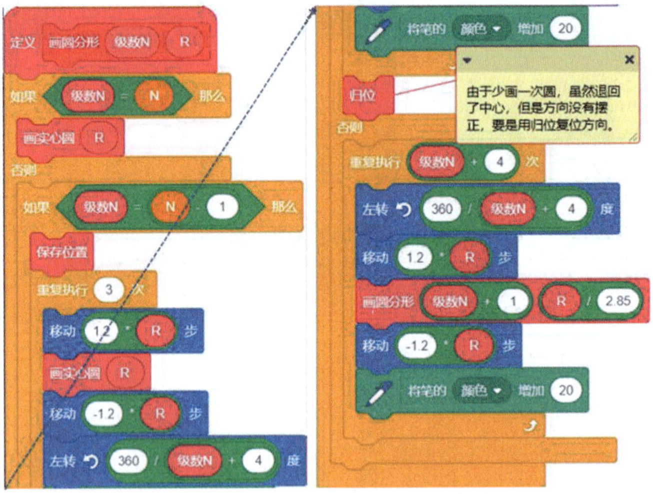

定义 画圆分形 级数N R
如果 级数N = N 那么
画实心圆 R
否则
如果 级数N = N - 1 那么
保存位置
重复执行 3 次
移动 1.2 * R 步
画实心圆 R
移动 -1.2 * R 步
左转 360 / 级数N + 4 度
将笔的 颜色 增加 20
归位
由于少画一次圆，虽然退回了中心，但是方向没有摆正，要是用归位复位方向。
否则
重复执行 级数N + 4 次
左转 360 / 级数N + 4 度
移动 1.2 * R 步
画圆分形 级数N + 1 R / 2.85
移动 -1.2 * R 步
将笔的 颜色 增加 20

（a）　　　　　　　　（b）

图 7-52　圆分形的递归子积木代码

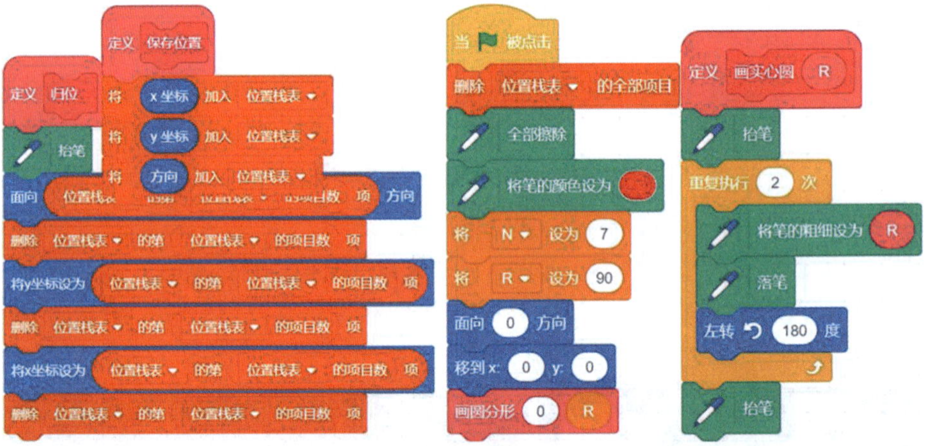

定义 归位
抬笔
面向 位置栈表 的第 位置栈表 的项目数 项 方向
删除 位置栈表 的第 位置栈表 的项目数 项
将y坐标设为 位置栈表 的第 位置栈表 的项目数 项
删除 位置栈表 的第 位置栈表 的项目数 项
将x坐标设为 位置栈表 的第 位置栈表 的项目数 项
删除 位置栈表 的第 位置栈表 的项目数 项
定义 保存位置
将 x 坐标 加入 位置栈表
将 y 坐标 加入 位置栈表
将 方向 加入 位置栈表
当 被点击
删除 位置栈表 的全部项目
全部擦除
将笔的颜色设为
将 N 设为 7
将 R 设为 90
面向 0 方向
移到 x: 0 y: 0
画圆分形 0 R
定义 画实心圆 R
抬笔
重复执行 2 次
将笔的粗细设为 R
落笔
左转 180 度
抬笔

图 7-53　圆分形的其他程序代码

## 7.5.4　井字分形

从每一级的迭代递进看，每个方块裂变为四个边长变小（原正方形对角线的$\frac{1}{3}$，即原边长的$\frac{\sqrt{2}}{3}$倍）而且方向旋转了 45°的方块。把最初方向设为 0 度，以方块的中心作为基准点。井字分形的分级示意如图 7-54 所示；井字分形的脚本如图 7-55 所示。

级数N 6

图 7-54　井字分形的分级示意图

井字分形的递归子积木和位置存取子积木代码如图 7-56 所示。

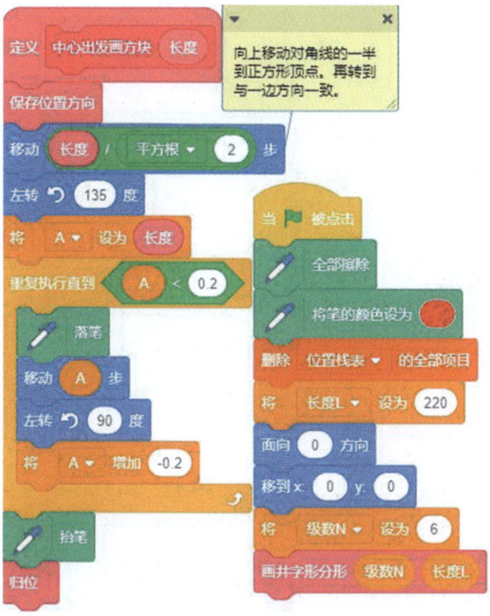
定义 中心出发画方块 长度
向上移动对角线的一半到正方形顶点。再转到与一边方向一致。
保存位置方向
移动 长度 / 平方根 2 步
左转 135 度
将 A 设为 长度
重复执行直到 A < 0.2
落笔
移动 A 步
左转 90 度
将 A 增加 -0.2
抬笔
归位
当 被点击
全部擦除
将笔的颜色设为
删除 位置栈表 的全部项目
将 长度L 设为 220
面向 0 方向
移到 x: 0 y: 0
将 级数N 设为 6
画井字形分形 级数N 长度L

图 7-55　井字分形的脚本

定义 画井字形分形 级数N 长度L
如果 级数N = 0 那么
中心出发画方块 长度L
否则
保存位置方向
重复执行 4 次
保存位置方向
移动 平方根 2 * 长度L / 3 步
先到中心后转方向，顺序很重要。
右转 45 度
画井字形分形 级数N - 1 平方根 2 * 长度L / 3
归位
退回中心，再旋转，顺序很重要。
右转 90 度
归位
定义 归位
面向 位置栈表 的第 位置栈表 的项目数 项 方向
删除 位置栈表 的第 位置栈表 的项目数 项
将y坐标设为 位置栈表 的第 位置栈表 的项目数 项
删除 位置栈表 的第 位置栈表 的项目数 项
将x坐标设为 位置栈表 的第 位置栈表 的项目数 项
删除 位置栈表 的第 位置栈表 的项目数 项
定义 保存位置方向
将 x 坐标 加入 位置栈表
将 y 坐标 加入 位置栈表
将 方向 加入 位置栈表

图 7-56　递归子积木和位置存取子积木代码

## 项目小结

本项目主要介绍了分形几何图的相关知识，首先介绍了分形图；其次介绍了科赫雪花，盒分形边界和变种科赫曲线；再次介绍了谢尔宾斯基分形；最后介绍了莱维 C 型曲线和其他的分析。通过本项目的学习，读者能了解分形在数学和生活中的妙趣特征，进一步加强了对递归算法的理解和应用能力。

## 项目习题

1. 画一个如图 7-57 所示的对称二叉树的组合图形，并确定树根的坐标和方向。
2. 蓝桥杯编程竞赛题(原题是要求用 Python 的 Turtle 来画的)。

(1) 步骤 1：画出如图 7-58 所示的分形树。

图 7-57 对称二叉树的组合图形

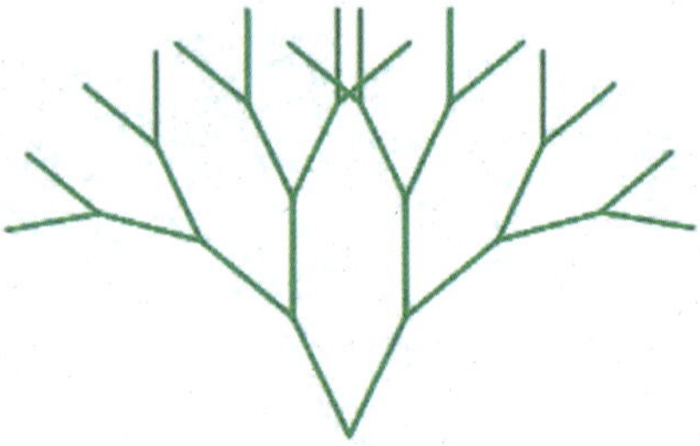
图 7-58 分形树

步骤 1 的要求如下。

① 树木主干向上生长。

② 分形层数为 4 的二叉树。

③ 第一层树枝长度为 60，逐层减 6。

④ 左右树枝的倾斜角度不限，最终效果与图示大致相同即可。

⑤ 必须能看出绘图过程。

(2) 步骤 2：修改步骤 1 中生成分形树的方法。

① 分形层数改为 4 ~ 6 的随机数。

② 第一层树枝长改为 30 ~ 60 的随机数。

(3) 步骤 3：绘制分形树丛。

① 在屏幕中绘制分形树丛。

② 树木数量为 50 棵。

③ 每棵分形树的树根位置为屏幕范围内随机坐标点，树枝允许伸出屏幕窗口外。

④ 以屏幕中心垂直线为分界，位于屏幕左侧的树木向左倾斜，位于屏幕右侧的树木向倾斜。

3. 编程画勾股树，正方形是空心的(图 7-59)。

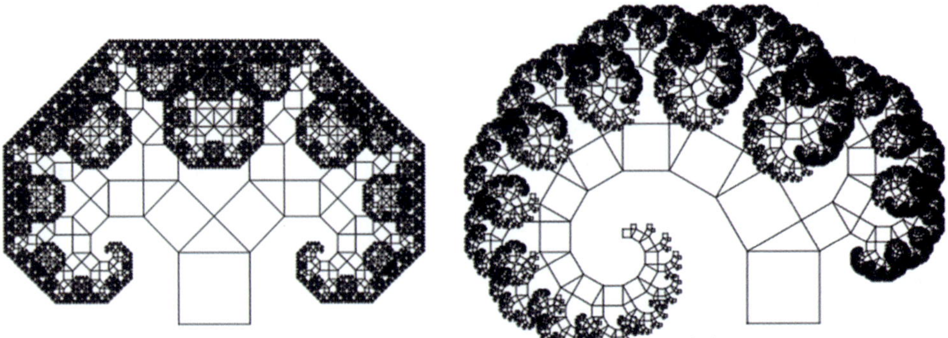
(a) (b)

图 7-59 空心勾股树

4. 画出如图 7-5 所示的四种黄金对称二叉树。

5. 用递归画分形之$\frac{3}{4}$迷宫。这是每次由三个 L 型 9 个方块形成的分形，注意观察它们方向的差异。以左下角为起点，到右边中点处(需要移动 4 格即原长度，左转移动两格即原长度的一半)，方向向上，开始三次重复画 L 型(外循环实现)，每一次包含 5 个动作，即(1)左转 90 度，(2 ~4 内循环实现)重复 3 次画方格并右转 90 度后退两格，(5)左转 90 度进两格(因为 3 次循环多了一个右转 90 度后退两格)。画完 9 个方块回归出发点。当然也可以从左下角起笔到右上角，开始按逆时针方向画 9 个方块。$\frac{3}{4}$迷宫迭代示意图如图 7-60 所示。

图 7-60 $\frac{3}{4}$迷宫迭代示意图

6. 用递归画(1，3)谢尔宾斯基三角分形图。在 0 级小量增加画笔颜色，可以区分各个递归调用阶段的颜色(图 7-61)。

图 7-61 (1，3)谢尔宾斯基三角分形图

7. 用递归画(1，4)谢尔宾斯基三角分形图(图 7-62)。

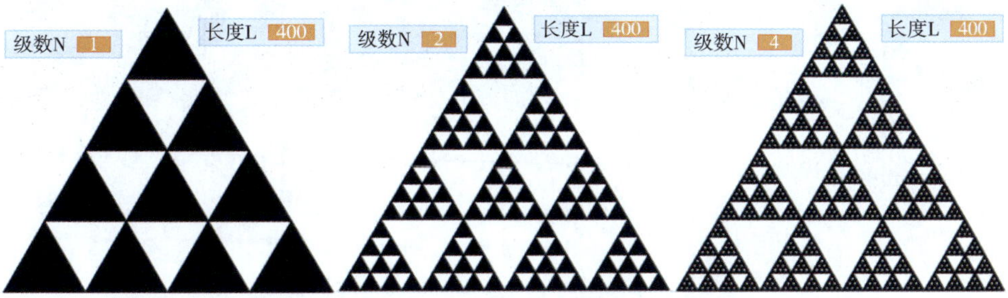


图 7-62 (1，4)谢尔宾斯基三角分形图

## 项目概述

圆周率是一个在数学及物理学中普遍存在的数学常数，是精确计算圆周长、圆面积、球体积等几何形状的关键值。圆周率是一个无理数，即无限不循环小数。在日常生活中，通常用3.14代表圆周率去进行近似计算。在Scratch中，可以使用多种图形和算法来计算 π 的近似值。

## 学习目标

- 了解几何方法割圆术求 π。
- 了解蒙特卡洛(实验)方法求 π。
- 熟悉公式(无穷级数)法求 π。

## 思政目标

- 培养学生团队协作精神、沟通交流能力、诚信友善的基本素养。
- 培养学生以辩证的思维理解、分析、解决复杂问题的能力。

08

# 项目8　多种方法求π的近似值

# 任务 1　刘徽割圆术求 π

## 任务概述

我国南北朝时期科学家祖冲之，推算出圆周率 π 的值在 3.141 592 6 和 3.141 592 7 之间，并提出了 π 的约率 $\frac{22}{7}$ 和密率 $\frac{355}{113}$，密率值要比欧洲早 1 000 多年。

π(图 8-1)是一个非常神奇的数，在宇宙中无处不在，也时刻存在于人们的生命中，被用于处理行星轨道、电磁波、河流、极光、DNA 结构、吉萨大金字塔等。但它是个无理数、超越数，所以只能求出近似值。

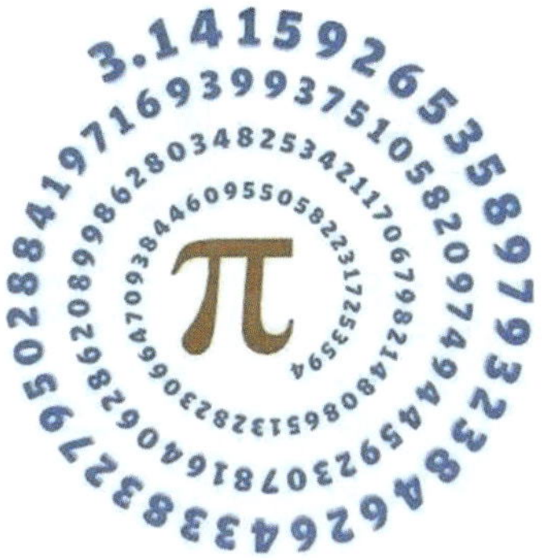

图 8-1　圆周率 π

## 任务重点与实施

3 世纪中期，魏晋时期的数学家刘徽，是第一个找到计算圆周率 π 方法的人，为计算圆周率建立了严密的理论和完善的算法，他求出 π 的近似值是 3.141 6。

前面所学画过正多边形，现在就用圆内接正多边形的边长与直径的比值来逼近 π 的值。设置画笔和正多边形(边数为偶数，便于确定直径端点位置)的起点两个角色，正多边形画到一半，就可以测量出周长和直径，进而算出圆周率近似值(图 8-2)。

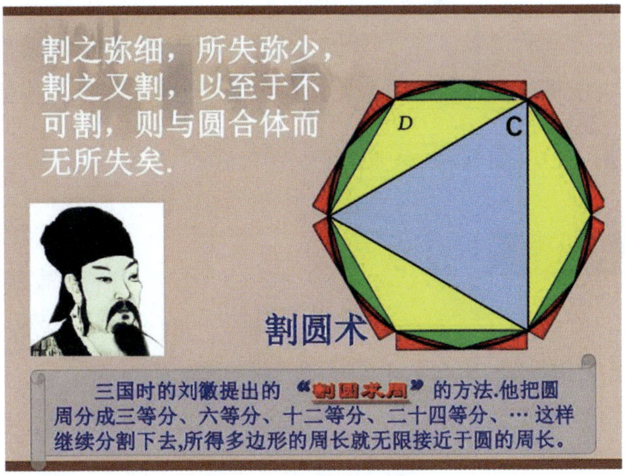
割之弥细，所失弥少，
割之又割，以至于不
可割，则与圆合体而
无所失矣.
D
C
割圆术
三国时的刘徽提出的“割圆术周”的方法.他把圆
周分成三等分、六等分、十二等分、二十四等分、… 这样
继续分割下去,所得多边形的周长就无限接近于圆的周长。

图 8-2　割圆术示意图

使用圆内接正多边形的边长与直径的比值来求 π 的值：设置画笔和正多边形(边数为偶数，便于确定直径端点位置)的起点两个角色，正多边形画到一半，就可以测量出周长和直径，进而算出圆周率近似值(放入一个列表内)。割圆术求 π 近似值的脚本如图 8-3 所示。起点的脚本和割 15 次所得的近似值如图 8-4 所示。

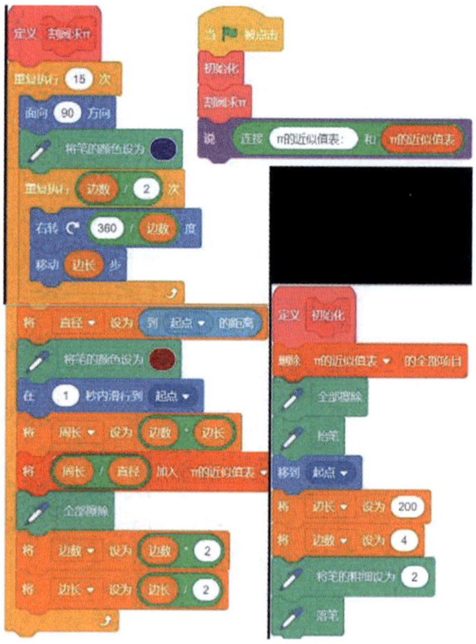

图 8-3 割圆术求 π 近似值的脚本

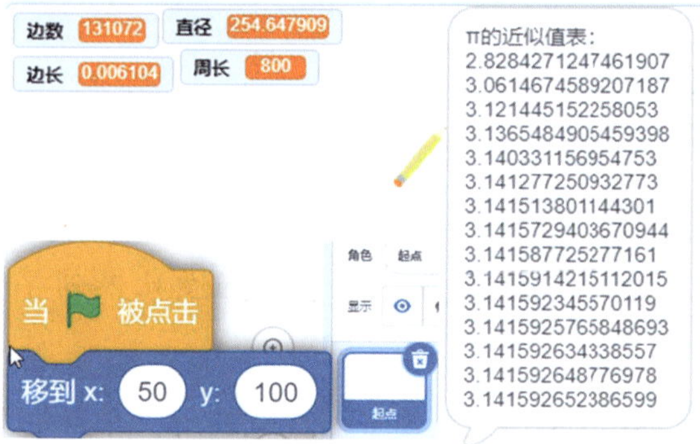


图 8-4 起点的脚本和割 15 次所得的近似值

# 任务 2 蒙特卡洛算法求 π

## 任务概述

蒙特卡洛法提供了一个利用计算机中随机数和随机试验来解决现实中无法用公式求解问题的思路，它广泛应用在金融工程学、宏观经济学、计算物理学等领域。蒙特卡洛方法计算 π 的近似值，有投点法、投针法、正整数对互质法等。

## 任务重点与实施

### 8.2.1 投点法求 π

在 Scratch 3.0 的舞台上，有一张网格型坐标纸，建立有原点的平面直角坐标系，利用介于 −90 和 90 之间的数对标出坐标平面上的点，在这过程中，会发现一些点到原点的距离不大于 90，一些点到原点的距离大于 90，前者就在半径为 90 的圆周内，它的面积就是 8 100π，而整个正方形面积是 180 * 180 = 32 400，因此到原点距离不大于 90 的点出现的几率是$\frac{8\ 100\pi}{32\ 400}=\frac{\pi}{4}$。用程序模拟的思想就是把到原点距离不大于 90 的点出现的个数除以总个数再乘以 4，就是 π 的近似值。

投点法求 π 的操作步骤：建一个角色(圆心)，它的脚本只有当绿旗被点击后移到圆心原点($x(0)$，$y(0)$)，随机点满足的条件可以用到圆心的距离来描述，避免复杂的算式。蒙特卡洛投点法求 π 的代码如图 8-5 所示，运行结果如图 8-6 所示。

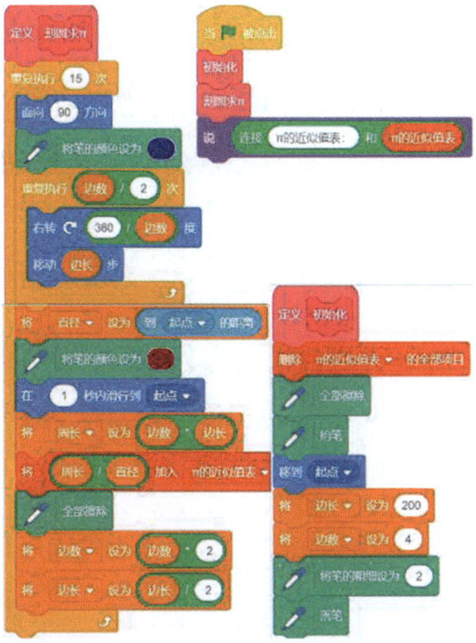

图 8-5　蒙特卡洛投点法求 π 的代码

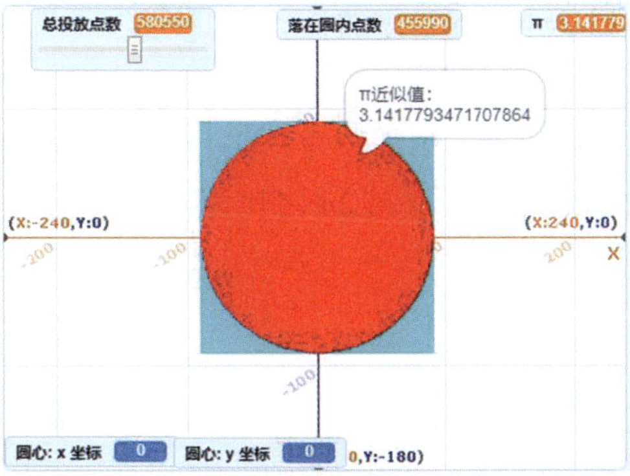


图 8-6　运行结果

## 8.2.2　布封投针实验

布封投针实验步骤如下。

在一张纸上，用尺画一组相距为 d 的平行线，用一些粗细均匀长度不超过 d 的小针扔到画了线的纸面上，并记录着小针与平行线相交的次数。如果投针的次数非常之多，则由扔出的次数和小针与平行线相交的次数，通过运算，便可求出 π 的近似值。布封投针实验结果如表 8-1 所示。

**表 8-1　布封投针实验结果**

| 年份 | 数学家 | 投掷次数 | π 近似值 |
|---|---|---|---|
| 1850 | 乌尔夫 | 5 000 | 3. 159 6 |
| 1855 | 史密斯 | 3 204 | 3. 155 3 |
| 1894 | 福克斯 | 1 120 | 3. 141 9 |
| 1901 | 拉兹里尼 | 3 408 | 3. 141 592 9 |

布封的试验过程：找一根铁丝弯成一个圆圈，使其直径等于两平行线间的距离 $d$。那么，无论怎样扔下圆圈，都会和平行线有两个公共点(或者是两个交点或者是两个切点)如图 8-7 所示。

图 8-7　布封实验示意图

如果扔 $n$ 次，则圆圈与平行线相交 $2n$ 个点次。把圆圈拉直成一根针则针长 EF = πd，这样，针 EF 与平行线相交的方式有：4 个交点，3 个交点，2 个交点，1 个交点，0 个交点，由于这是随机过程的多次重复试验，根据机会均等的原理，当投掷次数较多且相等时，两者与平行线组交点的总数期望也是一样的。

因而，将针 EF 扔 $n$ 次，它与平行线相交为 $2n$ 个点次(4，3，2，1，0 的平均值是 2)。经过多次的重复试验，证实针 EF 与平行线相交点的次数 $m$ 将随着试验次数增大，而逐渐向 $2n$ 逼近。

如果用不同长度的针 $L$，$L'$投掷，它们与平行线相交的次数与针 $L$，$L'$长度 $l$，$l'$成正比。

由此推出，用针长为 $l$ 的针与针长为 πd 的针 EF，分别投掷 $n$ 次，则它们分别与平行线交点的次数 $m$ 与 $2n$ 之比为

$$\frac{m}{2n}=\frac{l}{\pi d}$$

$$即\ \pi=\frac{2nl}{md}$$

$$取\ l=\frac{d}{2}$$

则

$$\pi=\frac{n}{m}=\frac{投掷总次数}{碰线总次数}$$

布封试验的设计和公式，是布封首先在论文《或然性算术实验》中提出的。

1901 年，意大利的拉兹里尼，使用长为 l=0.83d 的针，投扔了 3 408 次，求出 π 的近似值 3.141 592 9，准确到小数点后 6 位。这样不但为圆周率的研究开辟了一条新路，还逐渐发展成为一种新的数学方法——统计试验法。

【例】用了两个角色，一个画线，一个针(这个角色造型要自己画)，注意这里用的是长度是 d 的针，便于画角色造型的长度与平行线距离比较。这时的计算公式为

$$\pi=2\times\frac{投掷总次数}{碰线总次数}$$

根据算法分析来编写脚本。

(1)用画笔绘制黑色平行线，平行线角色的脚本如图 8-8 所示。

(2)绘制针角色造型要注意长度等于舞台上的两平行线的距离，边画边观察调整，针角色的脚本如图 8-9 所示。

(3)编写投针实验子程序时要注意：随机投针，不仅位置随机，方向也要随机；以针碰到颜色为判断条件，统计碰线次数，条件语句中选的颜色要和画笔的一致；为了直观呈现实验过程，用画笔的图章功能把未碰线针留在舞台上，而碰到线的不留下(相当于收回来)，这样做，也是因为如果要把每次碰线的针标记红颜色保留在舞台上，而用碰到颜色做判断，红色针遮蔽的地方就失灵了。

(4)主程序调用各子程序并根据统计次数和公式，计算出 π 的近似值，如图 8-10 所示。

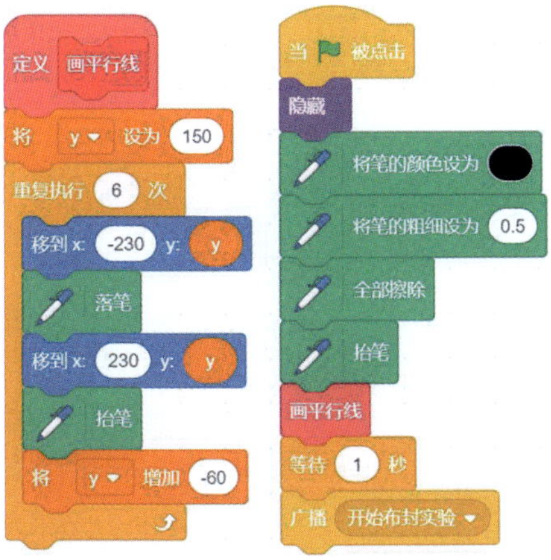
定义 画平行线
将 y 设为 150
重复执行 6 次
移到 x: -230 y: y
落笔
移到 x: 230 y: y
抬笔
将 y 增加 -60
当 被点击
隐藏
将笔的颜色设为
将笔的粗细设为 0.5
全部擦除
抬笔
画平行线
等待 1 秒
广播 开始布封实验

图 8-8　平行线角色的脚本

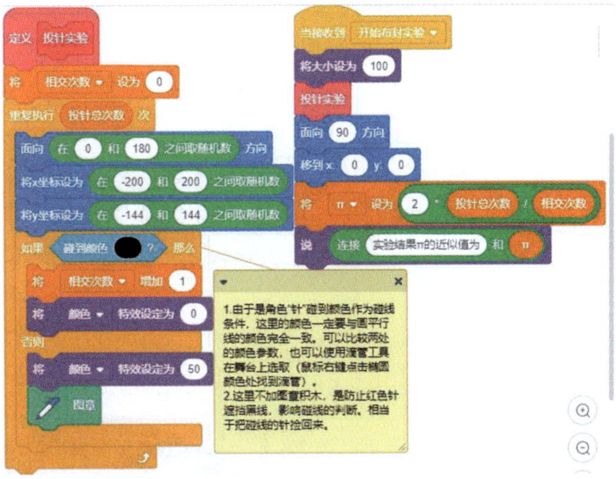
定义 投针实验
将 相交次数 设为 0
重复执行 投针总次数 次
面向 在 0 和 180 之间取随机数 方向
将x坐标设为 在 -200 和 200 之间取随机数
将y坐标设为 在 -144 和 144 之间取随机数
如果 碰到颜色 ? 那么
将 相交次数 增加 1
将 颜色 特效设定为 0
否则
将 颜色 特效设定为 50
图章
当接收到 开始布封实验
将大小设为 100
投针实验
面向 90 方向
移到 x: 0 y: 0
将 π 设为 2 * 投针总次数 / 相交次数
说 连接 实验结果π的近似值为 和 π
1.由于是角色“针”碰到颜色作为碰线条件，这里的颜色一定要与画平行线的颜色完全一致。可以比较两处的颜色参数，也可以使用滴管工具在舞台上选取（鼠标右键点击椭圆颜色处找到滴管）。
2.这里不加图章积木，是防止红色针遮挡黑线，影响碰线的判断，相当于把碰线的针捡回来。

图 8-9　针角色的脚本

投针总次数 10000
相交次数 6366
实验结果π的近似值为
3.1416902293433866

图 8-10　π 的近似值

## 8.2.3 用积分证明布封实验原理

布封问题是古典型概率的经典案例，其证明示意图如图 8-11 所示，设针与平行线的夹角为 $\varphi$，则 $0\leqslant\varphi\leqslant\pi$；设针的中点到平行线的距离为 $x$，则相交时满足 $x\leqslant\frac{l}{2}\sin\varphi$。

而

$$S_2=\int_0^{\pi}\frac{l}{2}\sin\varphi\mathrm{d}\varphi=l$$

故

$$\text{概率 } P=\frac{S_2}{S_1}=\frac{2l}{\pi d}$$

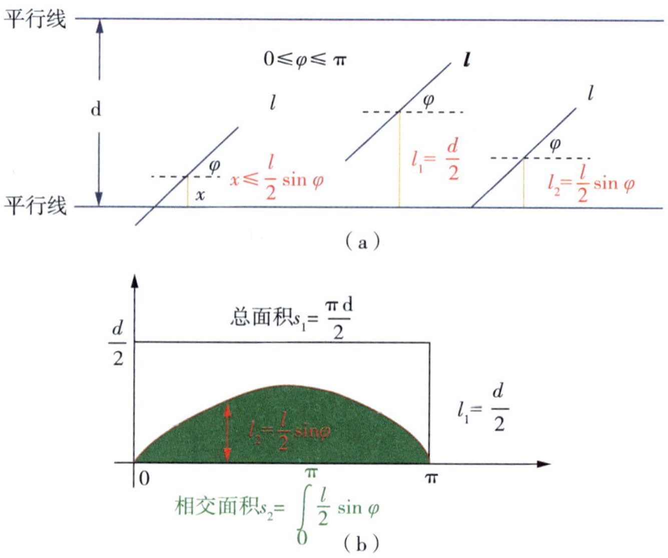


图 8-11　布封实验证明示意图

## 8.2.4 用构成钝角三角形实验法求 π

用构成钝角三角形实验法求 π 的方法通常涉及随机生成或选择点在一个正方形内，并计算这些点落在以正方形一边为直径的圆内(同时也在正方形内)与落在圆外但仍在正方形内的比例。

由于圆内面积与正方形面积之比等于 π∶4，通过统计落在圆内点的比例，可以估算出 π 的值。然而，利用钝角三角形来求 π 的表述可能较为间接，因为钝角三角形本身并不直接用于 π 的计算，但可以通过类似的几何概率方法间接涉及。

用构成钝角三角形实验法求 π 的方法如下。

随机地写出两个小于 1 的正数 $x$ 与 $y$，它们与数 1 一起组成三数组$(x，y，1)$，统计这样的三个数正好是一个钝角三角形(即要同时满足二不等式：$x+y>1$，$x^2+y^2<1$)三边的三数组个数，与总个数的比值(概率)趋近$\frac{(\pi-2)}{4}$。这个实验场景与布封邀请朋友们实验是极其相似的。但是它的证明却无需用到高深的数学知识。

第一个不等式是两条较小边之和要大于最大边，第二个不等式反映的是最大边所对的内角大于 90°。由于 $0<x$、$y<1$，所以，以数对$(x，y)$确定的点必均匀分布在单位正方形内。也就是对应的点$(x，y)$出现在正方形中每一处的机会都相等。

如果符合条件的点(指三数$(x，y，1)$)能构成钝角三角形的数对$(x，y)$对应的点，落在一个阴影区域 $G$ 内，根据机会均等原则，所求概率应为

$$P=\frac{G\text{ 的面积}}{\text{正方形面积}}$$

而满足不等式的点$(x，y)$，在单位圆内部且在正方形对角线 $AB$ 的上方(图 8-12)。故同时满足构成钝角三角形的点必落在如下图的阴影部分内。

$$\begin{cases} x + y > 1 \\ x^2 + y^2 < 1 \\ 0 < x < 1\ , 0 < y < 1 \end{cases}$$

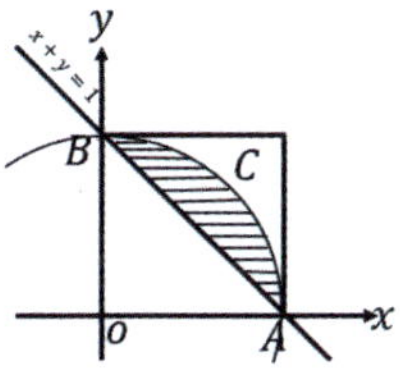


图 8-12　用构成钝角三角形实验法原理

弓形面积与圆的半径 $R$ 的关系为

$$\frac{1}{4}\pi R^2 - S_{\text{弓形}} = \frac{1}{2}R^2$$

所以

$$\pi = \frac{2R^2 + 4S_{\text{弓形}}}{R^2} = 2 + 4\times\frac{\text{弓形面积}}{\text{正方形面积}}$$

这样就为投点实验建好了模型。若有 $m$ 名学生，写出的数对中能与 1 构成钝角三角形三边的数对 $(x, y)$ 有 $n$ 个。

则

$$\frac{n}{m} = \frac{(\pi - 2)}{4}$$

即

$$\pi = \frac{4n}{m} + 2$$

用构成钝角三角形实验法求 π 近似值脚本如图 8-13 所示；试验结果如图 8-14 所示。为了在舞台上直观地显示投点的情况，在显示时，适当扩大坐标比例。

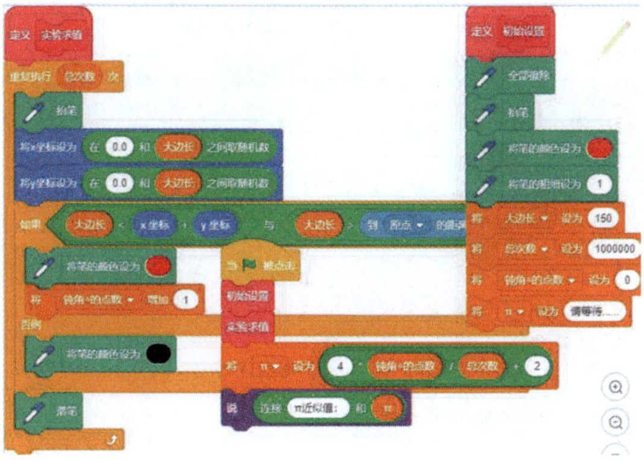

图 8-13　用构成钝角三角形实验法求 π 近似值脚本

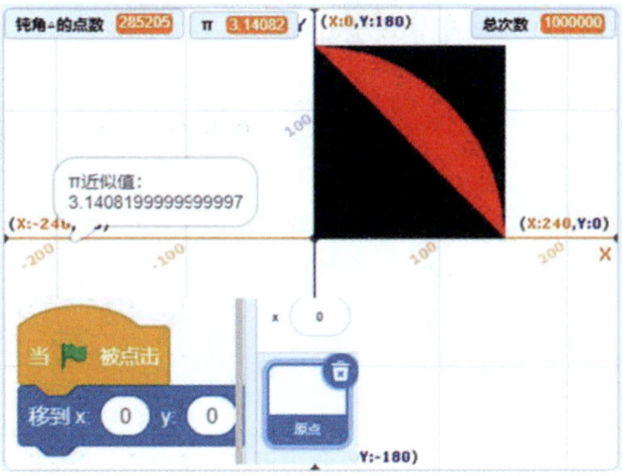


图 8-14　实验结果

## 8.2.5　欧拉等式与查里斯实验求 π 方法

在 1904 年左右，查里斯叫 50 名学生每人随机地写出 5 对正整数，在所得的 250 对正整数中，它发现有 154 对是互质的，这样出现的互质数对的概率便是$\frac{154}{250}$。如果把这个数目$\frac{6}{\pi^2}$算作$\frac{6}{x^2}$，则可算出 x=3. 12，而 π=3. 14159…。

要严格证明上述概率是 $\frac{6}{\pi^2}$ 需要用到较高的数学知识，而且很难找到像布封实验那样巧妙的设计与证明，而用 Scratch 来模拟这个实验还是比较应手的。在 1735 年的时候，为解决当时难倒欧洲所有数学家的一个难题，欧拉为圆周率找到了数学表示等式——欧拉等式

$$\sum_{n=1}^{+\infty}\frac{1}{n^2}=\lim_{n\to\infty}\left(\frac{1}{1^2}+\frac{1}{2^2}+\cdots+\frac{1}{n^2}\right)=\frac{\pi^2}{6}$$

由此，查理斯开始使用希腊字母“π”表示圆周率。之后这个符号被欧洲数学家所接受，并一直沿用下来。

下面用 Scratch 3.0 编程来模拟欧拉等式与查里斯实验求 π 方法实验，实验结果如图 8-15 所示。

首先，用递归的思路建立一个求最大公约数的自定义积木，供实验的时候使用。

其次，判断两个正整数是否互素(质)，当且仅当最大公约数为 1，可以求比较大的范围的数来做实验，进行数量足够大的实验次数，把其中的互质的次数用计数变量统计下来，实验结束后把互质的累计数除以实验总次数，就是概率 $P$。

最后，根据欧拉的公式和概率论的结论，把概率值乘以 6，再开平方根，就是 π 的近似值，查里斯实验求 π 近似值脚本如图 8-16 所示。

图 8-15　实验结果

图 8-16　查里斯实验求 π 近似值脚本

# 任务 3　利用公式求 π

## 任务概述

除了几何方法和实验法求圆周率近似值外，数学家在探索过程中，给出了许多计算 π 的近似值公式，这些公式中，有直接由通项求和或者求积给出，也有由比较复杂的递推关系给出，还有连分数式等方式给出。

## 任务重点与实施

### 8.3.1 通项求和(积)公式求圆周率 π

通项求和(积)公式有明确的通项表达式，可以用循环来实现前 $n$ 项的累加或者累乘，让 $n$ 取到足够大，就可以获得 π 的近似值。

$$\frac{\pi}{4}=1-\frac{1}{3}+\frac{1}{5}-\frac{1}{7}+\cdots+(-1)^{n+1}\frac{1}{2n-1}+\cdots$$

$$\frac{\pi}{2}=\frac{2}{1}\times\frac{2}{3}\times\frac{4}{3}\times\frac{4}{5}\times\frac{6}{5}\times\frac{6}{7}\times\cdots\times\frac{n\times n}{(n-1)\times(n+1)}\times\cdots$$

$$\frac{\pi^2}{6}=\frac{1}{1^2}+\frac{1}{2^2}+\frac{1}{3^2}+\cdots+\frac{1}{n^2}+\cdots$$

(1)对第一个公式，需要对项数的奇偶区别加减。公式法求 π 近似值脚本 1 如图 8-17 所示。

(2)第二个公式是连乘，注意隔两项所形成的规律 $\frac{n\times n}{(n-1)\times(n+1)}$，公式法求 π 近似值脚本 2 如图 8-18 所示。

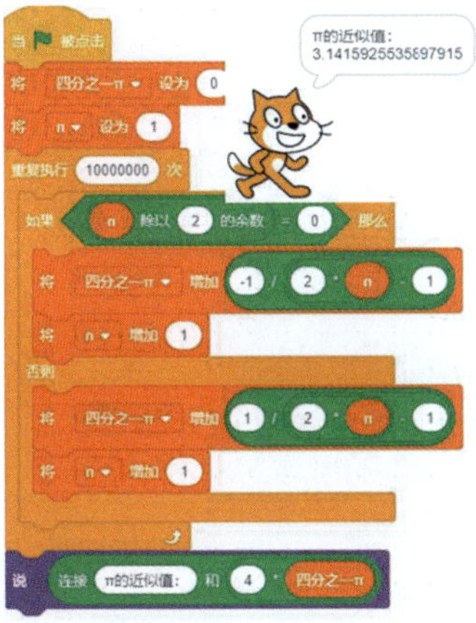


图 8-17　公式法求 π 近似值脚本 1

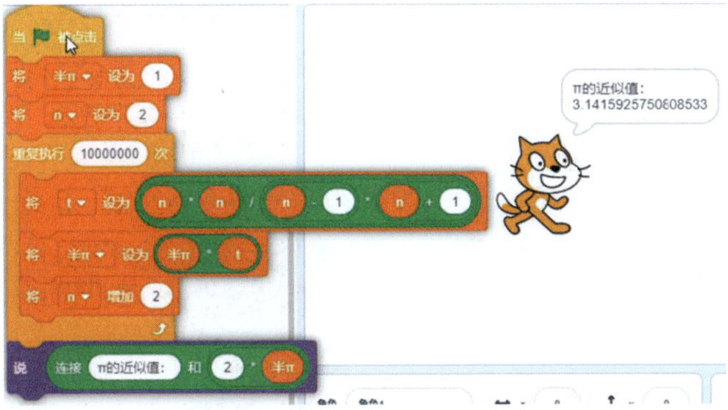


图 8-18　公式法求 π 近似值脚本 2

### 8.3.2 相关二次算法——沙波法计算 π

“沙波法”即“相关二次算法”，也叫作“高斯—沙朗明—波伦特法”。1976 年，欧仁·沙拉明在《计算的数学》第 30 卷上，发表了重要论文《利用算术平均数与几何平均数计算 π 值的新方法》。理查德·波伦特于同年独立发现了类似的新方法。该算法是基于算术—几何平均值和某些在 19 世纪原属于高斯的思想，但高斯没有将其与 π 的计算相联系。算法产生的近似值收敛速度，比任何经典公式都快得多。

$a_0=1$，$b_0=\frac{\sqrt{2}}{2}$，$s_0=0.5$，对 $k=1$，2，3，…

递推关系为

$$a_k=\frac{a_{k-1}+b_{k-1}}{2},\quad b_k=\sqrt{a_{k-1}\times b_{k-1}},\quad c_k={a_k}^2-{b_k}^2$$

$$s_k=s_{k-1}-2^k c_k,\quad \pi_k=\frac{2{a_k}^2}{s_k}$$

用类似的递归方法，获得互相调用递推关系的数列的求值程序，求出 $a_k$ 和 $s_k$，进而求出 π 的近似值。

建立沙波法计算圆周率的脚本方法如下。

(1) 先建求递推数列项的递归子积木，如图 8-19 所示。

(2) 再建计算 π 近似值的脚本，如图 8-20 所示。

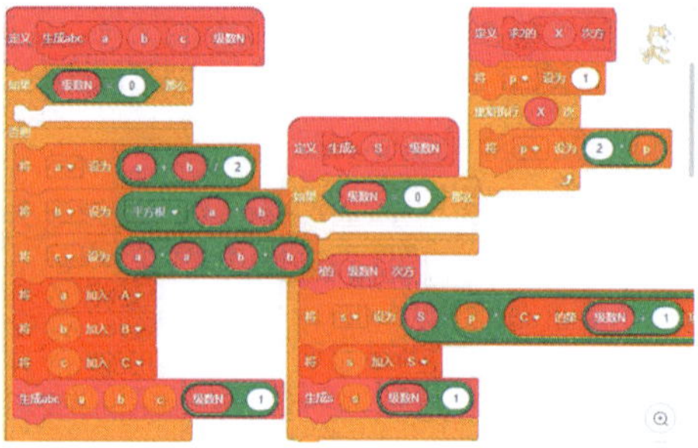

图 8-19　求递推数列项的递归子积木

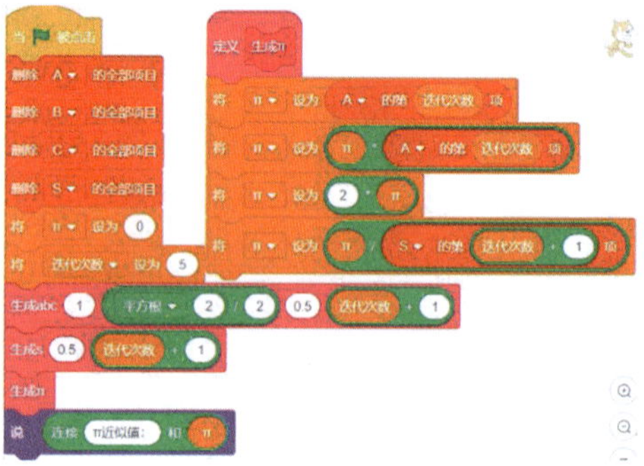

图 8-20　沙波法计算 π 近似值的脚本

(3) 沙波法计算结果如图 8-21 所示。

图 8-21　沙波法计算结果

## 8.3.3　布朗开罗的连分数计算 π

使用连分数计算圆周率的人很少，可能是因为计算量大。如布朗开罗的连分数为

$$\frac{4}{\pi}=1+\mathop{K}_{n=3}^{+\infty}\frac{(2n-1)^2}{2}=1+\cfrac{1}{2+\cfrac{9}{2+\cfrac{25}{2+\cfrac{49}{2+\cfrac{81}{2+\cdots}}}}}$$

算法思路：先算“$K$函数”的前 $n$ 项，再加 1，然后取到数再乘以 4 就可获得 $\pi$ 的近似值。如前 5 项，

$$1+\cfrac{1}{2+\cfrac{9}{2+\cfrac{25}{2+\cfrac{49}{2+\cfrac{81}{2}}}}}$$

采取从后往前算，公式为

$$2+\frac{81}{2}=\frac{4+81}{2}=\frac{85}{2},\quad 2+\frac{49\times 2}{85}=\frac{170+98}{85}=\frac{268}{85}$$

$$2+\frac{25\times 85}{268}=\frac{536+2\ 125}{268}=\frac{2\ 661}{268},\quad 2+\frac{9\times 268}{2\ 661}=\frac{7\ 734}{2\ 661}$$

$$1+\frac{2\ 661}{7\ 734}=\frac{7\ 734+2\ 661}{7\ 734}=\frac{10\ 395}{7\ 734}$$

$n$ 取 5 时，可算出 $\pi$ 的近似值为

$$\frac{4\times 7\ 734}{10\ 395}=\frac{30\ 936}{10\ 395}=2.976\ 0\cdots$$

迭代次数 $n$ 取得足够大，精度就会提高。

先设定迭代次数，建立一个长度为这个次数的列表来存放每次计算的结果，然后将算至 $n=2$ 时的值，取到数→加 1→取到数→再乘以 4(用变量不断赋值实现)。

计算 $K$ 通项的自定义子积木如图 8-22 所示，使得迭代计算时更加简便。

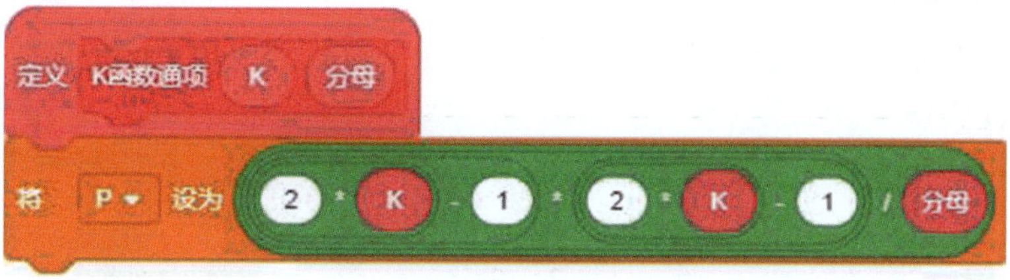
定义 K函数通项 K 分母
将 P 设为 2 * K - 1 * 2 * K - 1 / 分母

图 8-22　$K$ 函数子积木

## 8.3.4　用韦达公式计算 $\pi$

公元 1593 年，韦达给出了关于 $\pi$ 的公式为

$$\frac{2}{\pi}=\frac{\sqrt{2}}{2}\times\frac{\sqrt{2+\sqrt{2}}}{2}\times\frac{\sqrt{2+\sqrt{2+\sqrt{2}}}}{2}\times\cdots\cdots$$

它表明仅仅借助数字 2，通过一系列的加、乘、除和开平方就可算出 $\pi$ 值。把韦达公式分子表达式的迭代关系(前者加 2 开平方就是后者)弄清楚就可以了。代码和运行结果如图 8-23 所示。

韦达公式计算结果如图 8-24 所示。

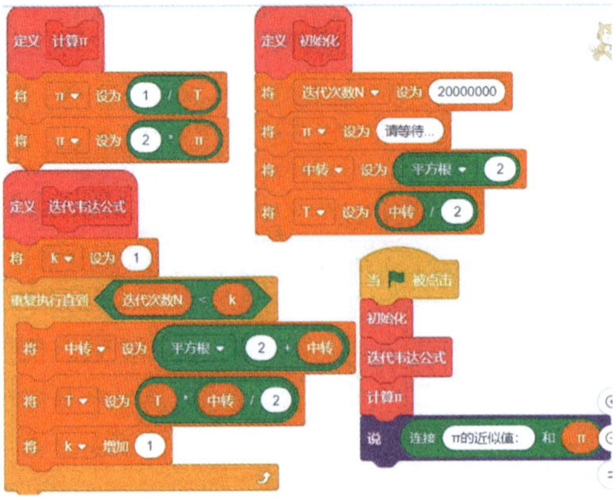
定义 计算π
将 π 设为 1 / T
将 π 设为 2 * π
定义 迭代韦达公式
将 k 设为 1
重复执行直到 迭代次数N < k
将 中转 设为 平方根 2 + 中转
将 T 设为 T * 中转 / 2
将 k 增加 1
定义 初始化
将 迭代次数N 设为 20000000
将 π 设为 请等待...
将 中转 设为 平方根 2
将 T 设为 中转 / 2
当 被点击
初始化
迭代韦达公式
计算π
说 连接 π的近似值: 和 π

图 8-23　韦达公式计算 π 近似值脚本

π的近似值:
3.141592653589794
迭代次数N 20000000

图 8-24　韦达公式计算结果

# 项目小结

本项目主要介绍计算圆周率 π 的近似值的算法，首先介绍了刘徽割圆术求 π；其次介绍了蒙特卡洛算法求 π；最后介绍了利用各种公式求 π。通过本项目的学习，读者能了解极限、微积分思想、古典概率、连乘积和连分数等，感受数学的公式之美和编程算法的神奇。

# 项目习题

1. 编写一个布封实验求 π 近似值的脚本，把平行线当成角色，把碰线条件设置为：“如果碰到角色”。

2. 编写一个用欧拉公式求 π 近似值的脚本。

$$\frac{\pi^2}{6}=\frac{1}{1^2}+\frac{1}{2^2}+\frac{1}{3^2}+\cdots+\frac{1}{n^2}+\cdots$$

3. 用另一个欧拉公式，编程求 π 近似值。

$$\pi=2\sqrt{3}\times\sqrt{\frac{1}{1^2}-\frac{1}{2^2}+\frac{1}{3^2}-\frac{1}{4^2}+\frac{1}{5^2}-\cdots+(-1)^{n+1}\frac{1}{n^2}+\cdots}$$

4. 利用欧拉函数值前 $n$ 项之和与 $n^2$ 的商，当 $n$ 趋于无穷时的极限与 π 的关系求圆周率近似值。

$$\lim_{n\to+\infty}\frac{\varphi(1)+\varphi(2)+\cdots+\varphi(n)}{n^2}=\frac{3}{\pi^2}。$$

5. 利用反正弦函数展开式求 π 近似值。

$$T_0=\sqrt{2}，\ T_n=\sqrt{2+T_{n-1}}$$

$$X_m=\frac{1}{2}\sqrt{2-T_{m-3}}，\ m\geqslant 3$$

不断用半角公式，可以推出

$$\pi=2^m\left(X_m+\frac{1}{2}\times\frac{X_m{}^3}{3}+\frac{1\times3}{2\times4}\times\frac{X_m{}^5}{5}+\cdots+\frac{(2k-1)\,!}{(2k)\,!}\times\frac{X_m{}^{2k+1}}{2k+1}\right)$$

$$(2k-1)\,!\ =1\times3\times\cdots\times(2k-1),\ (2k)\,!\ =2\times4\times\cdots\times2k$$

6. 一家牛奶公司在新年举办促销活动，每盒牛奶赠送一个红包(卡片)。每个卡片都有一个汉字，汉字可能是虎、生、威，且概率相等。人们试图收集两个虎，一个生和一个威，这样他们就可以组成幸运短语“虎虎生威”。

问：获得“虎虎生威”幸运卡片所需的牛奶盒数的期望值是多少？(　　)

(A)$\frac{19}{3}$　　(B)$\frac{22}{3}$　　(C)$\frac{25}{3}$　　(D)$\frac{28}{3}$　　(E)以上都不是

【提示】

(1)使用随机数工具，每次随机抽取“虎生威”中一个卡片，立即统计各是“虎”“生”和“威”的次数，一出现符合幸运组合条件，就停止抽取，并把抽取次数放入一个列表。幸运组合条件就是“虎”不少于 2 次，“生”和“威”各不少于 1 次。

(2)将(1)的过程重复若干次，将列表中的次数求平均值，就是所求期望值的估值了。

## 项目概述

前文介绍了平面几何图形、二维解析几何图形、函数图像以及一些非常有趣的分形图。本项目主要介绍用变换坐标画一些有趣的图形，这些坐标变换可以是三维仿真变换，也可以是坐标迭代变换，如画分形几何图的 IFS 函数迭代系统。

## 学习目标

- 熟悉坐标变换绘图法。
- 了解杨辉三角及其不同绘制技巧。
- 熟悉 90 个旋转正三角形的画法。
- 熟悉动态规划问题。
- 熟悉遗传算法。
- 掌握元胞自动机的使用。
- 熟悉蚂蚁爬绳。

## 思政目标

- 培养学生严谨的工作态度、精益求精的工匠精神、系统性思维能力。
- 引导学生树立与时俱进的学习意识、投身科学研究和技术创新的远大理想，激发学生强烈的爱国主义使命感与责任心。

09

# 项目9　进阶应用

# 任务 1　坐标变换绘图

## 任务概述

Scratch 的坐标系是二维坐标系，由水平方向的 $x$ 轴和竖直方向的 $y$ 轴组成。利用巧妙的坐标变换绘图，可制作出多种图形，如具有立体感的心形图、莫比乌斯带与三维仿射变换、仿射变换画出巴恩斯利蕨类分形。

## 任务重点与实施

### 9.1.1　心心相印——具有立体感的心形图

心形线的一个极坐标方程是 $r=a(1-\sin\theta)$，这里 $r$ 是极半径，$\theta$ 是极角。由此可以得到心形线的一个参数方程 $\begin{cases} x=r\cos\theta=a(1-\sin\theta)\cos\theta \\ y=r\sin\theta=a(1-\sin\theta)\sin\theta \end{cases}$，由它可以画出一条心形线，也可以再做一些变换，$r=\dfrac{3.141\,592\,6}{4.5}\varphi(1-\sin 4\theta)$，$\begin{cases} x=r\cos 4\theta\sin 4\varphi \\ y=100+r\sin 4\theta \end{cases}$

这里 $\varphi$ 和 $\theta$ 采用角度制，所以需要转换。当然也可以让 $\varphi$ 和 $\theta$ 用弧度制，但是在用三角函数时要转换成角度制，表达式要麻烦很多，而且角度的循环变量也有作相应变化。

通过对 $\varphi$ 和 $\theta$ 双重循环描点，可以画出有多个心形组成的立体图形。根据算法分析，编写脚本。可以把坐标变换部分单独建为一个自定义子积木，画立体心形图程序和效果如图 9-1 所示。

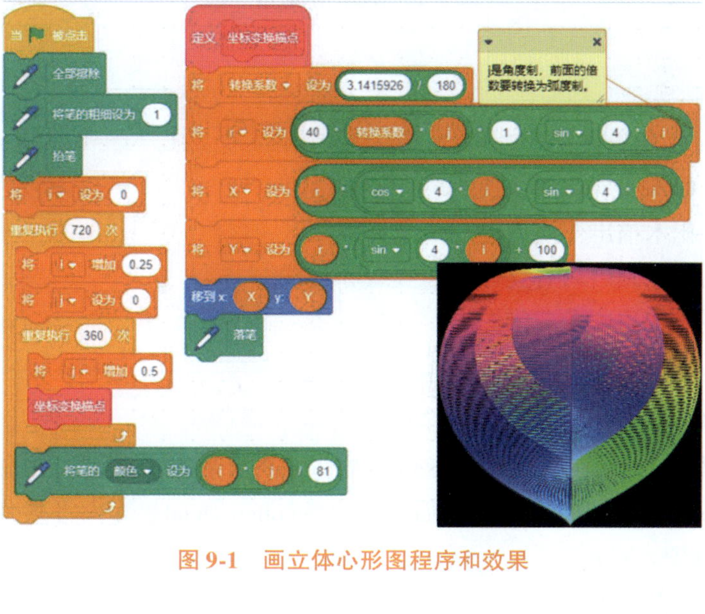

当 被点击
全部擦除
将笔的粗细设为 1
抬笔
将 i 设为 0
重复执行 720 次
将 i 增加 0.25
将 j 设为 0
重复执行 360 次
将 j 增加 0.5
坐标变换描点
将笔的 颜色 设为 i j / 81
定义 坐标变换描点
将 转换系数 设为 3.1415926 / 180
j是角度制，前面的倍数要转换为弧度制。
将 r 设为 40 转换系数 j 1 sin 4 i
将 X 设为 r cos 4 i sin 4 j
将 Y 设为 r sin 4 i 100
移到 x: X y: Y
落笔

图 9-1　画立体心形图程序和效果

## 9.1.2 莫比乌斯带与三维仿射变换

莫比乌斯带如图 9-2 所示，由德国数学家莫比乌斯(Mobius，1790—1868)和约翰·李斯丁于 1858 年发现，就是把一根纸条扭转 180°后，两头再粘接起来做成的纸带圈，具有魔术般的性质。

莫比乌斯纸带特点如下。

普通纸带具有两个面(即双侧曲面)，一个正面，一个反面，两个面可以涂成不同的颜色；而莫比乌斯纸带只有一个面(即单侧曲面)，一只蚂蚁可以爬遍整个曲面而不必跨过它的边缘。这种纸带被称为“莫比乌斯带”(也就是说，它的曲面从两个减少到只有一个)。

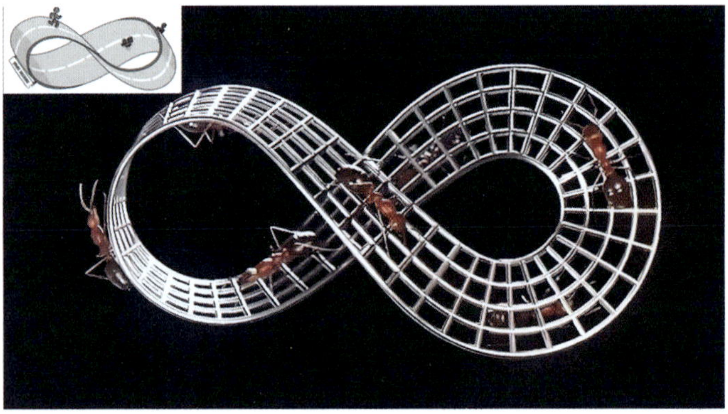

图 9-2　莫比乌斯带

莫比乌斯带的参数方程公式为

$$\begin{cases} x = R\cos\theta + \rho\cos\theta\sin\dfrac{\theta}{2} \\ y = R\sin\theta + \rho\sin\theta\sin\dfrac{\theta}{2} \\ z = \rho\cos\dfrac{\theta}{2} \end{cases}$$

莫比乌斯带实现步骤如下。

(1)建立子积木实现仿射变换。

(2)建立子积木描出变换后的二维坐标点。

(3)用描点程序画出具有立体感的竖线和环线。

(4)改变参数多角度看三维图形。

## 9.1.3 仿射变换画巴恩斯利蕨类分形

美国科学家 M. F. Barnsley 于 1985 年发展了一种分形构型系统，并命名为迭代函数系统(iterated function system，IFS)，后来又由 Stephen Demko 等人将其公式化，并引入到图像合成领域中。

### 1. IFS 迭代函数系统

IFS 中要根据不同概率，选取不同仿射变换机制，这就像玩游戏，也叫混沌游戏，它是确定与随机的有机结合，变换规则是确定的，但是画的点却是随机的，然后就出现了美妙的分形图像。

### 2. IFS 系统迭代公式

IFS 系统迭代公式为

$$F_i\begin{pmatrix}x_{n+1}\\y_{n+1}\end{pmatrix}=\begin{pmatrix}a_i & b_i\\c_i & d_i\end{pmatrix}\begin{pmatrix}x_n\\y_n\end{pmatrix}+\begin{pmatrix}e_i\\f_i\end{pmatrix}\mid p_i=\begin{pmatrix}r_i\cos\ \theta_i & -q_i\sin\ \varphi_i\\r_i\sin\ \theta_i & q_i\cos\ \varphi_i\end{pmatrix}\begin{pmatrix}x_n\\y_n\end{pmatrix}+\begin{pmatrix}e_i\\f_i\end{pmatrix}\mid p_i$$

对于式中的仿射变换系数 $e$、$f$ 为子图相对于原图平移量，$\theta$、$\varphi$ 为子图相对于原图的旋转量，$r$、$q$ 为子图相对于原图缩放系数。$p_i$ 是相应于 $i$ 的概率。

### 3. IFS 系统的特征

对于每次迭代，都要进行一次线性变换并接上一个平移，这就是仿射。

为了保证系统是收敛的，所以仿射变换一定是压缩映射。任意图形经过仿射变换后，面积为变换前的 |ad−bc| 倍，这里有 |ad−bc| <1 。

### 4. 蕨类分形图画法

用混沌游戏(掷骰子选仿射变换方式)画蕨类分形图，有四种不同的概率分别选中四种不同的坐标变换方式，巴恩斯利蕨的坐标变换方式及概率分布如表 9-1 所示。从点(0，0)开始不断迭代画点，就可以在看似混沌随机的过程中，形成蕨类分形图。

**表 9-1　巴恩斯利蕨的坐标变换方式及概率分布**

| 仿射变换模式(方程) | 概率 |
|---|---|
| $\begin{cases}x'=0.85x+0.04y+0.08\\y'=-0.04x+0.85y+0.18\end{cases}$ | 85% |
| $\begin{cases}x'=0x+0y+0.5\\y'=0x+0.16y+0\end{cases}$ | 1% |
| $\begin{cases}x'=0.2x-0.26y+0.4\\y'=0.23x+0.22y+0.05\end{cases}$ | 7% |
| $\begin{cases}x'=-0.15x+0.28y+0.58\\y'=0.26x+0.24y-0.09\end{cases}$ | 7% |

Scratch 没有矩阵运算积木，先自定义一个仿射变换的子积木。不同的参数(a，b，c，d，e，f)调用就可以将不同变换后的坐标值放入变量 $x$ 和 $y$，仿射变换子积木和蕨形图如图 9-3 所示。

为了实现掷骰子选模式，在 1～100 之间随机选数，如果是 1～85(占 85%)，选模式 1；如果是 86(占 1%)，选模式 2；如果是 87～93(占 7%)，选模式 3；如果是 94～100(占 7%)，选模式 4。使用循环的方式(当然可以用递归)迭代描点，由于坐标 $x$ 和 $y$

的值很小，画在舞台上看不清楚，就像画曼德勃罗特集那样，可以将其放大一定倍数。坐标位置也可以适当选择。画蕨类分形图和模式选择的脚本图如图 9-4 所示。

定义 放射变换 a b c d X Y e f
将 x 设为 a X b Y e
将 y 设为 c X d Y f

图 9-3　仿射变换子积木和厥形图

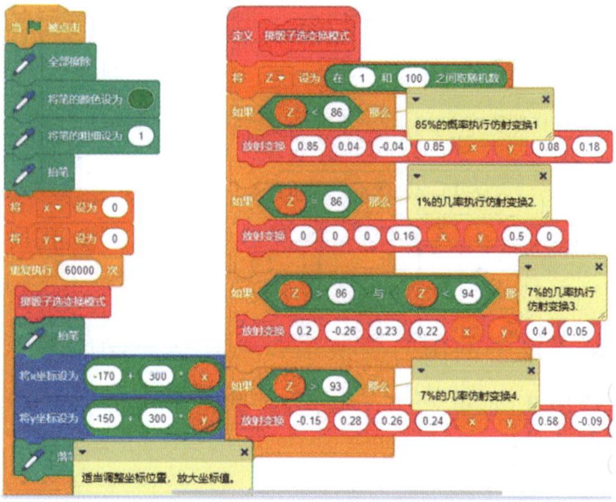
当 被点击
全部擦除
将笔的颜色设为
将笔的粗细设为 1
抬笔
将 x 设为 0
将 y 设为 0
重复执行 60000 次
掷骰子选变换模式
抬笔
将x坐标设为 -170 + 300 * x
将y坐标设为 -150 + 300 * y
适当调整坐标位置，放大坐标值。
定义 掷骰子选变换模式
将 Z 设为 在 1 和 100 之间取随机数
如果 Z < 86 那么
85%的概率执行仿射变换1
放射变换 0.85 0.04 -0.04 0.85 x y 0.08 0.18
如果 Z = 86 那么
1%的几率执行仿射变换2.
放射变换 0 0 0 0.16 x y 0.5 0
如果 Z > 86 与 Z < 94
7%的几率执行仿射变换3.
放射变换 0.2 -0.26 0.23 0.22 x y 0.4 0.05
如果 Z > 93 那么
7%的几率仿射变换4.
放射变换 -0.15 0.28 0.26 0.24 x y 0.58 -0.09

图 9-4　画蕨类分形图和模式选择的脚本图

# 任务 2　杨辉三角的不同绘制技巧

## 任务概述

小明在学二项式定理时，就听说过杨辉三角里面有许多神奇的特性，因此对我国数学家杨辉充满崇拜，也对画这个三角充满期待。

杨辉三角是二项式系数在三角形中的一种几何排列，在南宋时期，数学家杨辉所著的《详解九章算法》一书中出现。在欧洲，帕斯卡(1623—1662)在 1654 年发现这一规律，所以又叫作帕斯卡三角形。帕斯卡的发现比杨辉要晚 393 年。

## 任务重点与实施

### 9.2.1　杨辉三角的奇妙的特性

杨辉三角的奇妙的特性主要体现在其结构和规律上，展示了数学的美和实用性。杨辉三角具有以下特性。

1. 对称性

杨辉三角的每行数字左右对称，由 1 开始逐渐变大，然后变小，回到 1。

2. 数字规律

每个数字等于上一行的左右两个数字之和 12。

3. 行数和数字个数

第 $n$ 行的数字个数为 $n$ 个，且第 $n$ 行数字和为 2^($n$-1)。

4. 斐波那契数

将第 $2n$+1 行第 1 个数，跟第 $2n$+2 行第 3 个数、第 $2n$+3 行第 5 个数……连成一线，这些数的和是第 $4n$-2 个斐波那契数。

5. 三角数列

杨辉三角看上去平平无奇的数字三角形，除了最外层的数字始终是 1 以外，却有一些非常奇妙甚至是神秘的特性。例如，每一层的数字之和是一个 2 倍增长的(公比为 2)数列如图 9-5 所示；第二层是自然数列如图 9-6 所示。

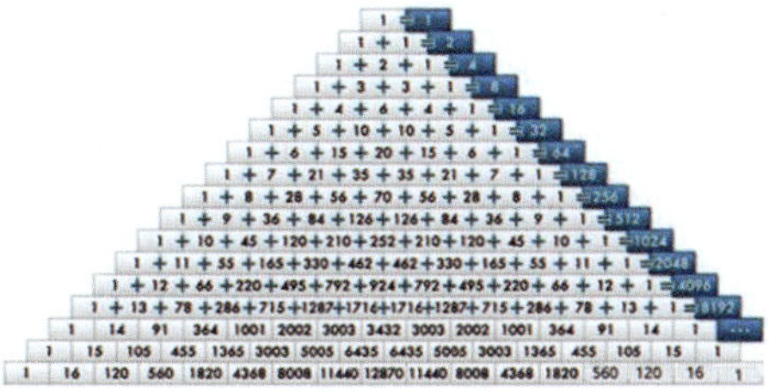

图 9-5　公比为 2 的等比数列

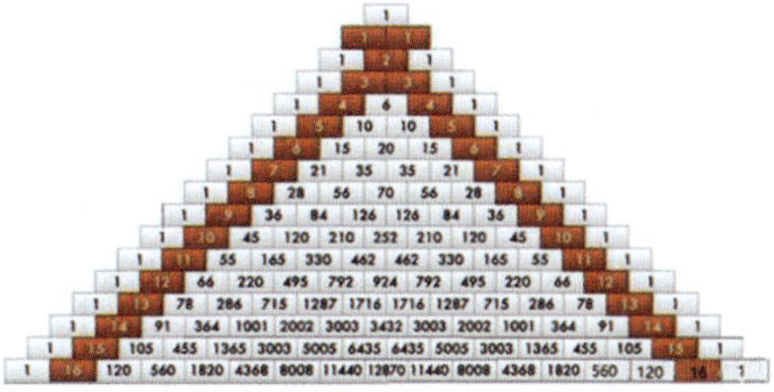

图 9-6　第二层是自然数列

第三层是三角数列如图 9-7 所示，即这个数列中的数字始终可以组成一个完美的等边三角形。第三层依次相加可以组成自然数的平方数列，如图 9-8 所示。

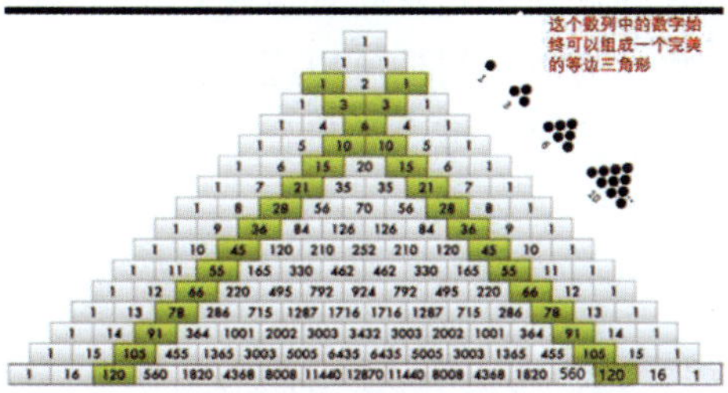
这个数列中的数字始终可以组成一个完美的等边三角形

图 9-7　第三层是三角数列

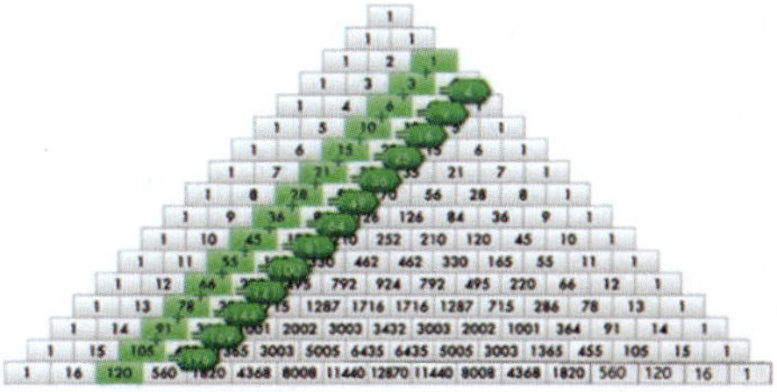

图 9-8　自然数的平方数列

第 $2^n-1$ 行的每个数都是奇数如图 9-9 所示，斜线上数字和形成斐波拉契数列如图 9-10 所示。

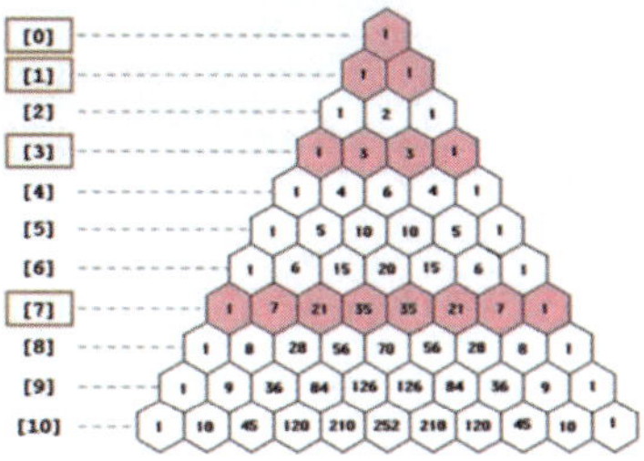

图 9-9　第 $2^n-1$ 行的每个数都是奇数

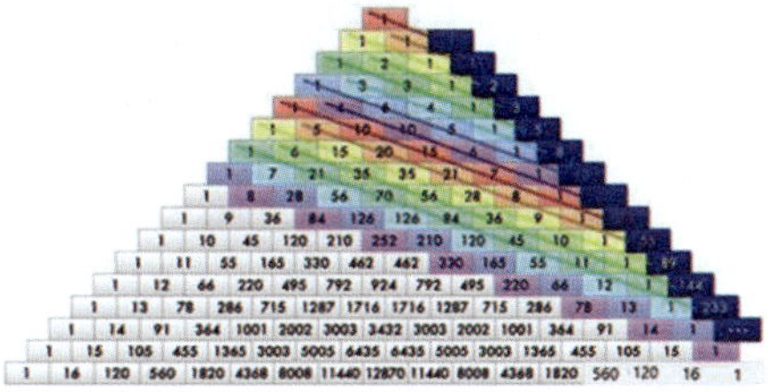

图 9-10　斜线上数字和形成斐波拉契数列

杨辉三角中可以被特定数整除的数字形成了奇妙的分形如图 9-11 所示，如果项数很大，就会出现谢尔宾斯基三角如图 9-12 所示。

图 9-11　杨辉三角中的分形

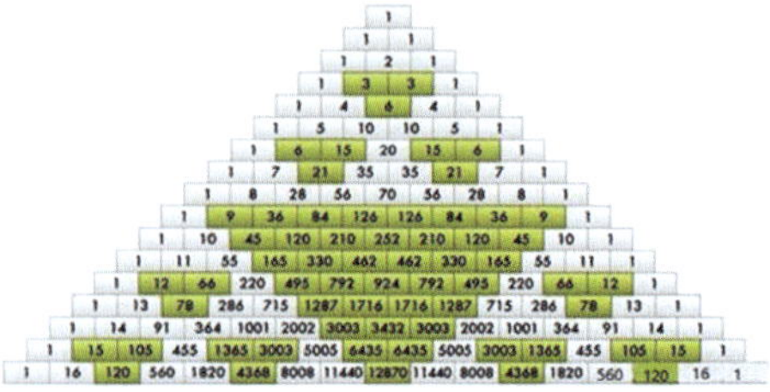

图 9-12　谢尔宾斯基三角

## 9.2.2 计算显示杨辉三角内容

下面介绍用角色“呈现”来计算并显示杨辉三角内容。

(1)杨辉三角每一横排首尾数字都是1，其余的数字均由它肩上两个数字之和确定。由此可见，下一行完全可以由上一行确定，用两个列表“前行”和“后行”来计算，每算出一个后行，就将内容显示到相应的位置后，立即替换掉前行成新的前行，再计算新的后行，由“肩上两个数字之和”规则生成下一行的程序，“肩上两个数字之和”规则如图 9-13 所示。

(2)算出每一行后，就是如何把相应的数字在正六边形中显示出来。Scratch 不能连续在舞台上显示数字，就另辟蹊径，给角色“呈现”配备了 10 个造型，分别是数字 0，1，2，3，4，5，6，7，8，9。需要出现某个数字时，就让角色换成对应的造型，移动到该出现的位置，并用画笔的“图章”指令把它留下来。为此首先要设法把一个数的各个位数(如百位数、十位数、个位数等)析取出来，这个问题是可以通过除法取整或者对数等运算解决的。在 Scratch 中有个关于字符串的运算，可以帮助简化运算。各个位数放入“位数列表”的子积木如图 9-14 所示。

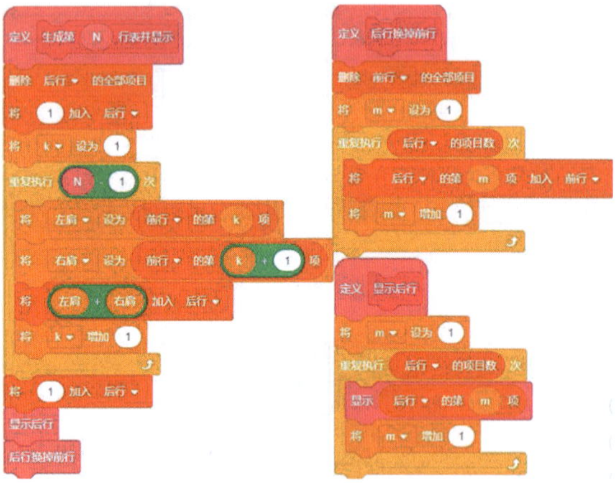

图 9-13　“肩上两个数字之和”规则

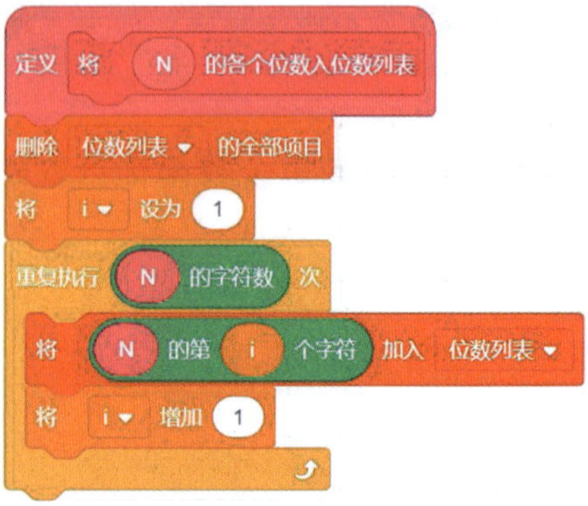
定义 将 N 的各个位数入位数列表
删除 位数列表 的全部项目
将 i 设为 1
重复执行 N 的字符数 次
将 N 的第 i 个字符 加入 位数列表
将 i 增加 1

图 9-14　各个位数放入“位数列表”的子积木

(3)最后显示刚刚得到的“位数列表”中数字。这里要用到字符间隔，假定最多五位数，正六边形边长 $=\dfrac{220}{总层数}$，字符间隔 $=\dfrac{正六边形宽度}{5}=\dfrac{\sqrt{3}边长}{5}$。显示字符的脚本如图 9-15 所示。

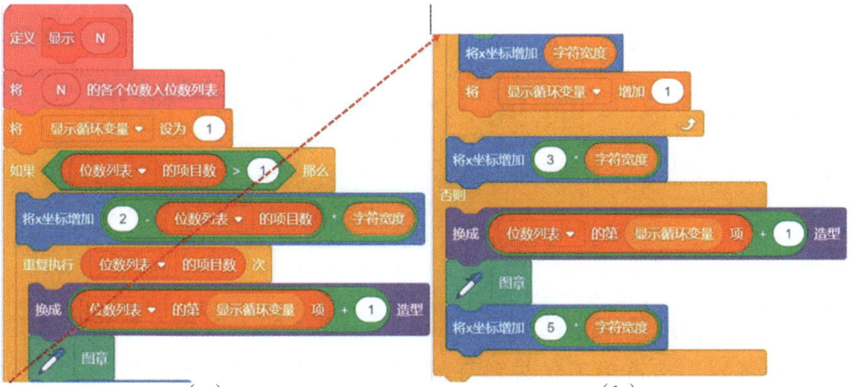
定义 显示 N
将 N 的各个位数入位数列表
将 显示循环变量 设为 1
如果 位数列表 的项目数 > 1 那么
将x坐标增加 2 - 位数列表 的项目数 * 字符宽度
重复执行 位数列表 的项目数 次
换成 位数列表 的第 显示循环变量 项 + 1 造型
图章
将x坐标增加 字符宽度
将 显示循环变量 增加 1
将x坐标增加 3 * 字符宽度
否则
换成 位数列表 的第 显示循环变量 项 + 1 造型
图章
将x坐标增加 5 * 字符宽度

（a） （b）

图 9-15 显示字符的脚本

## 9.2.3 使用组合数直接生成杨辉三角

杨辉三角的每一行就是由行数为指数的二项式的系数构成，前面解决明安图—卡塔兰数问题时，构造过求组合数的子积木，在这里可以使用这个子积木，根据行数列数直接给出每个位置上的数值。计算组合数的子积木代码如图 9-16 所示。这样定义组合数，一步到位，避免了阶乘运算，也能实现 $C_0^0=1$，相应项如图 9-17 所示。

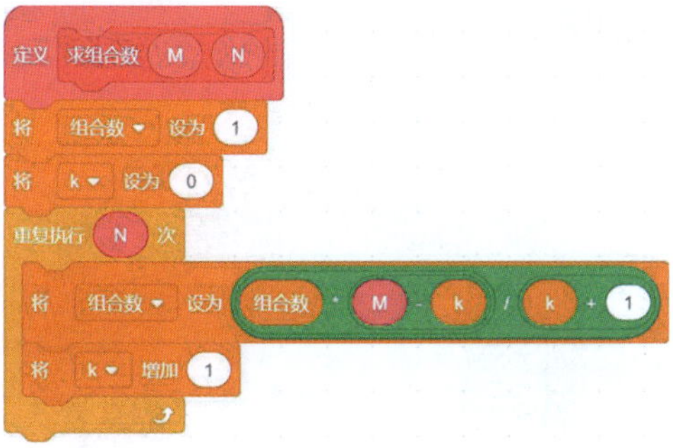
定义 求组合数 M N
将 组合数 设为 1
将 k 设为 0
重复执行 N 次
将 组合数 设为 组合数 * M - k / k + 1
将 k 增加 1

图 9-16 计算组合数的子积木代码

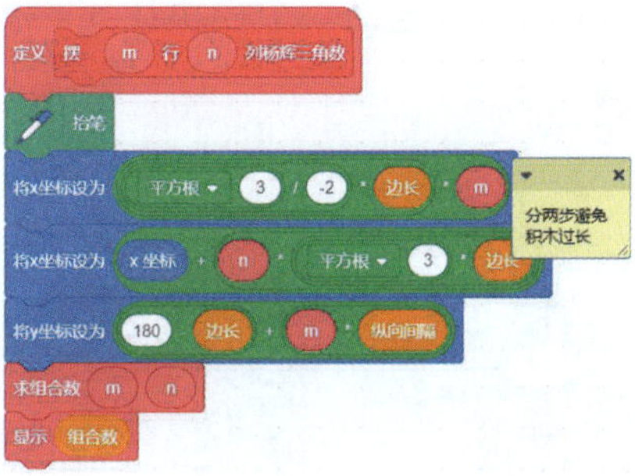
定义 摆 m 行 n 列杨辉三角数
抬笔
将x坐标设为 平方根 3 / -2 * 边长 * m
分两步避免积木过长
将x坐标设为 x 坐标 + n * 平方根 3 * 边长
将y坐标设为 180 - 边长 * m * 纵向间隔
求组合数 m n
显示 组合数

图 9-17 由组合数直接充当相应项

根据行数列数，定位坐标，生成对应的组合数并显示出来，如图 9-18 所示。

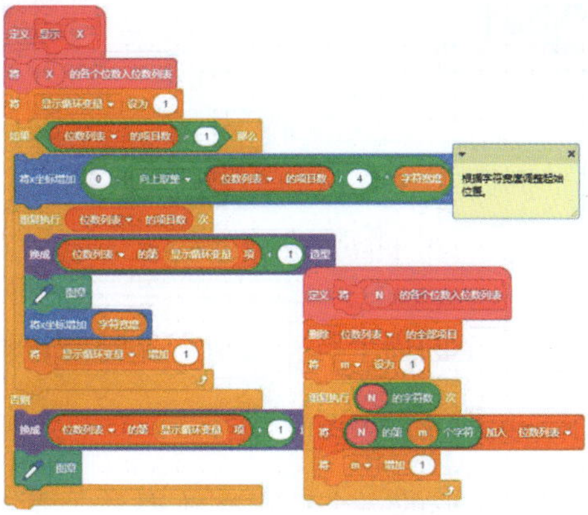

图 9-18 显示程序

# 任务 3　画 90 个旋转的正三角形

## 任务概述

小明在网上看到奥斯陆大学的 Roger Antonsen 创作了一个非常有趣的图案，它是通过旋转三角形得到的，三角形不仅排列得很有特色，而且都在转动，可以在 90 个旋转等边三角形上看到动图。此图案是基于 Python 工具实现的，也可以用 Scratch 画 90 个旋转的正三角形。

## 任务重点与实施

### 9.3.1　排列出符合动图形状的 90 个正三角形

排列出符合动图形状的 90 个正三角形的操作步骤如下。

(1) 画一个正多($N$)边形，画一边再转一个适当的角度(它内角的补角)，将这个动作重复 $N$ 次，自定义一个模块让 $N=3$ 即可，如图 9-19 所示。

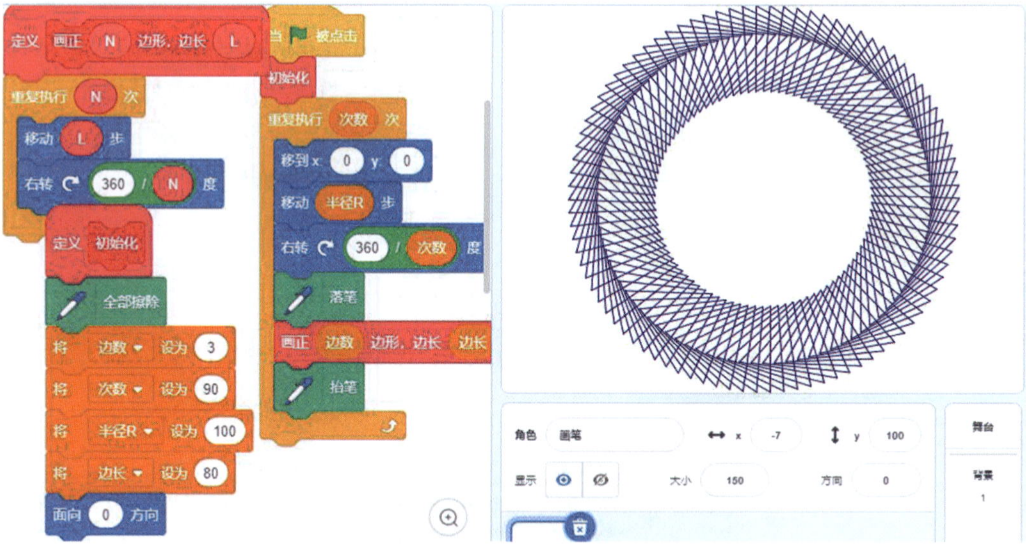
定义 画正 N 边形, 边长 L
重复执行 N 次
移动 L 步
右转 360 / N 度
定义 初始化
全部擦除
将 边数 设为 3
将 次数 设为 90
将 半径R 设为 100
将 边长 设为 80
面向 0 方向
当 被点击
初始化
重复执行 次数 次
移到 x: 0 y: 0
移动 半径R 步
右转 360 / 次数 度
落笔
画正 边数 边形, 边长 边长
抬笔
角色 画笔
x -7
y 100
显示
大小 150
方向 0
舞台
背景
1

图 9-19　每转 4 度画一个正三角形

(2) 这些三角形是布列在一个圆周上的，就像行星的公转轨道一样，需要在一个圆周上每隔 $\frac{360°}{90}=4°$ 画一个正三角形。

(3) 步骤(2)的结果是正三角形的一个顶点在轨道上，要实现自转，像行星那样让三角形的中心(重心)在轨道上，那就意味着画三角形的方式要做一些改变，从中心移动一个顶点位置，调整好方向再调用画多边形的模块，这样三角形的重心就在公转轨道上了。移动正三角形高的$\frac{2}{3}$(即边长除以 3 的平方根)，还要把方向转到与一条边一致时(可右转 30°补角 150°)开始画才能保证方向不发生错乱如图 9-20 所示。

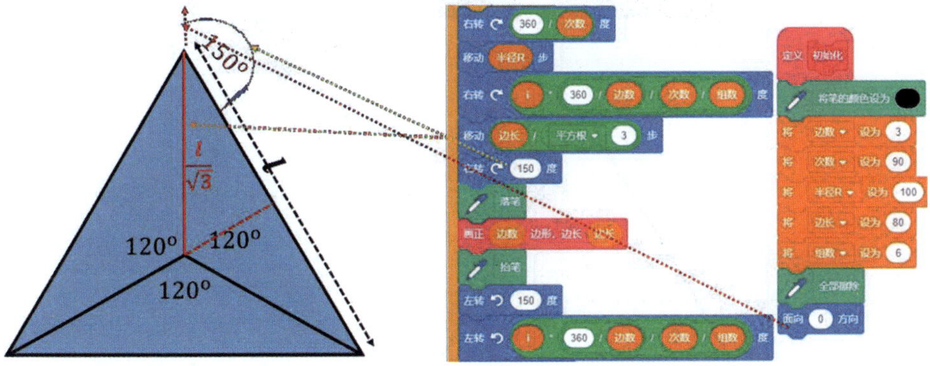


图 9-20　从中心开始画正三角形

(4) 自转在前，画三角形在后。而且这里用的相对方向(左右转指令)，画完三角形后，画笔的方向要复位，把右转的 150°和自转 8°左转回去后，再回到中心(0，0)，以便于画下一个正三角形，画“扭动”排列的 90 个正三角形脚本如图 9-21 所示。运行后，90 个依次转角的三角形如图 9-22 所示。

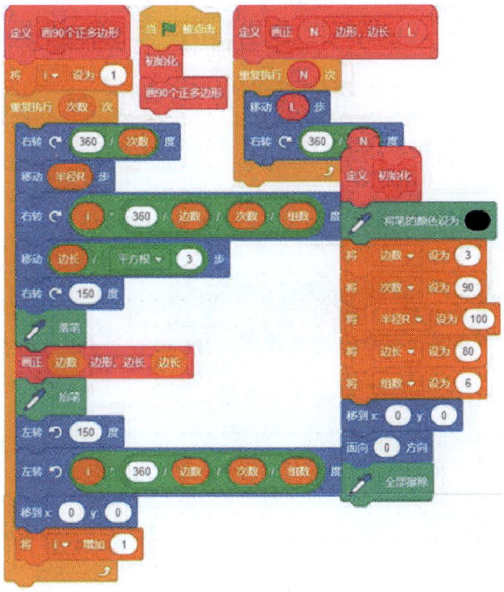

图 9-21　画 90 个“扭动”正三角形脚本

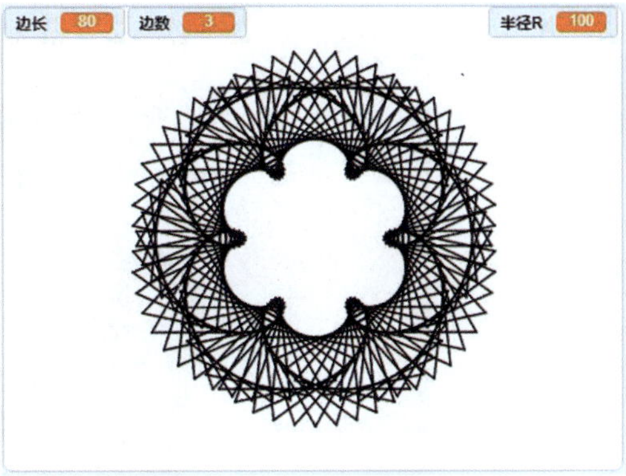


图 9-22　90 个依次转角的三角形

## 9.3.2　三角形作为角色的克隆技巧

Scratch 有独特的动画特长，利用游戏“贪吃蛇”的编写经验，把正三角形图形作为角色，利用角色克隆的技巧进行操作。

(1) 角色选定。先在 Scratch 的造型区绘制一个正三角形(图 9-23)或者网上找一个

png(无背景图形)文件作为角色。需要注意的是，三角形角色的方向要正，而且中心(重心)要和画板中心对齐(角色在中心点且面向 90°方向时观察效果)。

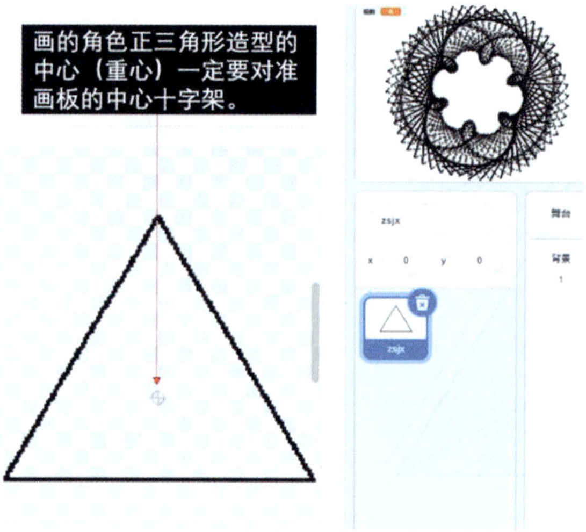
画的角色正三角形造型的
中心（重心）一定要对准
画板的中心十字架。
zsjx

图 9-23　绘制正三角形角色

(2)为了实现持续旋转，设定一个旋转方向变量。角色固定在中心(恒星)位置(0，0)，依次克隆出 90 个分身(原角色隐藏起来)，相邻克隆体之间方向相差$\frac{360°}{90}=4°$。做一个自转动作，一轮下来，就可以实现前面那程序实现的静态效果。

(3)给克隆体用一个永久循环(但是要加一个适当延迟)，让克隆体持续地旋转下去。主程序和子程序如图 9-24 所示。

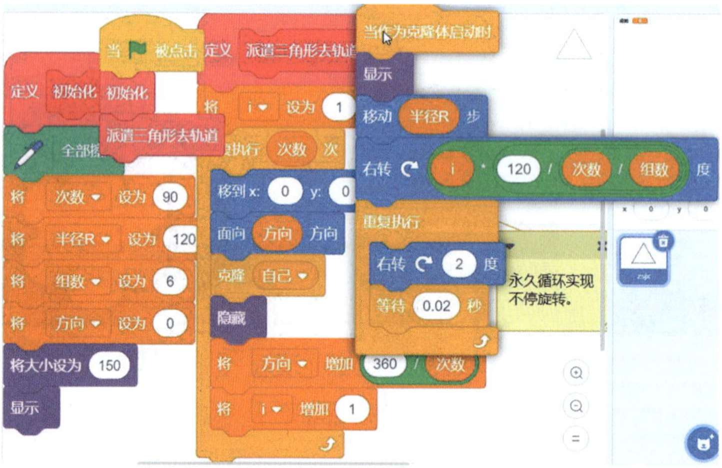
当 被点击
定义 初始化
初始化
派遣三角形去轨道
将 次数 设为 90
将 半径R 设为 120
将 组数 设为 6
将 方向 设为 0
将大小设为 150
显示
定义 派遣三角形去轨道
将 i 设为 1
移到 x: 0 y: 0
面向 方向 方向
克隆 自己
隐藏
将 方向 增加 360 / 次数
将 i 增加 1
当作为克隆体启动时
显示
移动 半径R 步
右转 i * 120 / 次数 / 组数 度
重复执行
右转 2 度
等待 0.02 秒
永久循环实现
不停旋转。

图 9-24　主程序和子程序

## 9.3.3　画旋转三角形程序的改进和推广

### 1. 画正多边形的模块改进

改成从多边形中心开始，把画正三角形的一些参数由具体值推广到对任意边数，从中心到一个顶点的距离就是边长为 $L$ 的正多($N$)边形外接圆半径 $R$，拓展到正多边形如图 9-25 所示。以 $N=3$ 为例，这里的中心角 $\alpha$ 是 $\frac{360°}{N}$，$R=\frac{(L/2)}{\sin(\alpha/2)}=(\frac{L}{2})\sin(\frac{180°}{N})$，到顶点后转的角度是 $90+(\frac{\alpha}{2})=90+\frac{180°}{N}$。

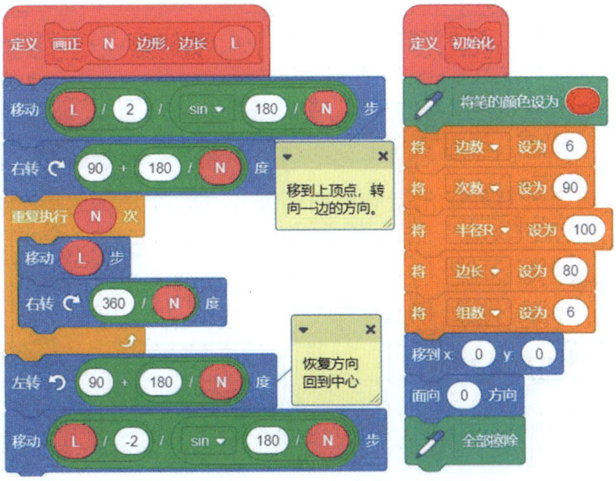

定义 画正 N 边形, 边长 L
移动 L / 2 / sin 180 / N 步
右转 90 + 180 / N 度
移到上顶点，转向一边的方向。
重复执行 N 次
移动 L 步
右转 360 / N 度
左转 90 + 180 / N 度
恢复方向回到中心
移动 L / -2 / sin 180 / N 步
定义 初始化
将笔的颜色设为
将 边数 设为 6
将 次数 设为 90
将 半径R 设为 100
将 边长 设为 80
将 组数 设为 6
移到 x 0 y 0
面向 0 方向
全部擦除

图 9-25　拓展到正多边形

## 2. 主控程序的改进

为了避免自转和画正多边形的时候画笔方向要归位，从中心到公转轨道的方向，可以放弃相对方向(右转或左转)，采用绝对方向(面向)，面向 i∗(360/次数)。另外，自转角度设置中的 120 换成 360/边数。这样就可以改变初始化中的参数，画出各种边数、边长的正多边形，各种个数，各种组(花瓣)数的图形来。

在动图程序中适时巧妙地改变角色的大小(或者适时改变边长)，90 个正六边形的情形如图 9-26 所示。

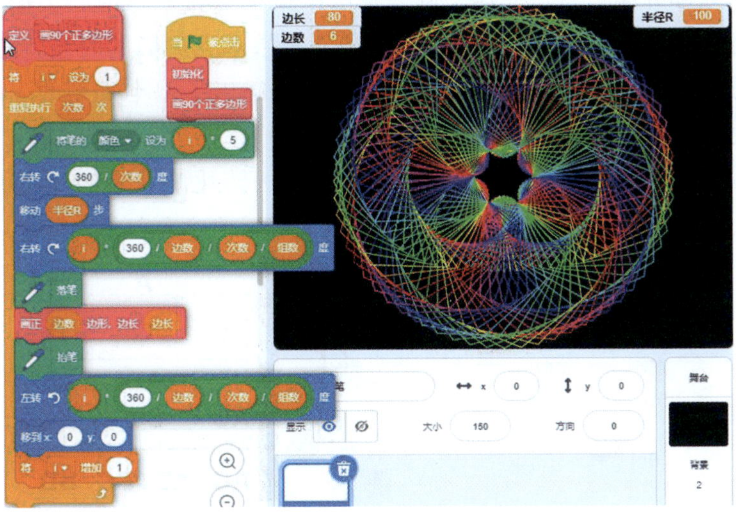

定义 画90个正多边形
将 i 设为 1
重复执行 次数 次
将笔的 颜色 设为 i * 5
右转 360 / 次数 度
移动 半径R 步
右转 i * 360 / 边数 / 次数 / 组数 度
落笔
画正 边数 边形, 边长 边长
抬笔
左转 i * 360 / 边数 / 次数 / 组数 度
移到 x 0 y 0
将 i 增加 1
当 被点击
初始化
画90个正多边形
边长 80
边数 6
半径R 100

图 9-26　90 个正六边形的情形

# 任务 4　分治递归大数算法

## 任务概述

分治法是一种很重要的算法。字面上的解释是“分而治之”，就是把一个复杂的问题分成两个或更多的相同或相似的子问题，再把子问题分成更小的子问题。直到最后子问题可以简单的直接求解，原问题的解即子问题的解的合并。分治算法示意图如图 9-27 所示。

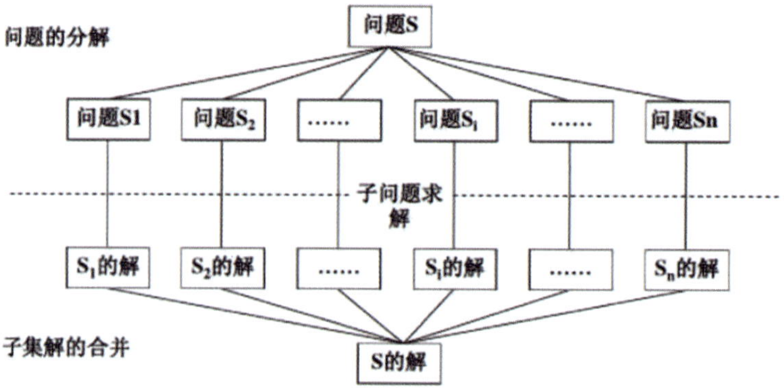


图 9-27　分治算法示意图

## 任务重点与实施

### 9.4.1　Karatsuba 大数乘法基本步骤

Scratch 和大部分编程语言一样，遇到乘法结果位数特别大时，会把结果以科学计数法的形式保存，就会导致精度丢失。在用梅森素数求完美数的时候就遇到这个问题。Karatsuba 大数乘法可用于数字比较大，相乘的结果超出了基本类型的表示范围，不能够直接做乘法运算的运算。

Karatsuba 算法的核心是把两个较大的数的乘法转化为三个较小数乘积的和，如图 9-28 所示。

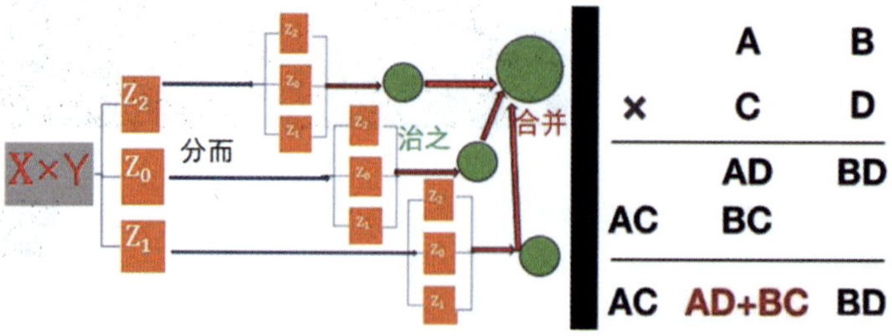


图 9-28　Karatsuba 算法、乘法示意图

分治的思想是：当乘数 $X$ 和 $Y$ 的数字位数很大时，先拆分；拆分出来的数字还是很大时，就继续拆分，直到 $a \times b$ 是非常小的数字。具体步骤如下。

### 1. 分解

假设大整数 X、Y 分别为 n1 位和 n2 位，取两个位数中的较大者 M，对 M/2 向下取整为 m，将 X，Y 改写成：$X=A10^m+B$ ，$Y=C10^m+D$ 。

### 2. 计算

$$XY=(A10^m+B)\times(C10^m+D)=AC10^{2m}+(AD+BC)10^m+BD$$

通过观察可以发现图 9-28 中间红色部分 AD+BC，占用了两个复杂度 $O\left(\frac{n^2}{4}\right)$ 乘法和一个复杂度 $O(n)$ 加法，下面拆分改写 AD+BC，以减少复杂度 $O$。令

$$z_0=BD,\ z_1=AD+BC,\ z_2=AC$$

$$AD+BC=AC+AD+BC+BD-AC-BD=(A+B)(C+D)-z_2-z_0$$

重复利用前面已知的两次乘积结果 $z_2$ 和 $z_0$。现仅通过一个 $O\left(\frac{n^2}{4}\right)$ 乘法和四个 $O(n)$ 加(减)法就可以得到 AD+BC 的值。

最终整体算法只需要计算三次乘法 AC，BD，(A+B)(C+D)以及六次 $O(n)$ 加(减)法即可。

### 3. 合并求解

可见 $z_0$，$z_1$ 和 $z_2$ 中的乘数都比 $X$ 和 $Y$ 小，这样一个大问题就分解成三个小问题，用递归去把小问题中涉及的乘法当做大整数乘法解决，直到问题变简单为止。

## 9.4.2 保持精度

由于涉及递归，可以沿袭前面递归解决斯特林数等问题时的堆栈思路和相关子积木，将栈表倒数第 $n$ 个元素放入变量，如图 9-28 所示。有关栈表运算的子积木如图 9-29 所示。

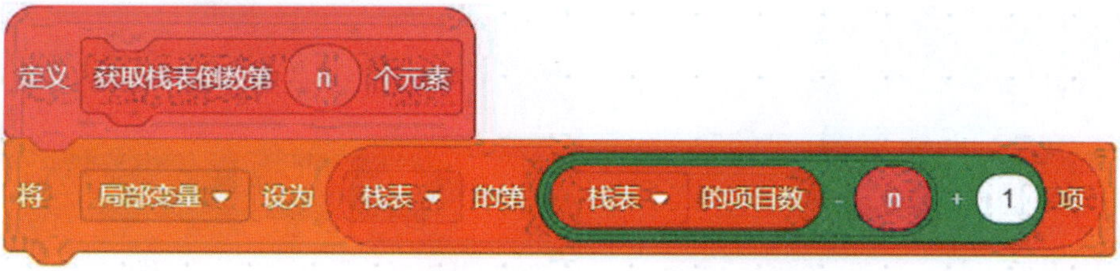
定义 获取栈表倒数第 n 个元素
将 局部变量 设为 栈表 的第 栈表 的项目数 - n + 1 项

图 9-29 将栈表倒数第 $n$ 个元素放入变量

为了防止前面提到的自动转换为科学计数法精度丢失的问题，需要相当一部分的参数用字符串。在某个数串前后添加 0 的子程序如图 9-30 所示；获取数(串)前后 n 位字符的子程序如图 9-31 所示。

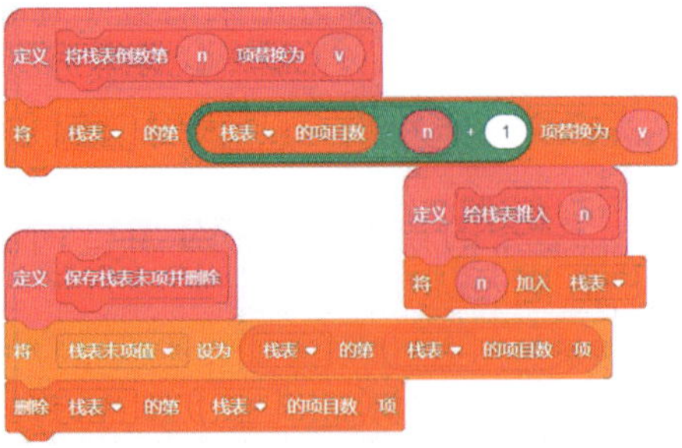
定义 将栈表倒数第 n 项替换为 v
将 栈表 的第 栈表 的项目数 - n + 1 项替换为 v
定义 给栈表推入 n
将 n 加入 栈表
定义 保存栈表末项并删除
将 栈表末项值 设为 栈表 的第 栈表 的项目数 项
删除 栈表 的第 栈表 的项目数 项

图 9-29　有关栈表运算的子积木

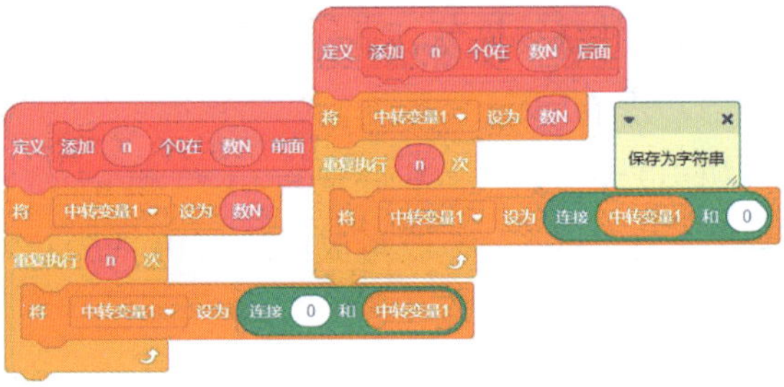
定义 添加 n 个0在 数N 后面
将 中转变量1 设为 数N
重复执行 n 次
将 中转变量1 设为 连接 中转变量1 和 0
保存为字符串
定义 添加 n 个0在 数N 前面
将 中转变量1 设为 数N
重复执行 n 次
将 中转变量1 设为 连接 0 和 中转变量1

图 9-30　在某个数串前后添加 0 的子程序

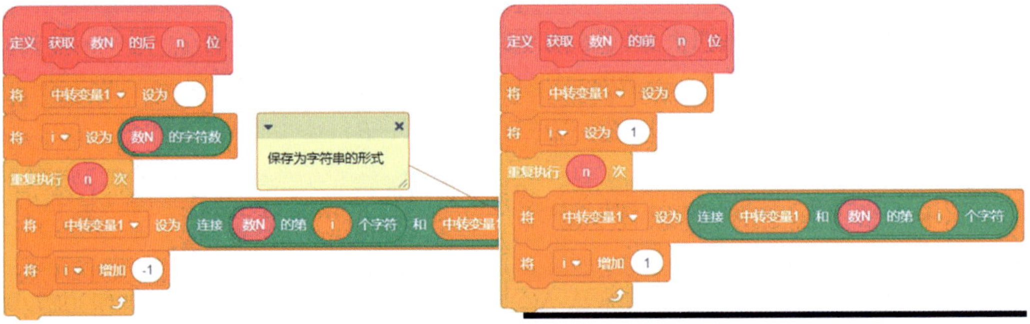
定义 获取 数N 的后 n 位
将 中转变量1 设为
将 i 设为 数N 的字符数
保存为字符串的形式
重复执行 n 次
将 中转变量1 设为 连接 数N 的第 i 个字符 和 中转变量
将 i 增加 -1
定义 获取 数N 的前 n 位
将 中转变量1 设为
将 i 设为 1
重复执行 n 次
将 中转变量1 设为 连接 中转变量1 和 数N 的第 i 个字符
将 i 增加 1

图 9-31　获取数(串)前后 $n$ 位字符的子程序

## 9.4.3 大数加法和大数减法

使用字符串形式，就不能直接用 Scratch 内置的加法减法运算模块，因而关于加法和减法的子积木就稍有复杂。为了找到两位数中的较大者，需定义一个求较大者的子积木。操作步骤如下。

(1) 两者取大子积木如图 9-32 所示。

(2) 删除字符串左侧连续出现的字符程序如图 9-33 所示。

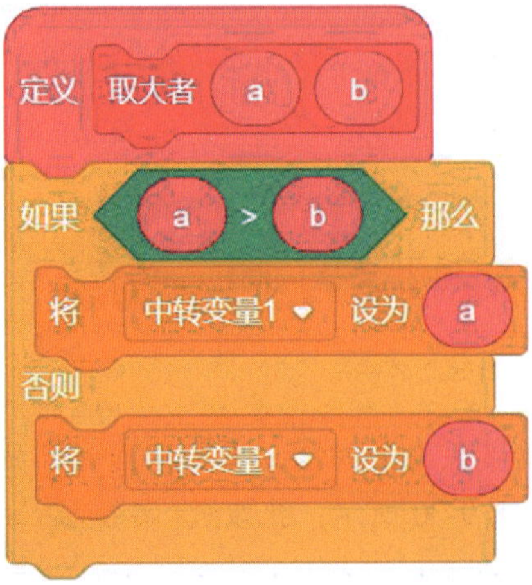
定义 取大者 a b
如果 a > b 那么
将 中转变量1 设为 a
否则
将 中转变量1 设为 b

图 9-32　两者取大子积木

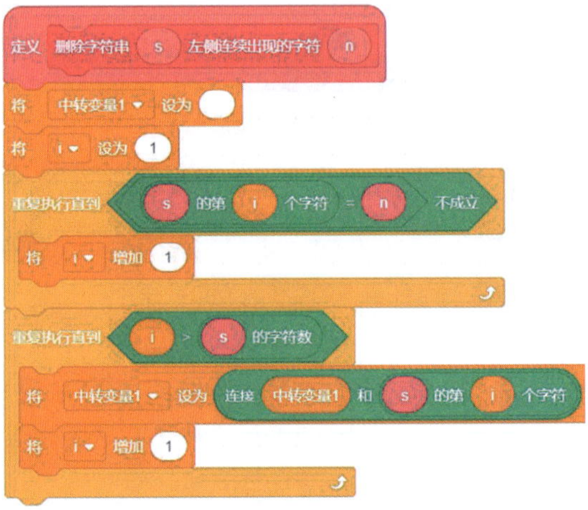
定义 删除字符串 s 左侧连续出现的字符 n
将 中转变量1 设为
将 i 设为 1
重复执行直到 s 的第 i 个字符 = n 不成立
将 i 增加 1
重复执行直到 i > s 的字符数
将 中转变量1 设为 连接 中转变量1 和 s 的第 i 个字符
将 i 增加 1

图 9-33　删除字符串左侧连续出现的字符程序

(3)大数加法程序如图 9-34 所示。

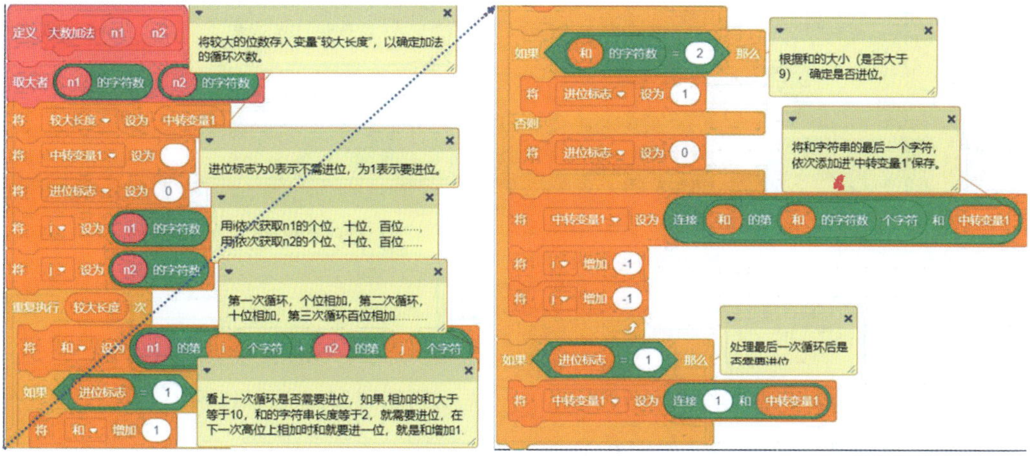
定义 大数加法 n1 n2
将较大的位数存入变量"较大长度"，以确定加法的循环次数。
取大者 n1 的字符数 n2 的字符数
将 较大长度 设为 中转变量1
将 中转变量1 设为
进位标志为0表示不需进位，为1表示要进位。
将 进位标志 设为 0
将 i 设为 n1 的字符数
用i依次获取n1的个位、十位、百位……，用j依次获取n2的个位、十位、百位……
将 j 设为 n2 的字符数
第一次循环，个位相加，第二次循环，十位相加，第三次循环百位相加………
重复执行 较大长度 次
将 和 设为 n1 的第 i 个字符 + n2 的第 j 个字符
如果 进位标志 = 1
看上一次循环是否需要进位，如果相加的和大于等于10，和的字符串长度等于2，就需要进位，在下一次高位上相加时就要进一位，就是和增加1.
将 和 增加 1
如果 和 的字符数 = 2 那么
根据和的大小（是否大于9），确定是否进位。
将 进位标志 设为 1
否则
将 进位标志 设为 0
将和字符串的最后一个字符，依次添加进"中转变量1"保存。
将 中转变量1 设为 连接 和 的第 和 的字符数 个字符 和 中转变量1
将 i 增加 -1
将 j 增加 -1
如果 进位标志 = 1 那么
处理最后一次循环后是否需要进位
将 中转变量1 设为 连接 1 和 中转变量1

（a）　　　　　　　　（b）

图 9-34　大数加法程序

(4)建立大数减法的子程序，要注意借位，大数减法程序如图 9-35 所示。

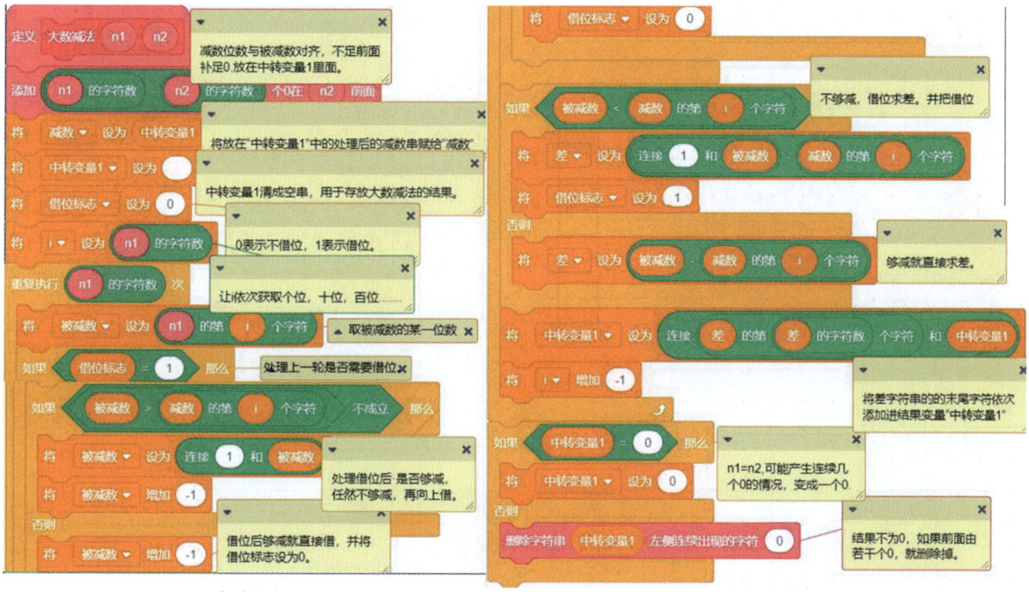
定义 大数减法 n1 n2
减数位数与被减数对齐，不足前面补足0.放在中转变量1里面。
添加 n1 的字符数 - n2 的字符数 个0在 n2 前面
将 减数 设为 中转变量1
将放在"中转变量1"中的处理后的减数串赋给"减数"
将 中转变量1 设为
中转变量1清成空串，用于存放大数减法的结果。
将 借位标志 设为 0
0表示不借位，1表示借位。
将 i 设为 n1 的字符数
重复执行 n1 的字符数 次
让i依次获取个位，十位，百位……
将 被减数 设为 n1 的第 i 个字符
取被减数的某一位数
如果 借位标志 = 1 那么
处理上一轮是否需要借位
如果 被减数 > 减数 的第 i 个字符 不成立 那么
将 被减数 设为 连接 1 和 被减数
处理借位后 是否够减，任然不够减，再向上借。
将 被减数 增加 -1
否则
将 被减数 增加 -1
借位后够减就直接借，并将借位标志设为0。
将 借位标志 设为 0
如果 被减数 < 减数 的第 i 个字符 那么
不够减，借位求差，并把借位
将 差 设为 连接 1 和 被减数 - 减数 的第 i 个字符
将 借位标志 设为 1
否则
将 差 设为 被减数 - 减数 的第 i 个字符
够减就直接求差。
将 中转变量1 设为 连接 差 的第 差 的字符数 个字符 和 中转变量1
将 i 增加 -1
将差字符串的的末尾字符依次添加进结果变量"中转变量1"
如果 中转变量1 = 0 那么
将 中转变量1 设为 0
n1=n2,可能产生连续几个0的情况，变成一个0.
否则
删除字符串 中转变量1 左侧连续出现的字符 0
结果不为0，如果前面由若干个0，就删除掉。

（a）　　　　　　　　（b）

图 9-35　大数减法程序

## 9.4.4　递归计算大数乘积

进入分治阶段，建立大数乘法子积木。注意各个部分的注释内容。大数乘法程序如图 9-36 所示。

大数乘法子程序重点部分的示意图如图 9-37 所示，具体步骤如下。

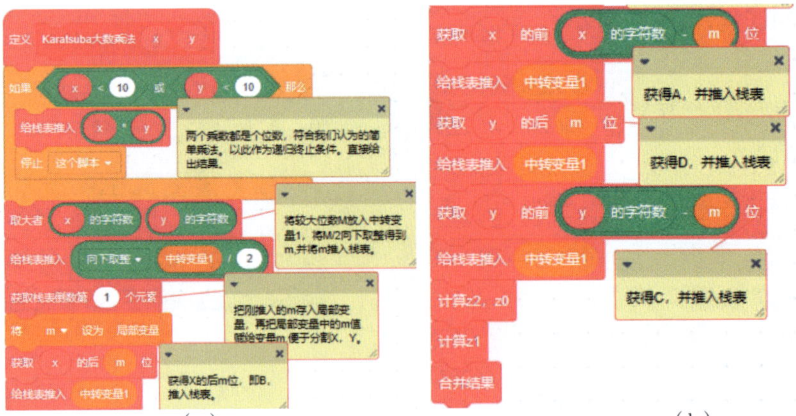
定义 Karatsuba大数乘法 x y
如果 x < 10 或 y < 10 那么
给栈表推入 x * y
停止 这个脚本
两个乘数都是个位数，符合我们认为的简单乘法。以此作为递归终止条件。直接输出结果。
取大者 x 的字符数 y 的字符数
给栈表推入 向下取整 中转变量1 / 2
将较大位数M放入中转变量1，将M/2向下取整得到m,并将m推入栈表。
获取栈表倒数第 1 个元素
将 m 设为 局部变量
把刚推入的m存入局部变量，再把局部变量中的m值赋给变量m,便于分割X、Y。
获取 x 的后 m 位
给栈表推入 中转变量1
获得X的后m位，即B，推入栈表。
获取 x 的前 x 的字符数 - m 位
给栈表推入 中转变量1
获得A，并推入栈表
获取 y 的后 m 位
给栈表推入 中转变量1
获得D，并推入栈表
获取 y 的前 y 的字符数 - m 位
给栈表推入 中转变量1
获得C，并推入栈表
计算z2，z0
计算z1
合并结果

（a）　　　　　　　　　　　　　　　　　　（b）

图 9-36　大数乘法程序

（1）计算 Z2 和 Z0 的程序如图 9-38 所示。

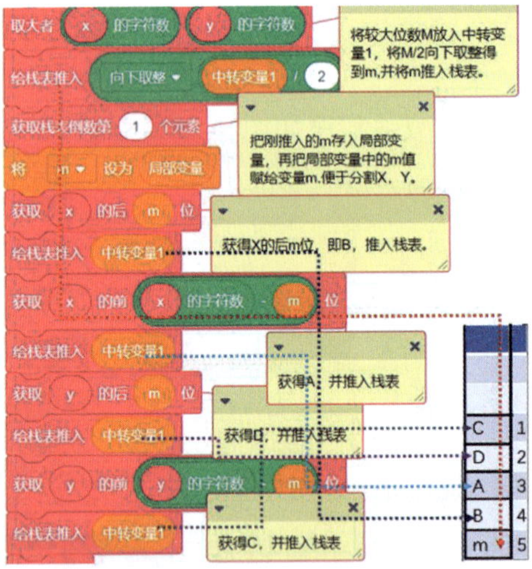
取大者 x 的字符数 y 的字符数
给栈表推入 向下取整 中转变量1 / 2
将较大位数M放入中转变量1，将M/2向下取整得到m,并将m推入栈表。
获取栈表倒数第 1 个元素
将 m 设为 局部变量
把刚推入的m存入局部变量，再把局部变量中的m值赋给变量m,便于分割X、Y。
获取 x 的后 m 位
给栈表推入 中转变量1
获得X的后m位，即B，推入栈表。
获取 x 的前 x 的字符数 - m 位
给栈表推入 中转变量1
获得A，并推入栈表
获取 y 的后 m 位
给栈表推入 中转变量1
获得D，并推入栈表
获取 y 的前 y 的字符数 - m 位
给栈表推入 中转变量1
获得C，并推入栈表
C 1
D 2
A 3
B 4
m 5

图 9-37　大数乘法子程序重点部分的示意图

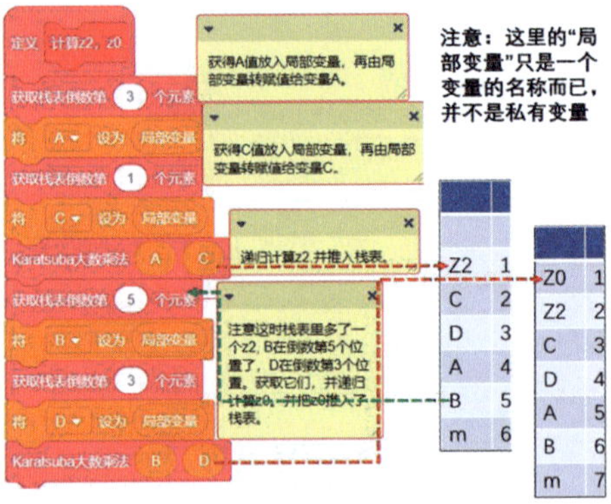
定义 计算z2，z0
获取栈表倒数第 3 个元素
将 A 设为 局部变量
获得A值放入局部变量，再由局部变量转赋值给变量A。
获取栈表倒数第 1 个元素
将 C 设为 局部变量
获得C值放入局部变量，再由局部变量转赋值给变量C。
Karatsuba大数乘法 A C
递归计算z2,并推入栈表。
获取栈表倒数第 5 个元素
将 B 设为 局部变量
获取栈表倒数第 3 个元素
将 D 设为 局部变量
Karatsuba大数乘法 B D
注意这时栈表里多了一个z2，B在倒数第5个位置了，D在倒数第3个位置。获取它们，并递归计算z0，并把z0推入子栈表。
注意：这里的“局部变量”只是一个变量的名称而已，并不是私有变量
Z2 1
C 2
D 3
A 4
B 5
m 6
Z0 1
Z2 2
C 3
D 4
A 5
B 6
m 7

图 9-38　计算 Z2 和 Z0 的子程序

（2）计算 Z1 和合并结果的子程序如图 9-39 所示。

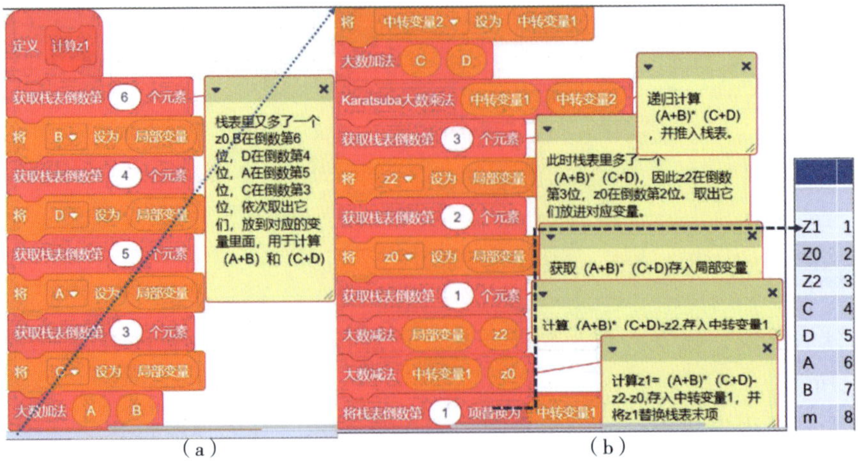
定义 计算z1
获取栈表倒数第 6 个元素
将 B 设为 局部变量
获取栈表倒数第 4 个元素
将 D 设为 局部变量
获取栈表倒数第 5 个元素
将 A 设为 局部变量
获取栈表倒数第 3 个元素
将 C 设为 局部变量
大数加法 A B
栈表里又多了一个z0,B在倒数第6位，D在倒数第4位，A在倒数第5位，C在倒数第3位，依次取出它们，放到对应的变量里面，用于计算(A+B)和(C+D)
将 中转变量2 设为 中转变量1
大数加法 C D
Karatsuba大数乘法 中转变量1 中转变量2
递归计算(A+B)*(C+D)，并推入栈表。
获取栈表倒数第 3 个元素
将 z2 设为 局部变量
获取栈表倒数第 2 个元素
将 z0 设为 局部变量
此时栈表里多了一个(A+B)*(C+D)，因此z2在倒数第3位，z0在倒数第2位。取出它们放进对应变量。
获取栈表倒数第 1 个元素
获取(A+B)*(C+D)存入局部变量
大数减法 局部变量 z2
计算(A+B)*(C+D)-z2,存入中转变量1
大数减法 中转变量1 z0
计算z1=(A+B)*(C+D)-z2-z0,存入中转变量1，并将z1替换栈表末项
将栈表倒数第 1 项替换为 中转变量1
Z1 1
Z0 2
Z2 3
C 4
D 5
A 6
B 7
m 8

（a）　　　　　　　　　　　　　　　　　　（b）

图 9-39　计算 Z1 的子程序

(3)合并结果的子程序如图 9-40 所示。

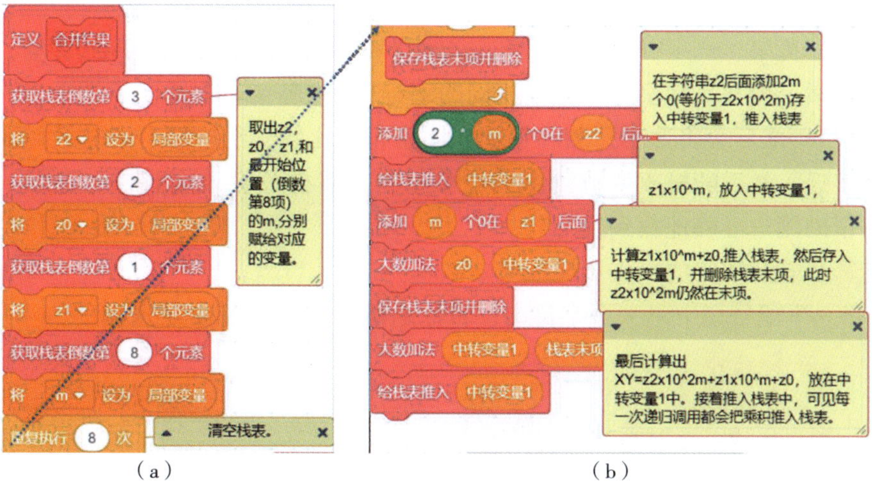
定义 合并结果
获取栈表倒数第 3 个元素
将 z2 设为 局部变量
获取栈表倒数第 2 个元素
将 z0 设为 局部变量
获取栈表倒数第 1 个元素
将 z1 设为 局部变量
获取栈表倒数第 8 个元素
将 m 设为 局部变量
重复执行 8 次
取出z2，z0，z1,和最开始位置（倒数第8项）的m,分别赋给对应的变量。
清空栈表。
保存栈表末项并删除
添加 2 * m 个0在 z2 后面
给栈表推入 中转变量1
添加 m 个0在 z1 后面
大数加法 z0 中转变量1
保存栈表末项并删除
大数加法 中转变量1 栈表末项
给栈表推入 中转变量1
在字符串z2后面添加2m个0(等价于z2x10^2m)存入中转变量1，推入栈表
z1x10^m，放入中转变量1，
计算z1x10^m+z0,推入栈表，然后存入中转变量1，并删除栈表末项，此时z2x10^2m仍然在末项。
最后计算出XY=z2x10^2m+z1x10^m+z0，放在中转变量1中。接着推入栈表中，可见每一次递归调用都会把乘积推入栈表。
(a)
(b)

图 9-40　合并结果的子程序

# 任务 5　遗传算法的应用

## 任务概述

本任务主要介绍用一种间接的方式破解密码和隐藏的信息。将一些整数代入一个方程，然后检验是否有整数使等式成立。

要破解密码，首先生成猜测，然后根据它们与目标的匹配程度进行评价。下面和“猜测检验法”的不同之处在于：保留当前最佳的猜测，然后使它们不断地随机突变，直到解读出消息为止。程序并不知道哪个字母是对的，哪个是错的，但最佳猜测会随着突变不断向目标靠近。

## 任务重点与实施

### 9.5.1　用遗传算法破解密码

遗传算法(genetic algorithm)，计算机科学家基于自然选择和进化生物学的理论，用这个算法来解决问题。它的灵感来源于生物有机体的适应(adapt)和突变(mutate)，以及它们通过微小优势建立起来的种群优势。

对于更加复杂的问题，随机突变就不够用了。在这种情况下，引入交叉(cross over)将最优的猜测组合在一起，增加破解密码的概率，正如最适合生存的生物体更有可能将它们遗传物质的组合遗传下去。除了计分之外，所有操作都是随机的，所以遗传算法效果显著。

“生成初始数据”的子积木，由于 Scratch 不区分字母大小写，约定“密码”的字母只用小写字母和标点符号。

将目标字符串、全字符(所有小写英文字母和标点符号)串放入两个变量，并随机生成一个元素个数和目标字符串长度相同的字符列表(建立列表是为了便于后面改变随机串的内容)。之后会将这个猜测和目标句逐字符地比较，给它评分。分数越高，它和目标就越接近。然后随机改变猜测中的一个字符，看得分会不会提高。这样，随机的方法能够帮助用户准确地找到目标句。

遗传算法破解密码的操作步骤如下。

(1)建立生成目标字串、全字符串、目标随机表程序如图 9-41 所示。

定义 生成目标随机表
删除 随机等长列表 的全部项
将 k 设为 0
重复执行 目标字符串 的字符数
将 k 增加 1
将 全字符串 的第 在 1 和 全字符串 的字符数 之间取随机数 个字符 加入 随机等长列表
定义 生成初始数据
将 目标字符串 设为 i never go back on my word, because that is my ninja way.
将 全字符串 设为 abcdefghijklmnopqrstuvwxyz.',?!
生成目标随机表

图 9-41　生成目标字串、全字符串、目标随机表程序

(2)编写一个名为 测评的子积木，将随机句(被测表)和目标句逐个字符进行比较，给随机句评分如图 9-42 所示。

(3)再来编写一个子积木，在全字符串中随机取一个字符替换被测表的一个随机位置的字符，使被测列表突变，生成一个新被测表，如图 9-43 所示。

(4)再写一个遗传算法猜字符串的自定义积木(图 9-44)。

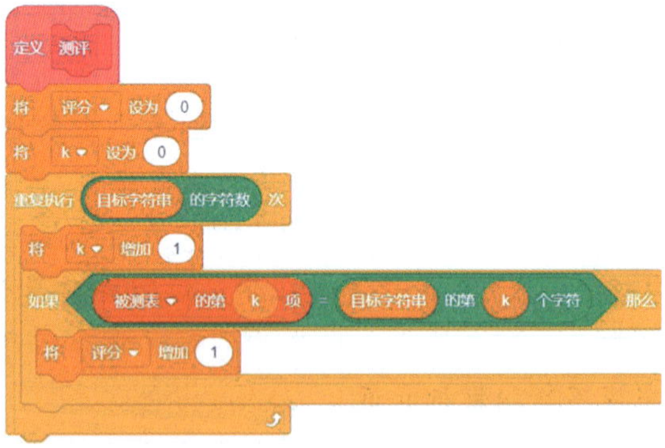

定义 测评
将 评分 设为 0
将 k 设为 0
重复执行 目标字符串 的字符数 次
将 k 增加 1
如果 被测表 的第 k 项 = 目标字符串 的第 k 个字符 那么
将 评分 增加 1

图 9-42　测评子程序

开始一个直到循环，使“随机等长表”突变成“被测表”，对“被测表”做出新的猜测，然后计算它的得分。生成猜出结果子程序和主程序如图 9-45 所示。

① 如果新猜测的“得分”低于或等于“当前最高分”，就“继续”下一轮循环，这意味着程序会回到循环的开头，因为它不是一个好的猜测。用户也不需要再对它做其他操作。

② 如果新猜测的得分高于当前最高分，就认为它是一个可以继续优化的结果(好的遗传基因)，就将“当前最高分”更换为“得分”，将“随机等长表”更换为“被测表”，“破解次数”增加 1 次，进行下一轮突变和测评。

③ 如果当前最高得分等于目标句的长度，就说明用户猜出了句子，根据直到循环

条件，可以“跳出”循环，猜测结果如图 9-46 所示。

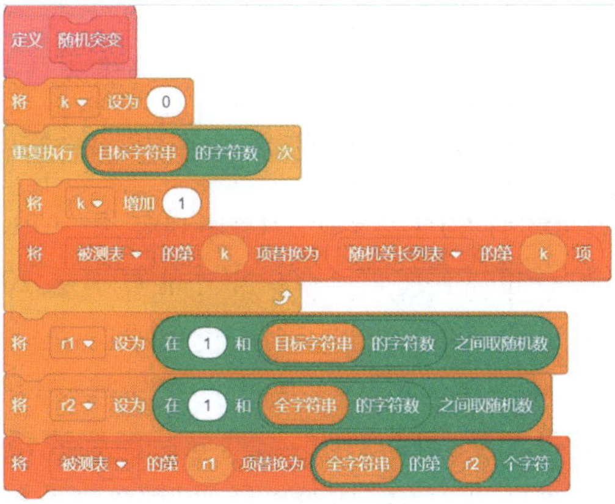

定义 随机突变
将 k 设为 0
重复执行 目标字符串 的字符数 次
将 k 增加 1
将 被测表 的第 k 项替换为 随机等长列表 的第 k 项
将 r1 设为 在 1 和 目标字符串 的字符数 之间取随机数
将 r2 设为 在 1 和 全字符串 的字符数 之间取随机数
将 被测表 的第 r1 项替换为 全字符串 的第 r2 个字符

图 9-43　突变子积木代码

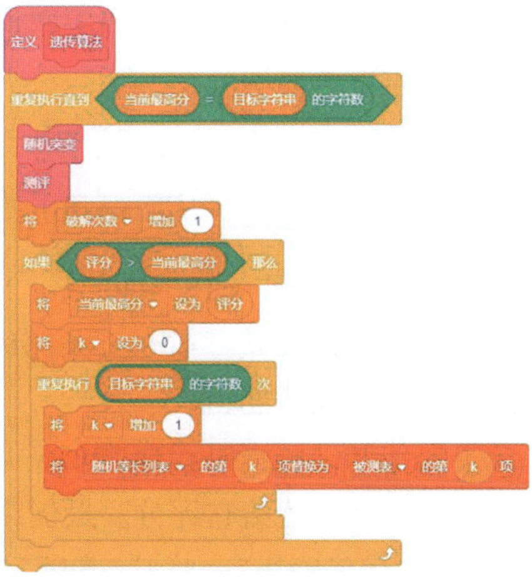

定义 遗传算法
重复执行直到 当前最高分 = 目标字符串 的字符数
随机突变
测评
将 破解次数 增加 1
如果 评分 > 当前最高分 那么
将 当前最高分 设为 评分
将 k 设为 0
重复执行 目标字符串 的字符数 次
将 k 增加 1
将 随机等长列表 的第 k 项替换为 被测表 的第 k 项

图 9-44　遗传算法猜字符串程序

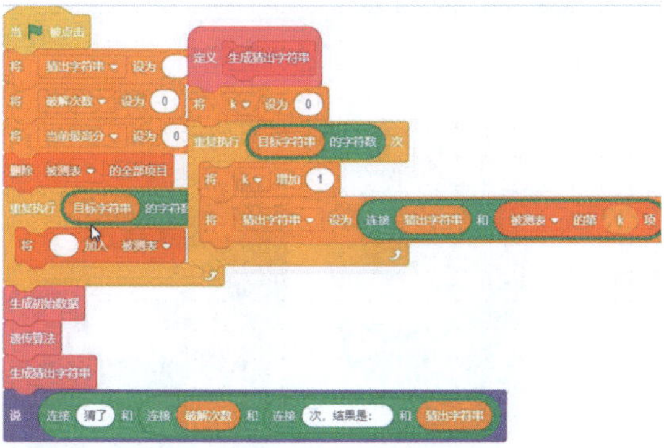

当 被点击
将 猜出字符串 设为
将 破解次数 设为 0
将 当前最高分 设为 0
删除 被测表 的全部项目
定义 生成猜出字符串
将 k 设为 0
重复执行 目标字符串 的字符数 次
将 k 增加 1
将 猜出字符串 设为 连接 猜出字符串 和 被测表 的第 k 项
加入 被测表
生成初始数据
遗传算法
生成猜出字符串
说 连接 猜了 和 连接 破解次数 和 连接 次，结果是： 和 猜出字符串

图 9-45　生成猜出结果子程序和主程序

猜了7922次，结果是：i never go back on my word, because that is my ninja way.
猜出字符串 i never go back on my word, because that is my ninja way.

图 9-46　猜测结果

## 9.5.2　用遗传算法解决旅行商问题

旅行商问题(traveling salesperson problem，TSP)是一个难题。一个商品推销员需要前往给定数量的城市，每座城市只访问一次，并且最终回到起始城市，推销员的目标是找出长度最短的路线。听起来很简单？再加上有计算机，应该只需要用程序遍历所有可能的路线，并测出它们的长度。

事实证明，就像很多组合优化问题一样，即使对于当今的超级计算机，城市的数量超过一定值之后，计算的复杂度也会高得离谱。来看看 6 个城市之间有多少种可能的路线，如图 9-47 所示。

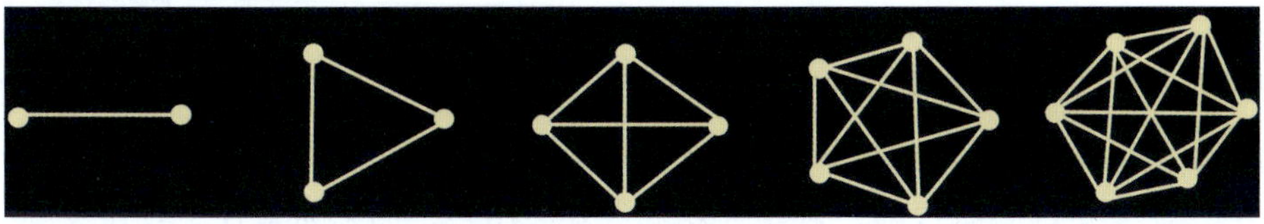

图 9-47　6 个城市的可能路线

有 2 个或 3 个城市时，只有一条可能的路线。如果加上第四个城市，则它可以在之前三个城市中的任意两个城市中间被访问，因此将之前的路线数乘以 3，得出四个城市间有三条可能的路线。

第 5 个城市可以在之前 4 个城市中的任意 2 个城市中间被访问，所以路线数是 4 乘以四个城市间的路线数，从而得到了 12 条可能的路线。n 个城市之间有 $\frac{(n-1)!}{2}$ 条可能的路线。10 个城市间有 181 440 条，20 个城市间有 60 822 550 204 416 000 条。即使一台计算机每秒钟可以算出 100 万条路线的长度，也需要将近 2 000 年才能算出这 20 个城市间所有路线的长度。

计算路线和破解密码程序类似，用户将创建一类“对象”，而路线就是其“基因”，然后根据路线的长短给它评分。最优路线将随机突变，用户也会给变异后的路线评分。可以取一些“最优路线”，将其“基因”拼接在一起，然后给它们的“后代”评分。

遗传算法解决旅行路线的操作如下。

(1) 生成原始数据，城市番号和随机位置，如图 9-48 所示。

(2) 建立显示城市位置和番号的子程序，如图 9-49 所示。

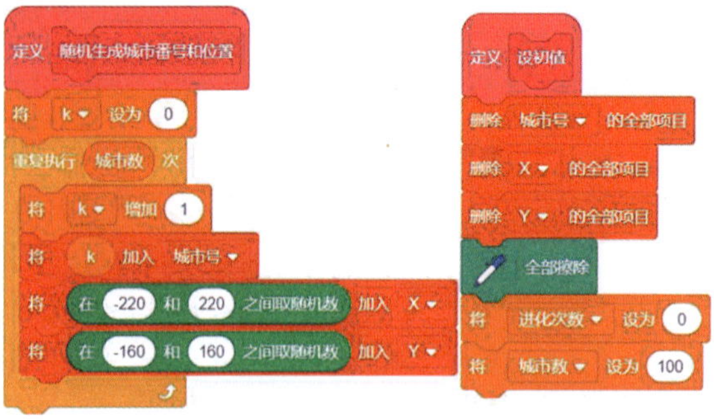
定义 随机生成城市番号和位置
将 k 设为 0
重复执行 城市数 次
将 k 增加 1
将 k 加入 城市号
将 在 -220 和 220 之间取随机数 加入 X
将 在 -160 和 160 之间取随机数 加入 Y
定义 设初值
删除 城市号 的全部项目
删除 X 的全部项目
删除 Y 的全部项目
全部擦除
将 进化次数 设为 0
将 城市数 设为 100

图 9-48　设初值和生成城市番号和随机位置的脚本

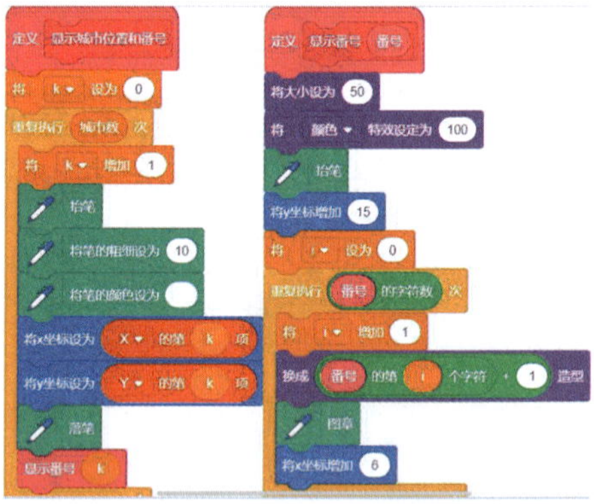
定义 显示城市位置和番号
将 k 设为 0
重复执行 城市数 次
将 k 增加 1
抬笔
将笔的粗细设为 10
将笔的颜色设为
将x坐标设为 X 的第 k 项
将y坐标设为 Y 的第 k 项
落笔
显示番号 k
定义 显示番号 番号
将大小设为 50
将 颜色 特效设定为 100
抬笔
将y坐标增加 15
将 i 设为 0
重复执行 番号 的字符数 次
将 i 增加 1
换成 番号 的第 i 个字符 + 1 造型
图章
将x坐标增加 6

图 9-49　显示城市位置和番号的脚本

(3) 用户可以给程序提供一组城市以及它们的位置，或者干脆让程序自己随机画几个城市然后尝试优化路线。每座城市都会有自己的 x 坐标和 y 坐标，以及一个编号(用来识别它的数)。这样就可以用城市编号列表来定义一条路线了。例如，[5, 3, 0, 2, 4, 1] 就表示推销员从城市 5 出发前往城市 3，然后到城市 0，…，最后从 1 回到城市 5，因为规则就是推销员最后必须回到第一个城市。为此建立三个列表：城市号、X、Y，依次给它们输入番号和随机坐标。为了显示番号，借鉴画杨辉三角的呈现数字的方法，给角色 0 ~ 9 的 10 个造型。显示城市位置和番号如图 9-50 所示。

(4) 现在来考虑城市间的路线，将城市对象(含有位置和编号)放进了列表中。最终，每条路线将会是由城市编号按照一定顺序排列而成的列表(也就是“遗传物质”)。因此路线对象需要一个随机数列表：一个所有城市编号的随机序列。编号是从 1 到城市数。有一个变量代替城市数，这样可以在多处使用它，而只需要在一处改变它。

产生的随机列表不能有重复元素，在概率论中，这被称作“不放回抽样”( sampling

without replacement)。那就得借助一个中转列表来实现(图 9-51)，即取出的元素立即从中转表中删掉，在剩下的元素中继续抽选。

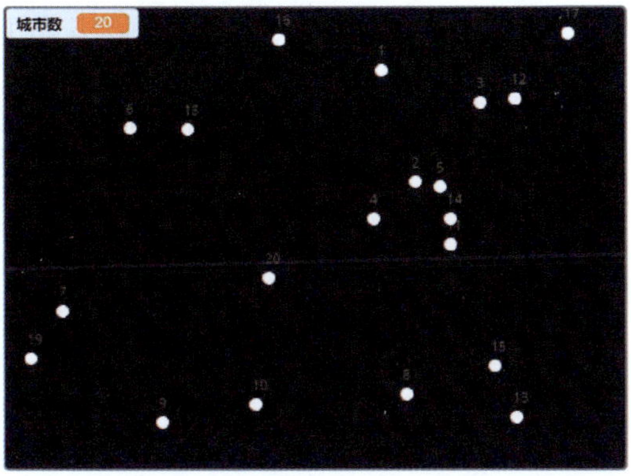
城市数 20

图 9-50 显示城市位置和番号

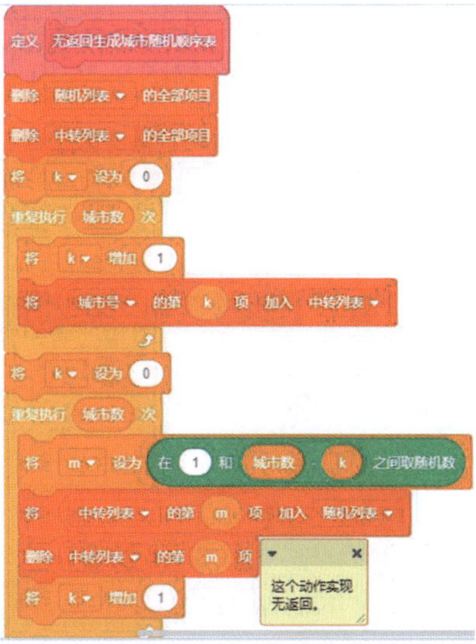
定义 无返回生成城市随机顺序表
删除 随机列表 的全部项目
删除 中转列表 的全部项目
将 k 设为 0
重复执行 城市数 次
将 k 增加 1
将 城市号 的第 k 项 加入 中转列表
将 k 设为 0
重复执行 城市数 次
将 m 设为 在 1 和 城市数 - k 之间取随机数
将 中转列表 的第 m 项 加入 随机列表
删除 中转列表 的第 m 项
将 k 增加 1
这个动作实现无返回。

图 9-51 无返回随机抽样程序

(5)用画笔在城市间画出橘色的直线段代表路线，也可以用自己喜欢的颜色。连接最后一个点之后，还要将它和第一个点连接。先来编写一个测量随机列表路线长度的子积木。把随机列表的元素(城市番号)作为索引，在 X、Y 列表中找到相应的坐标，也就是这个城市的位置，根据相邻两个位置的坐标计算出距离，然后依次添加在变量“线路长度”里面，程序脚本如图 9-52 所示。

(6)为此先建立一个计算线段长度的子积木，把结果存放在变量 d 里面。为了积木块不过分冗长，使用中转变量 m 和 x1，x2，y1，y2，测量路线长度的脚本如图 9-53 所示。

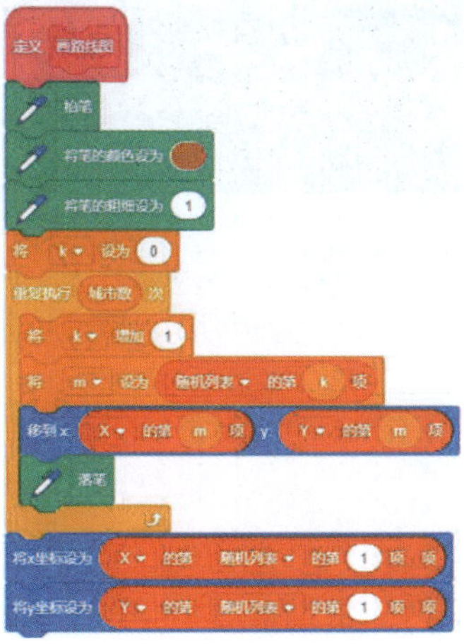
定义 画路线图
抬笔
将笔的颜色设为
将笔的粗细设为 1
将 k 设为 0
重复执行 城市数 次
将 k 增加 1
将 m 设为 随机列表 的第 k 项
移到 x: X 的第 m 项 y: Y 的第 m 项
落笔
将x坐标设为 X 的第 随机列表 的第 1 项 项
将y坐标设为 Y 的第 随机列表 的第 1 项 项

图 9-52 画路线图的脚本

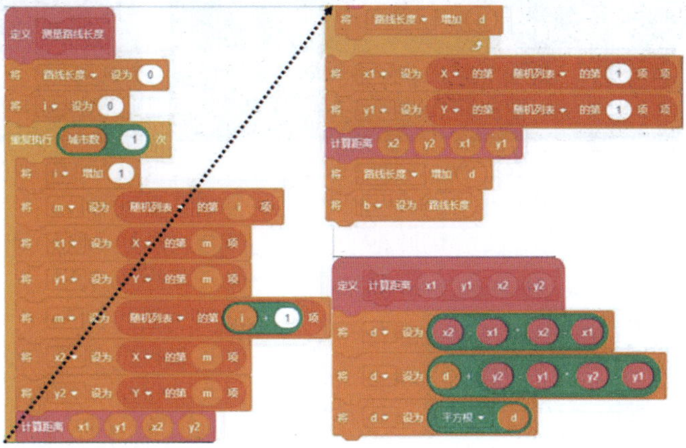
定义 测量路线长度
将 路线长度 设为 0
将 i 设为 0
重复执行 城市数 - 1 次
将 i 增加 1
将 m 设为 随机列表 的第 i 项
将 x1 设为 X 的第 m 项
将 y1 设为 Y 的第 m 项
将 m 设为 随机列表 的第 i + 1 项
将 x2 设为 X 的第 m 项
将 y2 设为 Y 的第 m 项
计算距离 x1 y1 x2 y2
将 路线长度 增加 d
将 x1 设为 X 的第 随机列表 的第 1 项 项
将 y1 设为 Y 的第 随机列表 的第 1 项 项
计算距离 x2 y2 x1 y1
将 路线长度 增加 d
将 b 设为 路线长度
定义 计算距离 x1 y1 x2 y2
将 d 设为 x2 - x1 * x2 - x1
将 d 设为 d + y2 - y1 * y2 - y1
将 d 设为 平方根 d

(a) (b)

图 9-53 测量路线长度的脚本

(7)实现交叉改进(图 9-54)。建立一个“当前最短长度”变量，对第一个随机列表测量出“线路长度”放入“当前最短长度”，后面的无限循环中，将每一次迭代中测出的

“线路长度”与“当前最短长度”比较，如果更优(短)就画出这个路线图，将进化次数加1。并把这个随机列表替换掉原来的“城市号”，继续迭代。

(8)为了优化随机列表，需要将当前随机列表替代城市号列表，产生新的随机列表。迭代程序和主程序如图 9-55 所示。

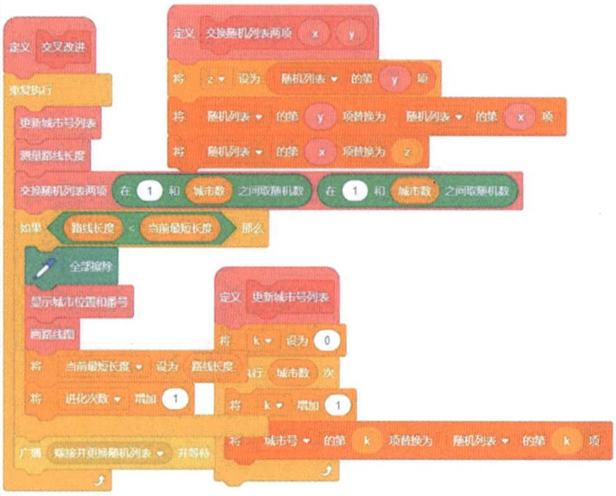

图 9-54　交叉改进的脚本

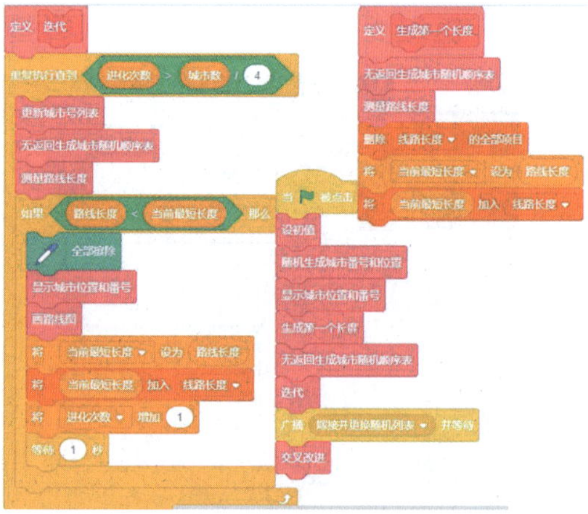

图 9-55　迭代程序和主程序

城市运行线路如图 9-56 所示。城市数较少的时候，表现尚可；数目多了，计算量过大，运行的时间过长，并且很可能就在最优结果没有出来之前就停滞了。

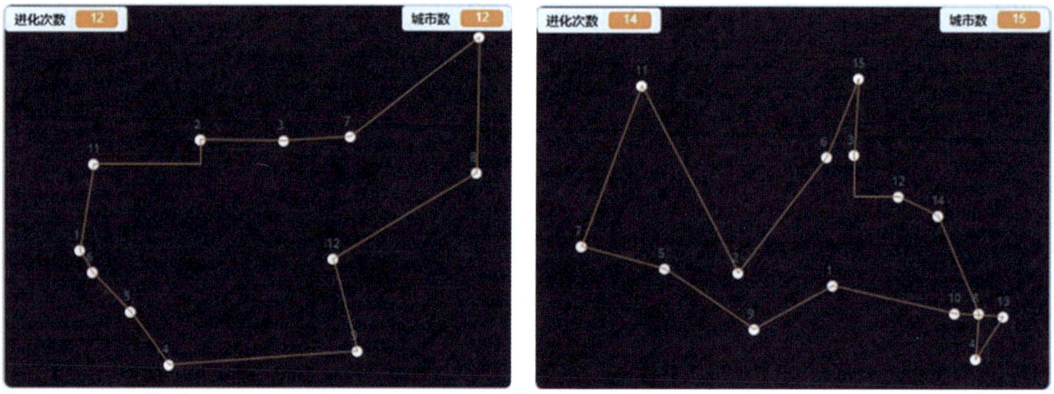


(a)　　　　(b)

图 9-56　城市线路运行

## 9.5.3 遗传算法中的突变

遗传算法中的突变算法是一种用于增加种群多样性和引入随机性的操作，旨在更好地探索搜索空间。突变算法通过随机改变个体的某些“基因”，帮助算法跳出局部最优解，增加发现全局最优解的机会。

遗传算法中的突变编写程序如下。

(1)先编写一个子积木，随机突变线路番号列表中的两个数。这实际上就是一个交换(swap)操作。随机选择两个数，然后以它们为索引交换列表中两个元素的位置。要突变随机个元素，要改进一下无返回生成随机番号的子积木，如图 9-57 所示。让它生成 2 到城市数之间任意多个无返回随机番号。如果要生成随机线路，只需把“个数”设定为“城市数”即可。

(2)再根据产生的随机番号，交换线路列表里面的内容，比较选择当前最优路线并显示，如图 9-58 所示。

定义 无返回生成随机番号 个数
删除 随机表 的全部项目
删除 中转列表 的全部项目
将 k 设为 0
重复执行 城市数 次
将 k 增加 1
将 城市号 的第 k 项 加入 中转列表
将城市号列表内容转运到中转列表，以供无返回随机抽样。
将 k 设为 0
重复执行 个数 次
番号个数任意
将 m 设为 在 1 和 城市数 - k 之间取随机数
将 中转列表 的第 m 项 加入 随机表
删除 中转列表 的第 m 项
将 k 增加 1
这个动作实现无返回。

图 9-57　改进的无返回生成随机番号的程序

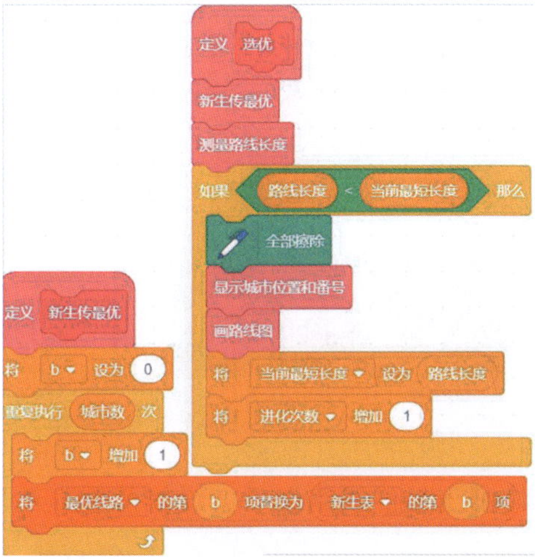
定义 选优
新生传最优
测量路线长度
如果 路线长度 < 当前最短长度 那么
全部擦除
显示城市位置和番号
画路线图
将 当前最短长度 设为 路线长度
将 进化次数 增加 1
定义 新生传最优
将 b 设为 0
重复执行 城市数 次
将 b 增加 1
将 最优线路 的第 b 项替换为 新生表 的第 b 项

图 9-58　比较选择当前最优路线并显示

变异当前最优线路，放到新生表里面，再传回去。因此需要在两个列表之间互传。每交换一次，就及时更新当前最优线路和最短距离。突变就是对不同个数的交换进行循环，突变(交换)线路番号列表的程序，如图 9-59 所示。

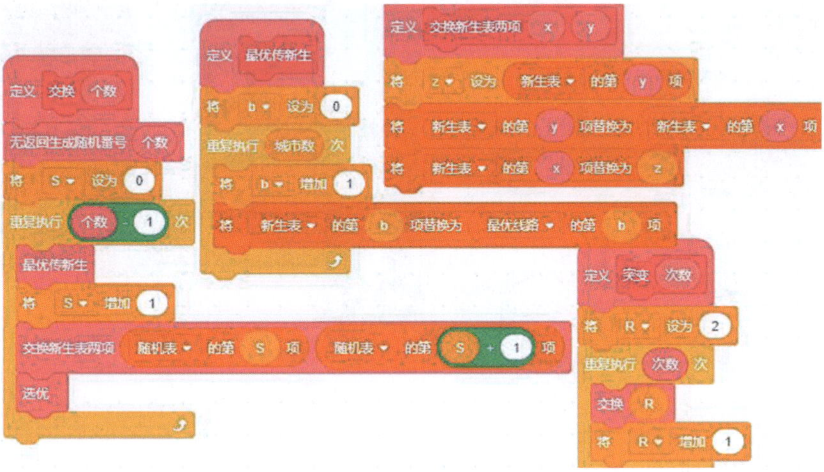
定义 交换 个数
无返回生成随机番号 个数
将 S 设为 0
重复执行 个数 - 1 次
最优传新生
将 S 增加 1
交换新生表两项 随机表 的第 S 项 随机表 的第 S + 1 项
选优
定义 最优传新生
将 b 设为 0
重复执行 城市数 次
将 b 增加 1
将 新生表 的第 b 项替换为 最优线路 的第 b 项
定义 交换新生表两项 x y
将 z 设为 新生表 的第 y 项
将 新生表 的第 y 项替换为 新生表 的第 x 项
将 新生表 的第 x 项替换为 z
定义 突变 次数
将 R 设为 2
重复执行 次数 次
交换 R
将 R 增加 1

图 9-59　突变(交换)线路番号列表的程序

(3)选出当前最优路线后，就要把计算路线长度和画路线图的对象也换成“最优线路”，实现即时更新，如图 9-59 所示。画路线图的对象也换成“最优线路”，如图 9-60 所示。

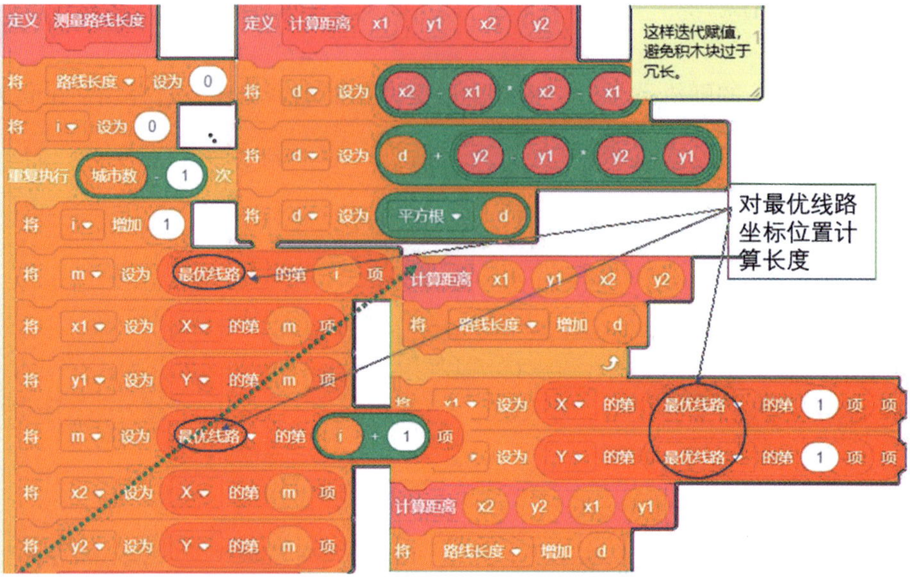
定义 测量路线长度
将 路线长度 设为 0
将 i 设为 0
重复执行 城市数 - 1 次
将 i 增加 1
将 m 设为 最优线路 的第 i 项
将 x1 设为 X 的第 m 项
将 y1 设为 Y 的第 m 项
将 m 设为 最优线路 的第 i + 1 项
将 x2 设为 X 的第 m 项
将 y2 设为 Y 的第 m 项
定义 计算距离 x1 y1 x2 y2
将 d 设为 x2 - x1 * x2 - x1
将 d 设为 d + y2 - y1 * y2 - y1
将 d 设为 平方根 d
这样迭代赋值，避免积木块过于冗长。
对最优线路坐标位置计算长度
计算距离 x1 y1 x2 y2
将 路线长度 增加 d
将 x1 设为 X 的第 最优线路 的第 1 项 项
设为 Y 的第 最优线路 的第 1 项 项
计算距离 x2 y2 x1 y1
将 路线长度 增加 d

图 9-59　把测量长度的对象换成“最优线路”

(4) 画出最优线路图后，设初值和显示城市番号程序，如图 9-61 所示。

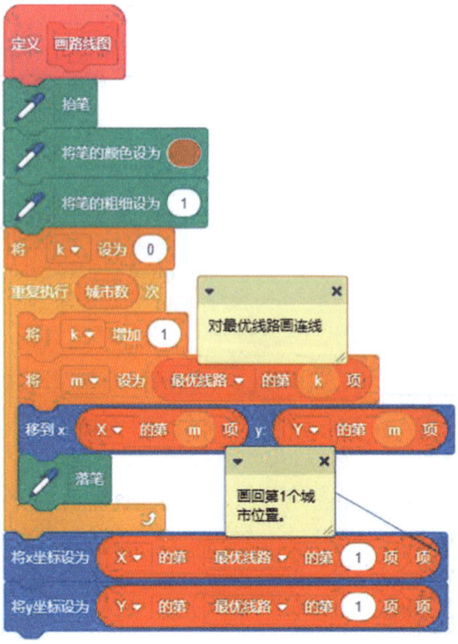
定义 画路线图
抬笔
将笔的颜色设为
将笔的粗细设为 1
将 k 设为 0
重复执行 城市数 次
将 k 增加 1
对最优线路画连线
将 m 设为 最优线路 的第 k 项
移到 x: X 的第 m 项 y: Y 的第 m 项
落笔
画回第1个城市位置。
将x坐标设为 X 的第 最优线路 的第 1 项 项
将y坐标设为 Y 的第 最优线路 的第 1 项 项

图 9-60　画路线图的对象也换成“最优线路”

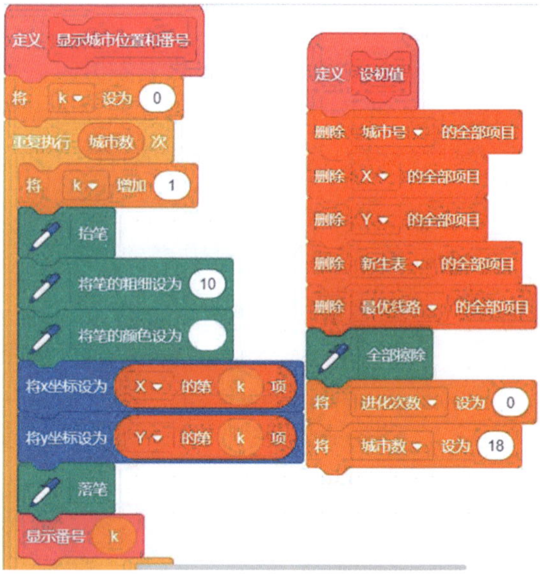
定义 显示城市位置和番号
将 k 设为 0
重复执行 城市数 次
将 k 增加 1
抬笔
将笔的粗细设为 10
将笔的颜色设为
将x坐标设为 X 的第 k 项
将y坐标设为 Y 的第 k 项
落笔
显示番号 k
定义 设初值
删除 城市号 的全部项目
删除 X 的全部项目
删除 Y 的全部项目
删除 新生表 的全部项目
删除 最优线路 的全部项目
全部擦除
将 进化次数 设为 0
将 城市数 设为 18

图 9-61　设初值和显示城市番号程序

(5) 主程序和生成第一个最短长度的程序如图 9-62 所示。

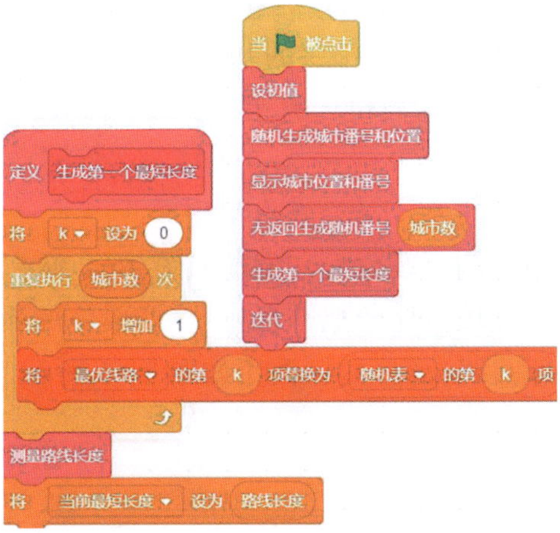
当 被点击
设初值
随机生成城市番号和位置
显示城市位置和番号
无返回生成随机番号 城市数
生成第一个最短长度
迭代
定义 生成第一个最短长度
将 k 设为 0
重复执行 城市数 次
将 k 增加 1
将 最优线路 的第 k 项替换为 随机表 的第 k 项
测量路线长度
将 当前最短长度 设为 路线长度

图 9-62　主程序和生成第一个最短长度的程序

## 9.5.4 遗传算法中的交叉池

用一个循环来生成种群“交叉池”，由于 Scratch 没有排序的内置函数，为了便于排序，每生成一条随机线路，立即测出长度(同步将番号放入测长表，测长的对象改为测长表)，并将这个这个线路的“城市数”个番号紧接着长度，共(城市数+1)个元素，挨次放入交叉池列表，生成交叉(配)池的子程序，如图 9-63 所示。因此“交叉池”的总项目数为线路数×(城市数+1)。

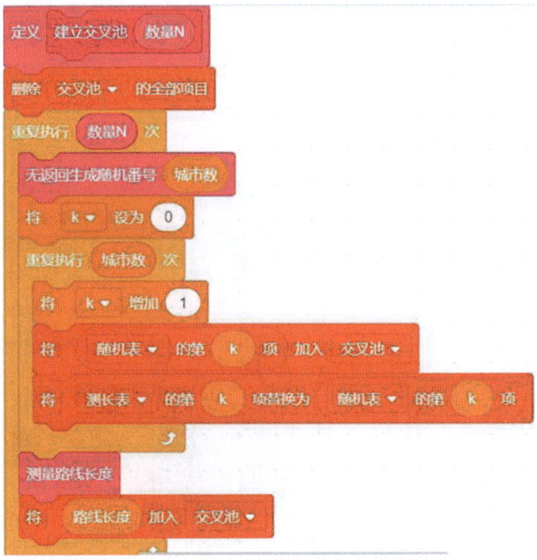
定义 建立交叉池 数量N
删除 交叉池 的全部项目
重复执行 数量N 次
无返回生成随机番号 城市数
将 k 设为 0
重复执行 城市数 次
将 k 增加 1
将 随机表 的第 k 项 加入 交叉池
将 测长表 的第 k 项替换为 随机表 的第 k 项
测量路线长度
将 路线长度 加入 交叉池

图 9-63　生成交叉(配)池的子程序

### 1. 交叉池排序

对“交叉池”中的线路，按线路长度这个“键”排序是十分重要的模块，要把最优(短)的线路放在最前面，便于找到当前最优的“基因”，把最劣(长)的放最后，便于往种群(交叉池)中添加“基因”(线路)时，替代最后这段最差的“基因”。因为交叉池的长度要保持不变。

定义一个交换交叉池中某两个段位的元素(就是一条线路的番号和长度)的子积木，当然每一段长度是(城市数+1)。这是排序的基础性工作。将段位 1 的元素放入一个中转列表，再将段位 1 的元素替换为段位 2 的元素，最后将段位 2 的元素替换为放在中转列表里面的原段位 1 的元素。

交叉池排序步骤如下。

(1)首先，交换交叉池中两个段位元素脚本如图 9-64 所示。

(2)其次，据冒泡法，逐段位比较把符合前项(前段位的最后一项即路线长度)大于后项(后段位的最后一项即路线长度)的，调用如图 9-65 所示的交叉池排序脚本，交换位置。

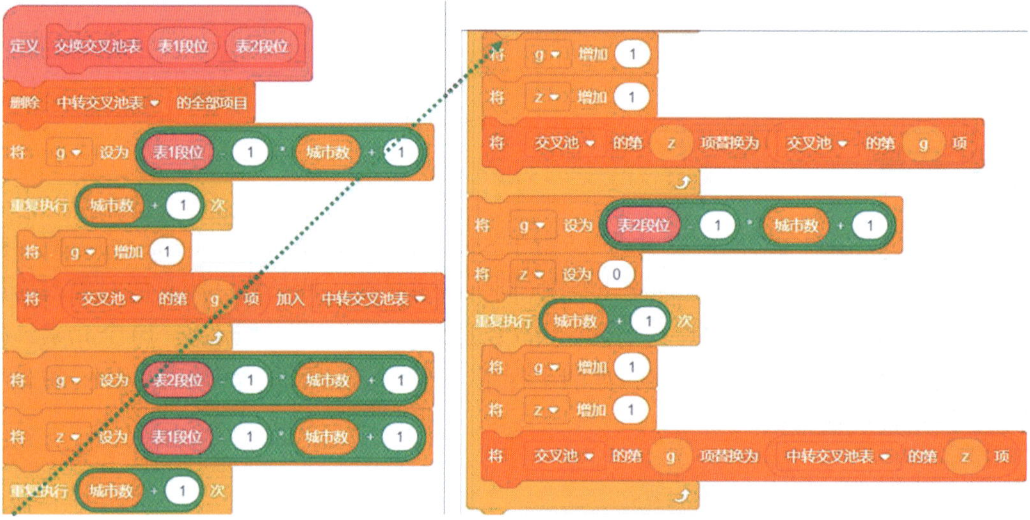
定义 交换交叉池表 表1段位 表2段位
删除 中转交叉池表 的全部项目
将 g 设为 表1段位 - 1 * 城市数 + 1
重复执行 城市数 + 1 次
将 g 增加 1
将 交叉池 的第 g 项 加入 中转交叉池表
将 g 设为 表2段位 - 1 * 城市数 + 1
将 z 设为 表1段位 - 1 * 城市数 + 1
重复执行 城市数 + 1 次
将 g 增加 1
将 z 增加 1
将 交叉池 的第 z 项替换为 交叉池 的第 g 项
将 g 设为 表2段位 - 1 * 城市数 + 1
将 z 设为 0
重复执行 城市数 + 1 次
将 g 增加 1
将 z 增加 1
将 交叉池 的第 g 项替换为 中转交叉池表 的第 z 项

(a)　　　　(b)

图 9-64　交换交叉池中两个段位元素的脚本

### 2. 交叉(配)进化路线

在交叉池中随机选出两个线路番号列表 A 表和 B 表是“双亲”。再随机选择一个索引(2 和“城市数”之间的随机数)$j$，然后将 A 表从第 $j$ 项和 $j+1$ 项中间切分开，左边的一半将成为子列表(新生表)的开头部分，为了增加遗传的多样性，按 50% 的几率将开头部分倒序。为此增加一个倒序的子积木。

然后按顺序在 B 表中保留下开头部分没有的元素，将这两个列表拼接起来就得到了子列表(新生表)。具体内容如下。

A 表：[6, 0, 7, 8, 2, 1, 3, 9, 4, 5]。

B 表：[1, 0, 4, 9, 6, 2, 5, 8, 7, 3]。

索引：$j$= 3。

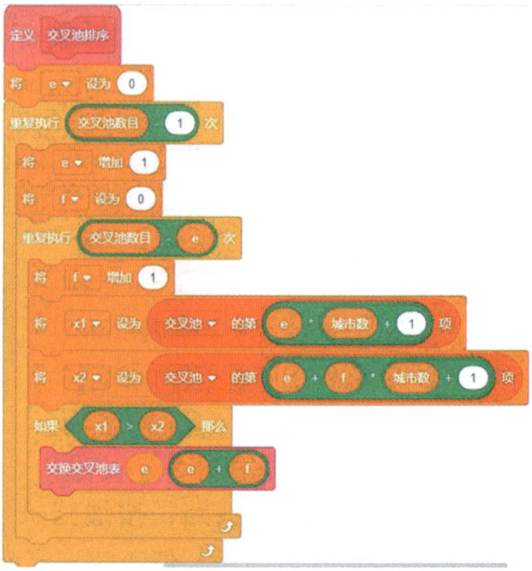
定义 交叉池排序
将 e 设为 0
重复执行 交叉池数目 - 1 次
将 e 增加 1
将 f 设为 0
重复执行 交叉池数目 - e 次
将 f 增加 1
将 x1 设为 交叉池 的第 e * 城市数 + 1 项
将 x2 设为 交叉池 的第 e + f * 城市数 + 1 项
如果 x1 > x2 那么
交换交叉池表 e e + f

图 9-65　交叉池排序脚本

新生表开头部分：[6，0，7]，如果倒序就是[7，0，6]。

B 表保留部分：[1，4，9，2，5，8，3]。

新生表：[6，0，7，1，4，9，2，5，8，3]。

交叉（配）进化路线操作步骤如下。

（1）随机生成“双亲”脚本，如图 9-66 所示。

（2）建立新生表倒序的子程序，如图 9-67 所示。

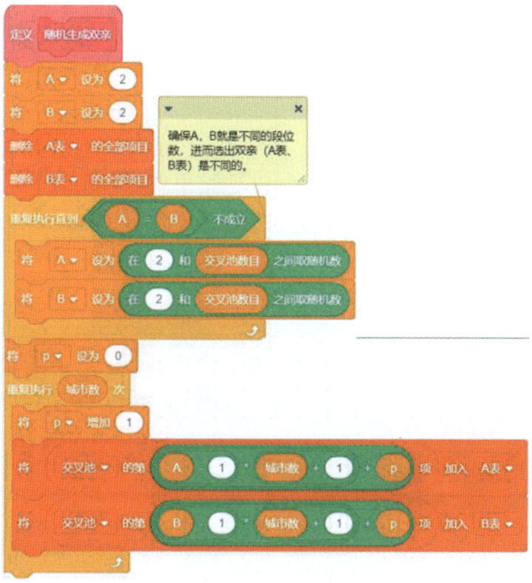

定义 随机生成双亲
将 A 设为 2
将 B 设为 2
删除 A表 的全部项目
删除 B表 的全部项目
确保A，B就是不同的段位数，进而选出双亲（A表、B表）是不同的。
重复执行直到 A = B 不成立
将 A 设为 在 2 和 交叉池数目 之间取随机数
将 B 设为 在 2 和 交叉池数目 之间取随机数
将 p 设为 0
重复执行 城市数 次
将 p 增加 1
将 交叉池 的第 A - 1 * 城市数 + 1 + p 项 加入 A表
将 交叉池 的第 B - 1 * 城市数 + 1 + p 项 加入 B表

图 9-66　随机生成双亲的脚本

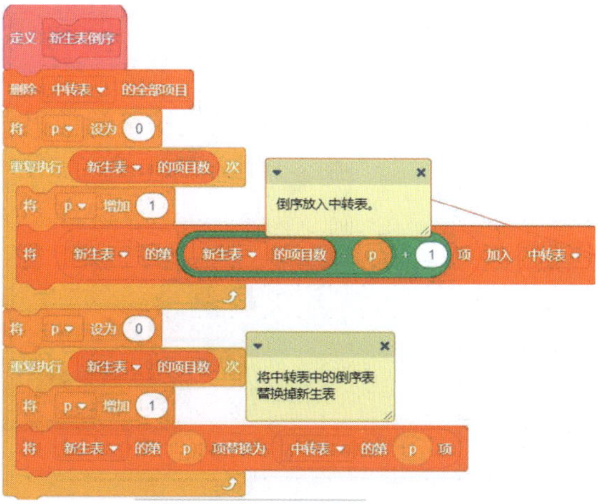

定义 新生表倒序
删除 中转表 的全部项目
将 p 设为 0
重复执行 新生表 的项目数 次
倒序放入中转表。
将 p 增加 1
将 新生表 的第 新生表 的项目数 - p + 1 项 加入 中转表
将 p 设为 0
重复执行 新生表 的项目数 次
将中转表中的倒序表替换掉新生表
将 p 增加 1
将 新生表 的第 p 项替换为 中转表 的第 p 项

图 9-67　新生表倒序的脚本

（3）建立切片、交叉的子程序脚本，如图 9-68 所示。

（4）建立将新生表替换交叉池尾部的子程序脚本，如图 9-69 所示。

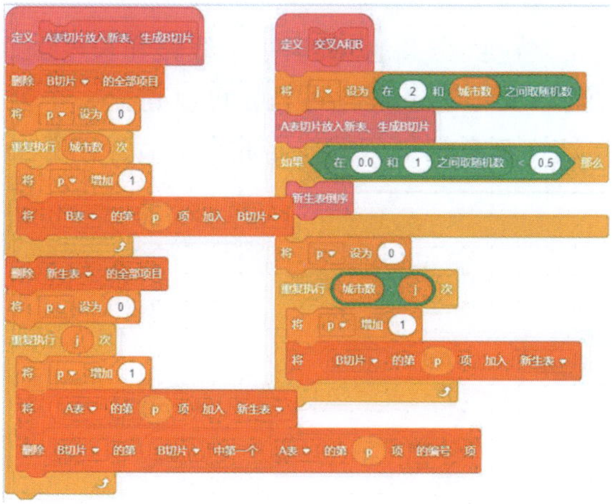

定义 A表切片放入新表、生成B切片
删除 B切片 的全部项目
将 p 设为 0
重复执行 城市数 次
将 p 增加 1
将 B表 的第 p 项 加入 B切片
删除 新生表 的全部项目
将 p 设为 0
重复执行 j 次
将 p 增加 1
将 A表 的第 p 项 加入 新生表
删除 B切片 的第 B切片 中第一个 A表 的第 p 项 的编号 项
定义 交叉A和B
将 j 设为 在 2 和 城市数 之间取随机数
A表切片放入新表、生成B切片
如果 在 0.0 和 1 之间取随机数 < 0.5 那么
新生表倒序
将 p 设为 0
重复执行 城市数 - j 次
将 p 增加 1
将 B切片 的第 p 项 加入 新生表

图 9-68　切片、交叉的子程序脚本

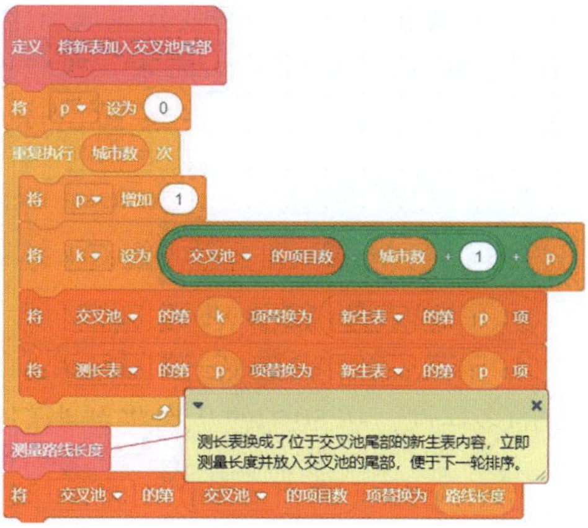

定义 将新表加入交叉池尾部
将 p 设为 0
重复执行 城市数 次
将 p 增加 1
将 k 设为 交叉池 的项目数 - 城市数 + 1 + p
将 交叉池 的第 k 项替换为 新生表 的第 p 项
将 测长表 的第 p 项替换为 新生表 的第 p 项
测长表换成了位于交叉池尾部的新生表内容，立即测量长度并放入交叉池的尾部，便于下一轮排序。
测量路线长度
将 交叉池 的第 交叉池 的项目数 项替换为 路线长度

图 9-69　将新生表替换交叉池尾部的子程序脚本

（5）然后变异最优路线，交换它的编号列表的 3 个、4 个、5 个……一直到（城市数-1）个数，并将变异出的路线加入种群（交叉池）。最后进行种群数次，从种群中随机选取路线进行变异，将变异出的路线加入种群，如图 9-70 所示。

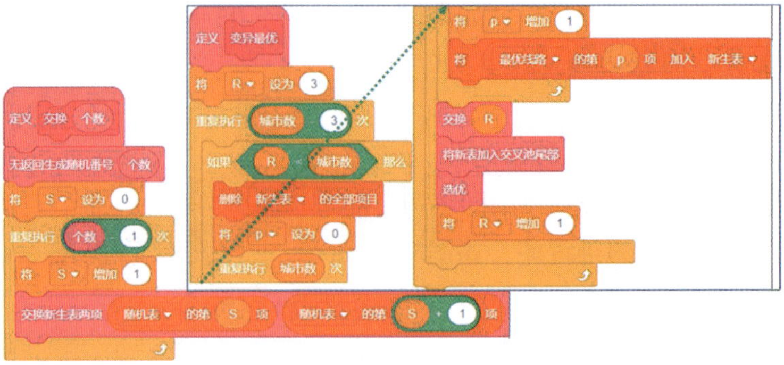

图 9-70　变异最优路线程序

（6）建立变异交叉池中最优线路的子积木，如图 9-71 所示。

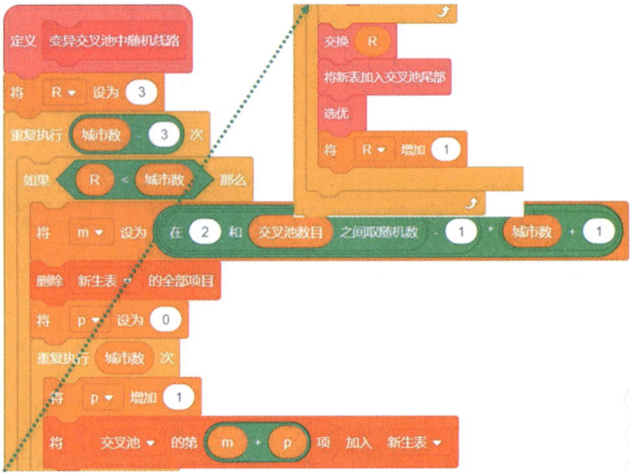

图 9-71　变异交叉池中最优线路脚本

（7）无论是交叉还是变异生成新生表以后，替换“交叉池”最后一个线路和长度（长度立即测出），如图 9-72 所示。然后立即选优。要记录下进化过程，可以建立一个列表，将实时数据存放其中，如图 9-73 所示。这样就会把最劣的线路放在最后，在下一次加入时被替换掉。

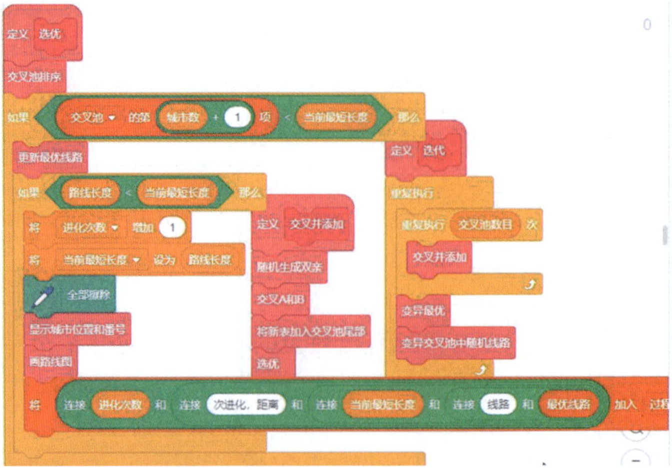

图 9-72　选优和迭代程序

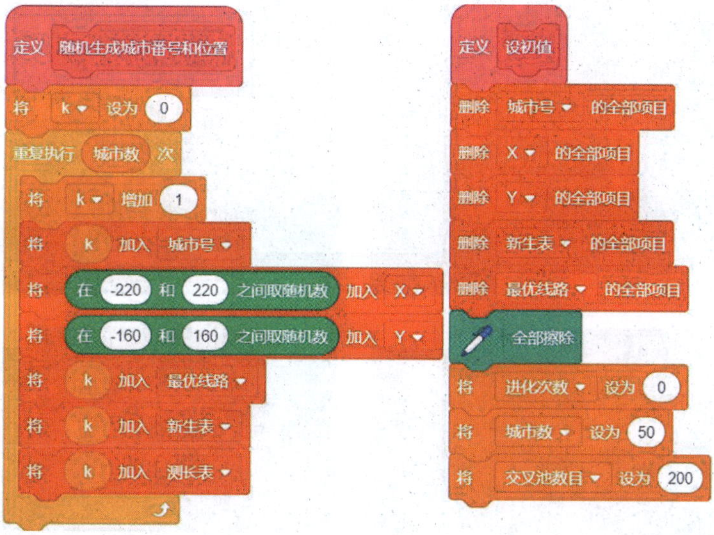
定义 随机生成城市番号和位置
将 k 设为 0
重复执行 城市数 次
将 k 增加 1
将 k 加入 城市号
将 在 -220 和 220 之间取随机数 加入 X
将 在 -160 和 160 之间取随机数 加入 Y
将 k 加入 最优线路
将 k 加入 新生表
将 k 加入 测长表
定义 设初值
删除 城市号 的全部项目
删除 X 的全部项目
删除 Y 的全部项目
删除 新生表 的全部项目
删除 最优线路 的全部项目
全部擦除
将 进化次数 设为 0
将 城市数 设为 50
将 交叉池数目 设为 200

（a）　　　　（b）

图 9-73　测长表、交叉池相关设置

（8）更新最优线路子程序和主程序（图 9-74）。这样，优化效果明显，尽管由于排序比较耗时，速度较慢，但不会停滞。

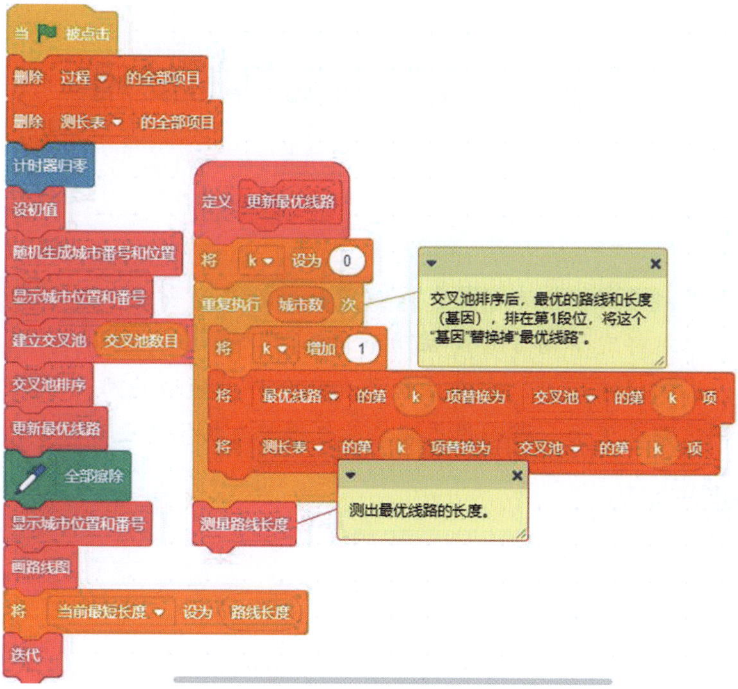
当 被点击
删除 过程 的全部项目
删除 测长表 的全部项目
计时器归零
设初值
随机生成城市番号和位置
显示城市位置和番号
建立交叉池 交叉池数目
交叉池排序
更新最优线路
全部擦除
显示城市位置和番号
画路线图
将 当前最短长度 设为 路线长度
迭代
定义 更新最优线路
将 k 设为 0
重复执行 城市数 次
将 k 增加 1
将 最优线路 的第 k 项替换为 交叉池 的第 k 项
将 测长表 的第 k 项替换为 交叉池 的第 k 项
测量路线长度
交叉池排序后，最优的路线和长度（基因），排在第1段位，将这个"基因"替换掉"最优线路"。
测出最优线路的长度。

图 9-74　主程序和更新最优线路子程序

（9）30、50、70 个城市的最后几次优化效果如图 9-75 所示。

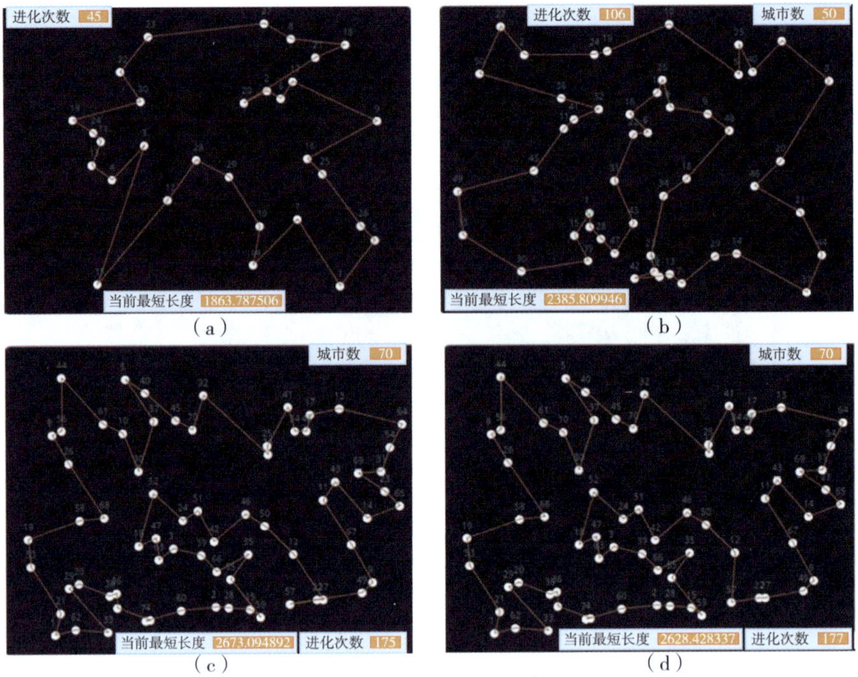


图 9-75　30、50、70 个城市的优化效果

# 任务 6　元胞自动机的使用

## 任务概述

在计算模拟曲线或者其他事物时，所采用的往往是诸如微分方程或偏微分方程等可以具体写出方程这样定量的方式建立动力学模型，强大如微积分等工具，甚至帮人类登上了月球。纵使这样强大，它在生物学和社会科学领域的用处却极为有限，因为生物体并不按照方程式生长。因而用元胞自动机模拟生物体是没有具体的数学方程的。

## 任务重点与实施

### 9.6.1　元胞自动机

元胞自动机(cellular automata，CA)是冯·诺依曼在 20 世纪 50 年代初为模拟生物发育中细胞的自我复制而提出的，但当时并未引起关注和重视。CA 真正兴起是在计算机普及之后。实际上，CA 只能用计算机来研究，因为即使它们只需要遵循简单的规则(如“如果它周围没有足够多的生物体，就死掉”)，也只有在创建成百上千个这样的生物体并运行成百上千代后，这些规则才会产生有用的结果。

### 1. 元胞自动机的构成

标准元胞自动机是一个由元胞、元胞状态、邻域和状态更新规则构成的四元组，用数学符号可以表示

$$A=(L_d, S, N, f)$$

式中 $A$——一个元胞自动机系统；

$L$——元胞空间；

$d$——一正整数，表示元胞自动机内元胞空间的维数；

$S$——元胞有限的、离散的状态集合；

$N$——某个邻域内所有元胞的集合；

$f$——局部映射或局部(状态更新)规则。

### 2. 元胞空间

元胞是构成元胞自动机的基本单元，而元胞空间是元胞所分布的空间网点集合，就是所有元胞可以存在的位置的集合。

### 3. 边界条件

元胞空间是在各维向上无限延展的，但实际中无法在计算机上实现。因此，需要定义不同的边界条件。

元胞空间的边界条件主要有三种类型：周期型(在一维上表示为首尾相连；在二维上则是左右相连，上下相连的一个拓扑圆环面(类似甜甜圈))、反射型(在边界外邻居的元胞状态是以边界为轴的镜面反射)和定值型(边界外的元胞均取某一固定值)。

### 4. 元胞状态

在一般情况下，某一时刻一个元胞只能有一个状态，取自一个有限集合，比如{0，1}，{生，死}，{a1，a2，...，an}等。在不同的应用模型中，这种状态也可以用来表示不同的特征，如在社会科学中常用来表示个体所持的态度或行为等。

### 5. 邻域

对于每一个元胞，在空间位置上与元胞相邻的位置称为邻元，所有邻元组成的区域就是元胞的邻域。在一维情形中，常用半径 $r$ 来确定邻域，距离元胞距离为 $r$ 的所有元胞都是他的邻域。图 9-76 中灰色的位置就是黑色元胞的邻域。

图 9-76　一维 CA 邻域

在二维的情况下，通常有以下几种类型的邻域。

(1)冯诺依曼型：以上下左右四个相邻元胞为邻域，如图 9-77(a)所示。

(2)摩尔型：以周围八个相邻元胞为领域，生命游戏就是以用摩尔型邻域的，如图 9-77(b)所示。

(3)扩展摩尔型：将半径扩大，如图 9-77(c)所示。

(4)马格勒斯型。与其他类型不同，马格勒斯型是一种元胞分块技术，每次统一处理 2×2 格子的元胞块，元胞的演化只有元胞块内部的元胞状态决定，如图 9-77(d)所示。

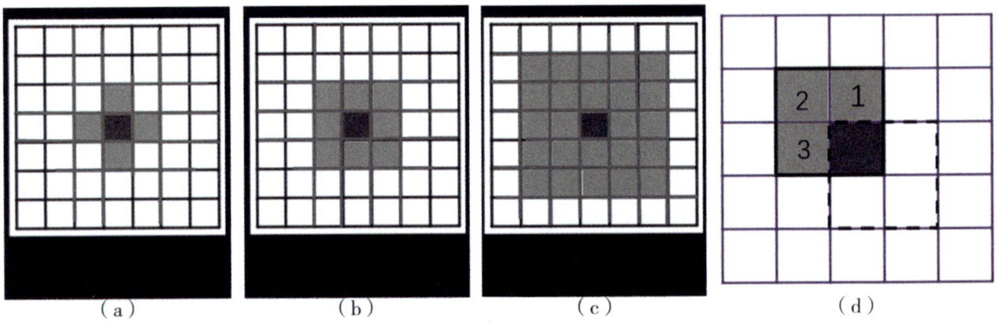


(a)　(b)　(c)　(d)

图 9-77　二维 CA 邻域类型

### 6. 元胞自动机工作原理

根据每个元胞和它的邻元(邻居)的不同状态，由状态更新规则决定这个元胞在下一个时刻的状态。状态更新规则 $f$ 是指根据元胞的当前状态及其邻域中元胞的状态决定下一时刻该元胞状态的状态转移函数。状态更新规则可以写为

$$f:\ S^{t+1}=f(S^t,\ S^t_N)$$

式中，$S^t_N$——$t$ 时刻的邻域状态集合。

## 9.6.2 元胞自动机的更新规则和实现思路

斯蒂芬·沃尔夫勒姆(Stephen Wolfram)在他的的著作《A New Kind of Science》中提出一个二维 CA，它的状态更新规则 $f$ 是：如果一个元胞有一个或者四个邻元(邻居)的状态为生，就将它的状态设为(并保持为)生。二维 CA 的各种细胞状态如图 9-78 所示。

实现的基本思路：建立一个个数为 $n×n$ 的网格，每个方格代表一个元胞，每个元胞有两种状态生(1)和死(0)，状态“生”就把方格画成黑色，状态(死)就保持底色(白色)。要知道某个方格对应的状态，首先要有个变量“状态”记录其状态值 1 或 0，变量“大小”记录元胞方格的边长，还需要知道每个方格的位置(中心坐标)，就需要使用两个 $n×n$ “长列表”$X$ 和 $Y$，模拟矩阵分别存放 $n×n$ 个方格对应的横坐标 $x$、纵坐标 $y$，同时还要两个“长列表”来充当“矩阵”分别存放每个方格状态更新前后的状态。

有了元胞的坐标位置，就可以到对应矩阵的位置获取状态，也可以据此找到该元胞的邻居的位置和状态，如图 9-79 所示。还需要一个变量“邻居状态累加”存放每个元胞四周邻居“生”的累计个数，便于根据更新规则判断该元胞的“生”和“死”。

图 9-78　二维 CA 的各种细胞状态

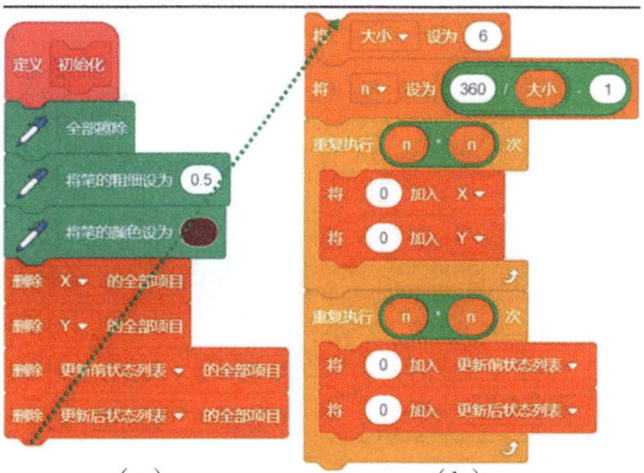
定义 初始化
全部擦除
将笔的粗细设为 0.5
将笔的颜色设为
删除 X 的全部项目
删除 Y 的全部项目
删除 更新前状态列表 的全部项目
删除 更新后状态列表 的全部项目
将 大小 设为 6
将 n 设为 360 / 大小 - 1
重复执行 n * n 次
将 0 加入 X
将 0 加入 Y
重复执行 n * n 次
将 0 加入 更新前状态列表
将 0 加入 更新后状态列表

（a）　　（b）

图 9-79　初始设置

## 9.6.3　元胞自动机的基本操作

随着计算机技术的飞跃发展，元胞自动机在交通流模型、火灾模拟模型、肿瘤细胞的增长机理模拟、股票投资心理模型、计算机的并行计算等很多领域都有应用。数学是研究规律的学科，元胞自动机这一数学课题充满了有趣的概念、编程挑战、以及无穷无尽的美丽图案。

### 1. 画舞台中心为原点的网格

以舞台中心(0, 0)为参照点计算画线位置，从左下角开始画起。假定取“大小”为 6 步，以舞台高度 360 为限可分 60 行，考虑中心对称性，取奇数 $n=\dfrac{360}{\text{大小}}-1=59$。

左下角的坐标为 $\left(-\dfrac{n\times\text{大小}}{2},\ -\dfrac{n\times\text{大小}}{2}\right)$，线的长度为 $n\times$大小，注意：横竖线都要画 $n+1$ 根；画横线循环执行完后，$Y$ 坐标上移了一格，要归位后再开始往下画竖线。画网格程序和网格如图 9-80 所示。

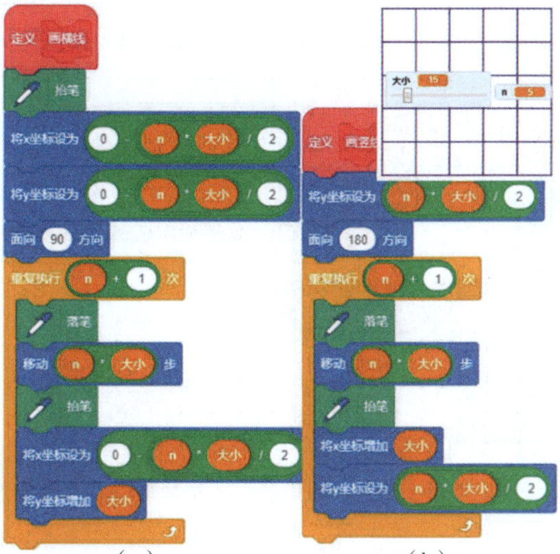
定义 画横线
抬笔
将x坐标设为 0 - n * 大小 / 2
将y坐标设为 0 - n * 大小 / 2
面向 90 方向
重复执行 n + 1 次
落笔
移动 n * 大小 步
抬笔
将x坐标设为 0 - n * 大小 / 2
将y坐标增加 大小
定义 画竖线
将y坐标设为 n * 大小 / 2
面向 180 方向
重复执行 n + 1 次
落笔
移动 n * 大小 步
抬笔
将x坐标增加 大小
将y坐标设为 n * 大小 / 2

（a）　　（b）

图 9-80　画网格程序和网格

### 2. 计算每一格的实际坐标值

为了在对应方格里根据状态改变方格颜色，需要知道方格的实际坐标。以左下角坐标$\left(-\frac{n\times\text{大小}}{2}, -\frac{n\times\text{大小}}{2}\right)$为基准算起，每上移一行，y 坐标增加“大小”步，每右移一列，x 坐标增加“大小”步，但是这时方格的左下角坐标因此还要加上$\frac{\text{大小}}{2}$。即第 $i$ 行第 $j$ 列的方格的坐标为$\left(-\frac{n\times\text{大小}}{2}+(j-1)\times\text{大小}+\frac{\text{大小}}{2}, -\frac{n\times\text{大小}}{2}+(i-1)\times\text{大小}+\frac{\text{大小}}{2}\right)$化简为$\left(\left(j-\frac{n+1}{2}\right)\times\text{大小}, \left(i-\frac{n+1}{2}\right)\times\text{大小}\right)$，在模拟矩阵的长列表里，第 $i$ 行第 $j$ 列对应的位置(项数)是$(i-1)n+j$。计算方格实际坐标脚本如图 9-81 所示。

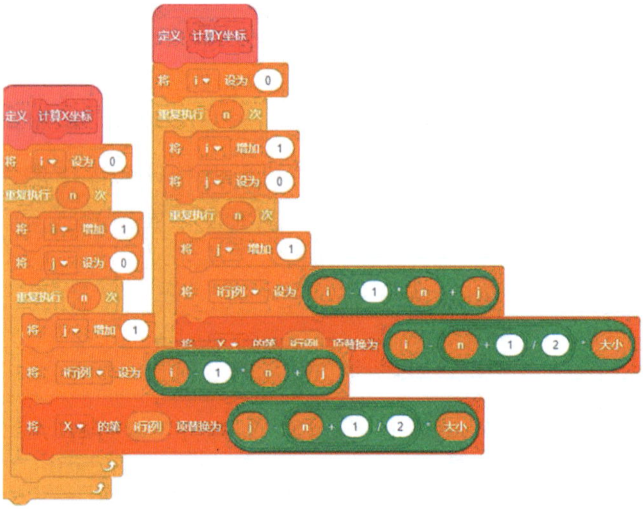

图 9-81　计算方格实际坐标脚本

### 3. 设置初始状态

初始状态时网格的中心位置是“生”，其余都是“死”。现在定义给状态列表的某位置赋值 1 的子积木，再定义一个给指定方格描颜色的子积木(图 9-82)。

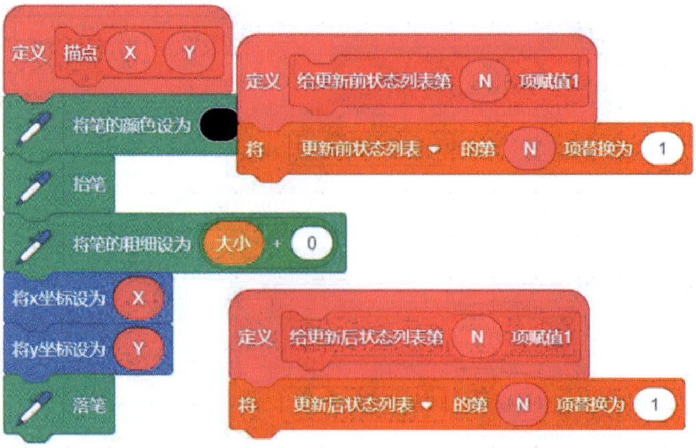
定义 描点 X Y
将笔的颜色设为
抬笔
将笔的粗细设为 大小 + 0
将x坐标设为 X
将y坐标设为 Y
落笔
定义 给更新前状态列表第 N 项赋值1
将 更新前状态列表 的第 N 项替换为 1
定义 给更新后状态列表第 N 项赋值1
将 更新后状态列表 的第 N 项替换为 1

图 9-82　设置初始状态程序

运行子积木将中心位置的状态赋值并描成黑色（也可以是其他颜色），如图 9-83 所示。

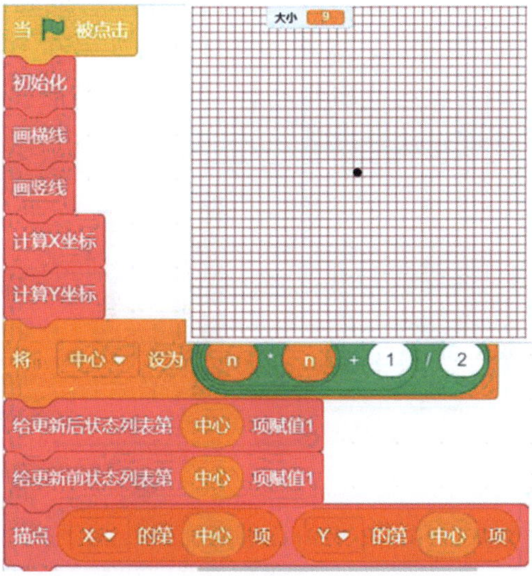
当 被点击
初始化
画横线
画竖线
计算X坐标
计算Y坐标
将 中心 设为 n * n + 1 / 2
给更新后状态列表第 中心 项赋值1
给更新前状态列表第 中心 项赋值1
描点 X 的第 中心 项 Y 的第 中心 项
大小 9

图 9-83 设置初始状态

## 9.6.4 根据规则更新状态

现在来根据规则实现状态迭代更新，把细胞（元胞）放入了长列表（“矩阵”），知道第 $i$ 行第 $j$ 列方格在矩阵里的位置是变量“$i$ 行 $j$ 列”$=(i-1)n+j$。图 9-84 为上下左右邻居状态检测脚本。

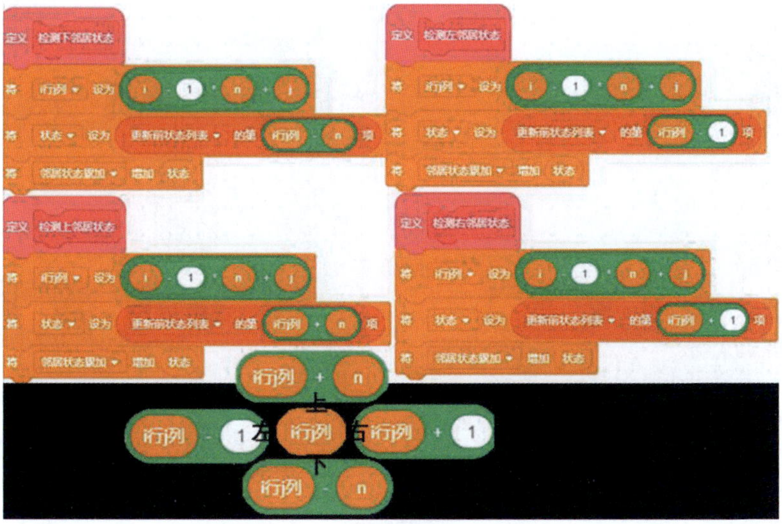
行列 + n
上
行列 - 1
左
行列
右
行列 + 1
下
行列 - n

图 9-84 上下左右邻居状态检测脚本

先定义检测上邻居状态的积木，对当前位于第 $i$ 行第 $j$ 列的方格，它的上邻居的位置就是第 $i+1$ 行第 $j$ 列，即状态列表的第“$i$ 行 $j$ 列”$+n$ 项。把该项值存放在变量“状态”

里面，然后累加在“邻居状态累加”里面。如果状态是“死”，变量“状态”为0，加进去等效于没有加。

需要注意的是，如果被测方格在边界上，它的邻居可能超界，Scratch 是能够容忍不报错的，返回的“状态值”是空值，效果和0一样。如果在不容错的环境，要注意根据上下左右的情况处理。每一轮迭代前要把上一轮的“更新后状态列表”传到下一轮“更新前状态列表”，图 9-85 为更新迭代程序。

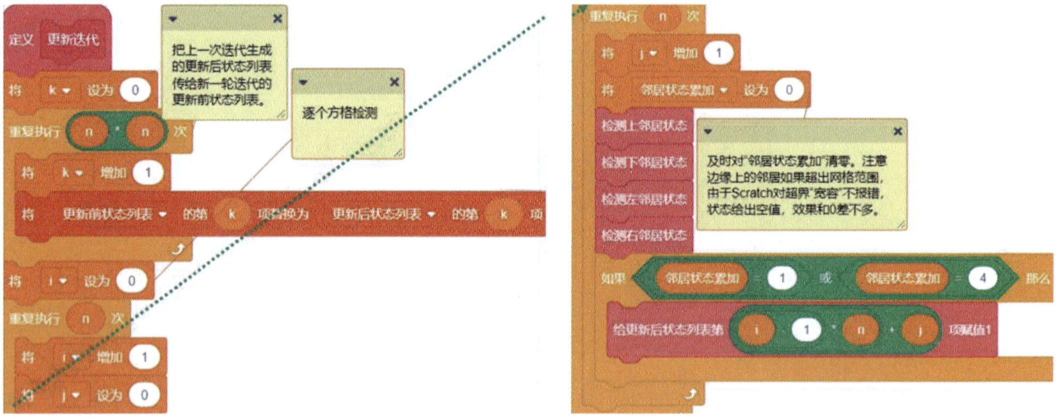
定义 更新迭代
把上一次迭代生成的更新后状态列表传给新一轮迭代的更新前状态列表。
逐个方格检测
将 k 设为 0
重复执行 n * n 次
将 k 增加 1
将 更新前状态列表 的第 k 项替换为 更新后状态列表 的第 k 项
将 i 设为 0
重复执行 n 次
将 i 增加 1
将 j 设为 0
重复执行 n 次
将 j 增加 1
将 邻居状态累加 设为 0
检测上邻居状态
检测下邻居状态
检测左邻居状态
检测右邻居状态
及时对“邻居状态累加”清零。注意边缘上的邻居如果超出网格范围，由于Scratch对超界“宽容”不报错，状态给出空值，效果和0差不多。
如果 邻居状态累加 = 1 或 邻居状态累加 = 4 那么
给更新后状态列表第 i - 1 * n + j 项赋值1

（a）　　　　　　（b）

图 9-85　更新迭代程序

每次检测前应该清空“邻居状态累加”，每个方格检测完，当“邻居状态累加”的值是1或者4，就把“更新后状态列表”的当前位置的状态值设为1(生)。状态描点(打印)脚本如图 9-86 所示，给主程序加上迭代循环和打印程序如图 9-87 所示。

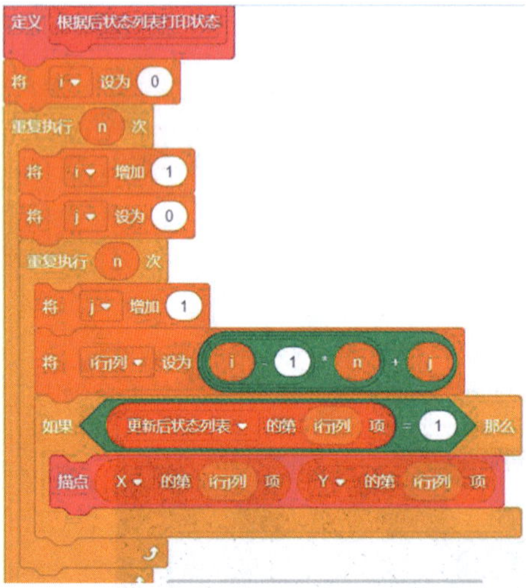
定义 根据后状态列表打印状态
将 i 设为 0
重复执行 n 次
将 i 增加 1
将 j 设为 0
重复执行 n 次
将 j 增加 1
将 行列 设为 i - 1 * n + j
如果 更新后状态列表 的第 行列 项 = 1 那么
描点 X 的第 行列 项 Y 的第 行列 项

图 9-86　状态描点(打印)脚本

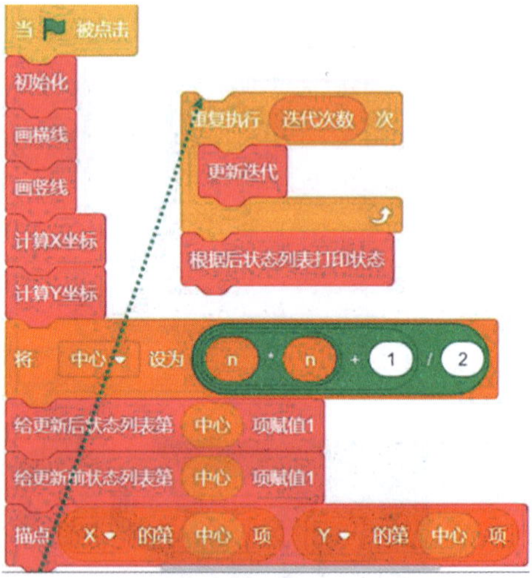
当 被点击
初始化
画横线
画竖线
计算X坐标
计算Y坐标
重复执行 迭代次数 次
更新迭代
根据后状态列表打印状态
将 中心 设为 n * n + 1 / 2
给更新后状态列表第 中心 项赋值1
给更新前状态列表第 中心 项赋值1
描点 X 的第 中心 项 Y 的第 中心 项

图 9-87　给主程序加上迭代循环和打印程序

几轮迭代后，根据更新后的状态列表，把“生”状态对应的坐标位置描成黑色(图 9-88)。改变元胞的大小和迭代次数，看细胞生长的模样，如图 9-89 所示。

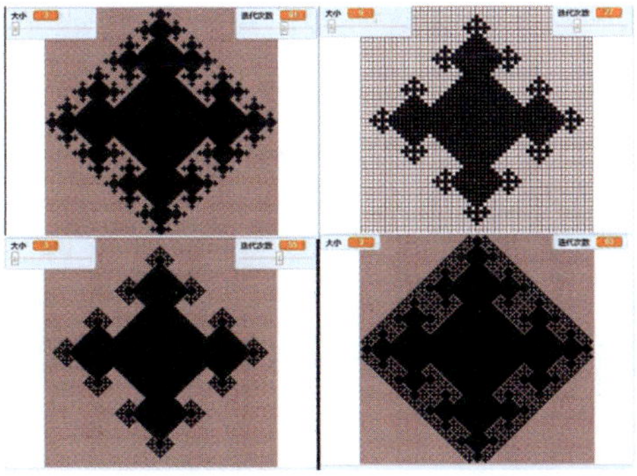

图 9-88　不同方格大小和迭代次数的状态

大小 3
迭代次数 62

图 9-89　去掉网格变化颜色

## 9.6.5 兰顿蚂蚁与“高速公路”

兰顿蚂蚁(Langton’s ant)是元胞自动机的经典范例之一。它由克里斯托夫·兰顿在1986年提出，由黑白格子和一只“蚂蚁”构成，是一个二维图灵机。兰顿蚂蚁拥有非常简单的逻辑和十分复杂有趣的表现，如图9-90所示。

兰顿蚂蚁规则就是假定一个由白色方块二维平面上，一只蚂蚁在上面爬行，如果说蚂蚁脚下的方块颜色是白色的，就将脚下的方块变成黑色，然后右转90°后走一格；如果脚下是黑块就将该块变成白色，然后左转90°再走一格。

因而程序代码也不复杂，取4(也可以取2)作为方格的边长，以画笔描一个粗细为4的点代替方格，使用无限循环，把移动次数达到上限作为结束条件。画笔版兰顿蚂蚁脚本如图9-91所示。

n 15001

图 9-90　画笔版兰顿蚂蚁

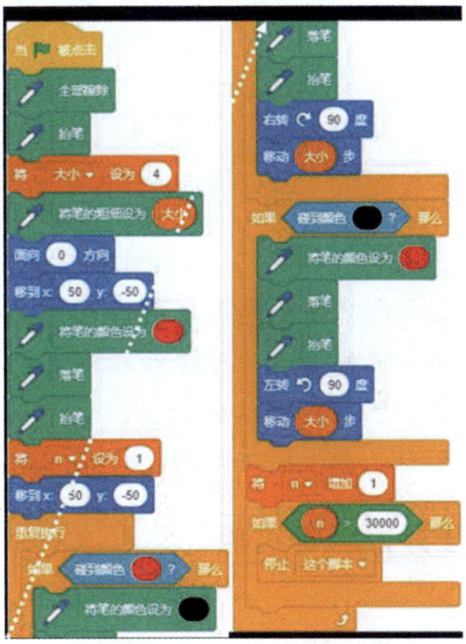
当 被点击
全部擦除
抬笔
将 大小 设为 4
将笔的粗细设为 大小
面向 0 方向
移到 x: 50 y: -50
将笔的颜色设为
落笔
抬笔
将 n 设为 1
移到 x: 50 y: -50
重复执行
如果 碰到颜色 ? 那么
将笔的颜色设为
落笔
抬笔
右转 90 度
移动 大小 步
如果 碰到颜色 ? 那么
将笔的颜色设为
落笔
抬笔
左转 90 度
移动 大小 步
将 n 增加 1
如果 n > 30000 那么
停止 这个脚本

(a)　(b)

图 9-91　画笔版兰顿蚂蚁脚本

也可以使用角色的不同颜色造型，加上画笔的图章功能来实现方块的颜色改变，图章版兰顿蚂蚁和绘制造型示意图如图9-92所示。不过造型绘制时，每个造型的位置和大小要一致，稍有差池会影响结果。可以用绘图板的画笔，选用粗细为 2(或 4)，在中心点一个点，程序如图 9-93 所示。造型的粗细就是蚂蚁移动的步长。

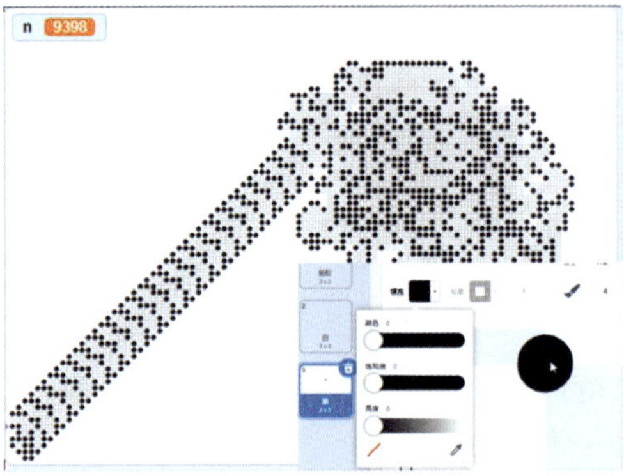
n 9398

图 9-92　图章版兰顿蚂蚁和绘制造型示意图

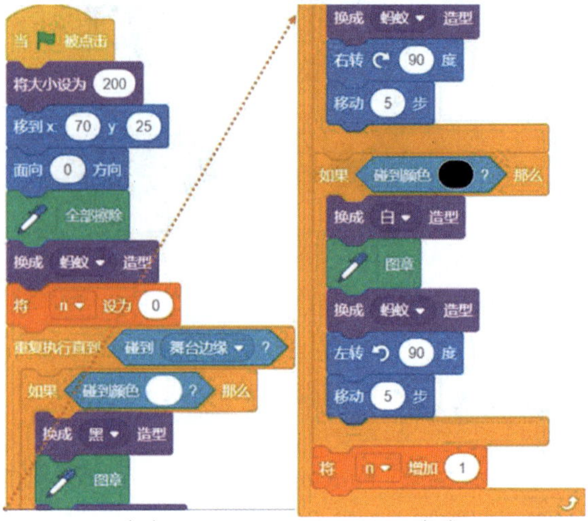
当 被点击
将大小设为 200
移到 x 70 y 25
面向 0 方向
全部擦除
换成 蚂蚁 造型
将 n 设为 0
重复执行直到 碰到 舞台边缘 ?
如果 碰到颜色 ? 那么
换成 黑 造型
图章
换成 蚂蚁 造型
右转 90 度
移动 5 步
如果 碰到颜色 ? 那么
换成 白 造型
图章
换成 蚂蚁 造型
左转 90 度
移动 5 步
将 n 增加 1

(a)　　(b)

图 9-93　图章版兰顿蚂蚁程序

运行程序会发现，若从全白的背景开始，在一开始的数百步，蚂蚁留下的路线会出现许多对称或重复的形状，然后会出现类似混沌的假随机，大约一万步后会出现以 104 步为周期无限重复的“高速公路”朝固定方向移动。

# 任务 7　蚂蚁爬绳

## 任务概述

在 Scratch 编程中，蚂蚁问题是一个经典的算法问题。蚂蚁问题通常是在特定的环境中，让蚂蚁从一个起点出发，通过特定的移动规则，到达一个目标点。环境可能是二维平面或三维空间，可能存在障碍物和边界限制。蚂蚁问题的解决方法可以应用于地图导航、物流配送路线规划、机器人路径规划等实际场景；还可以与数学、物理、生物等学科结合，如研究蚂蚁的行为模式、探索自然界中的路径优化现象等。

## 任务重点与实施

### 9.7.1　微积分解法

一绳长 1 m，一蚂蚁从绳的固定一端爬向另一端，速度为 1 cm/s，同时，绳子以 10 cm/s 的速度均匀伸长。问：蚂蚁能否达到绳的另一端？如能，需多长时间？如不能，请说明理由(假设绳子质量无限好，蚂蚁寿命无限长)。

【解】

设蚂蚁起点和绳子的起点都固定在坐标原点，绳子为均匀材质(各段均匀拉长)。

设：时间变量为 $t$，在 $t$ 时刻蚂蚁所在位置坐标为 $x$，绳子终点位置坐标为 $y$，那么终点位置随时间变化的函数为 $y=100+10t$。

蚂蚁在 $t$ 时刻的速度应视为两者之和：本身的爬行速度 1 cm/s（匀速）和绳子拉伸取得的分速度$\frac{10x}{y}$ cm/s(与蚂蚁位置相关的变速度)。

用符号 $x'$表示蚂蚁的速度，也就是位置 $x$ 关于时间 $t$ 的一次微分$\frac{\mathrm{d}x}{\mathrm{d}t}$。用符号 $x''$表示蚂蚁的加速度，也就是位置 $x$ 关于时间 $t$ 的二次微分$\frac{\mathrm{d}^2x}{\mathrm{d}t^2}$。

列出微分方程为

$$x'=1+\frac{10x}{y}$$

将 $y=100+10t$ 代入得

$$x'=1+\frac{x}{10+t}$$

方程两边乘以$(10+t)$得

$$10x'+tx'=x+10+t$$

两边关于时间 t 微分得

$$10x''+x'+tx''=x'+1$$

化简后得

$$x''=\frac{1}{10+t}$$

两边关于时间 $t$ 积分得

$$x'=\ln(10+t)+a$$

式中　$a$——任意常数；

　　ln——自然对数。

两边关于时间 $t$ 再次积分得

$$x=(10+t)\ln(10+t)+bt+c$$

式中　$b$、$c$——任意常数。

代入原微分方程得

$$x=(10+t)\ln(10+t)+b(10+t)$$

式中　$b$——任意常数(此时 $c=10b$)。

将边界条件 $t=0$ 时 $x=0$ 代入得

$$x=(10+t)[\ln(10+t)-\ln10]=(10+t)\ln(1+0.1t)$$

此时 $b=\ln10$ 。

原问题转化为何时 $x=y$

即

$$(10+t)\ln(1+0.1t)=100+10t$$

化简为

$$\ln(1+0.1t)=10$$

$$t=10(e^{10}-1)$$

e 为自然对数的底数约为 2.718 281 8……，所以 $t$ 约等于 220 255 s，也就是约为 61.2 h。

答：蚂蚁约 61.2 h 后到达绳子的终点。

## 9.7.2 Scratch 模拟蚂蚁爬绳

为了探究任意一个连续的形状、物体、运动、过程或现象(不管看起来有多么复杂)，把它重新想象成由无穷多个简单部分组成的事物，分析这些部分，然后把结果加在一起，就能理解最初的那个整体。

Scratch 没有微积分运算的内置函数，根据上述原则模拟实验过程。

取一个充分小的时间片段 $\delta t$，看这段时间蚂蚁和皮筋头向右移动了多少距离，然后把它们累加起来，每个时刻比较一次，它们距离固定端是否一样长度了，如果是就停下来，报告结果。图 9-94 为计算角色的代码。

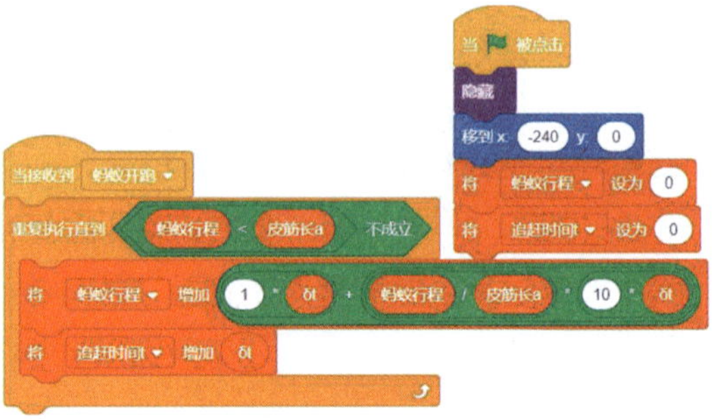

当 被点击
隐藏
移到 x: -240 y: 0
将 蚂蚁行程 设为 0
将 追赶时间 设为 0
当接收到 蚂蚁开跑
重复执行直到 蚂蚁行程 < 皮筋长a 不成立
将 蚂蚁行程 增加 1 * δt + 蚂蚁行程 / 皮筋长a * 10 * δt
将 追赶时间 增加 δt

图 9-94　计算角色的代码

皮筋头根据增长速度，移动了 $10\times\delta t$ cm，而蚂蚁除了在皮筋上移动了 $1\times\delta t$ cm，而皮筋本身的变长也让蚂蚁向右有一个增加的距离，增加距离是根据与固定端的距离，按比例增大的，即$\frac{\text{蚂蚁的行程}}{\text{皮筋的长度}}\times10\times\delta t$ cm。角色皮筋头的代码如图 9-95 所示，蚂蚁角色的代码如图 9-96 所示。

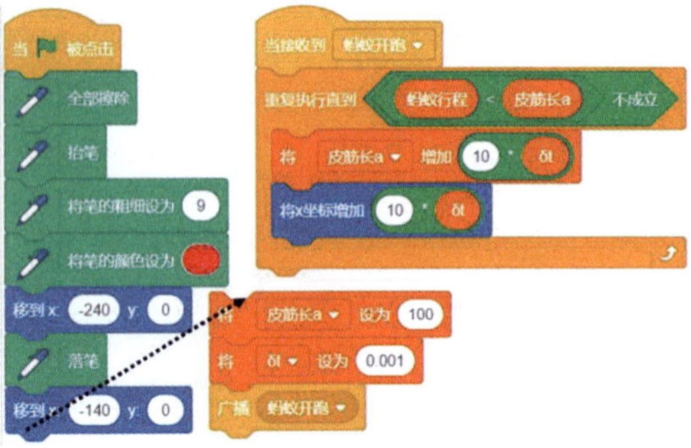

当 被点击
全部擦除
抬笔
将笔的粗细设为 9
将笔的颜色设为
移到 x: -240 y: 0
落笔
移到 x: -140 y: 0
将 皮筋长a 设为 100
将 δt 设为 0.001
广播 蚂蚁开跑
当接收到 蚂蚁开跑
重复执行直到 蚂蚁行程 < 皮筋长a 不成立
将 皮筋长a 增加 10 * δt
将x坐标增加 10 * δt

图 9-95　角色皮筋头的代码

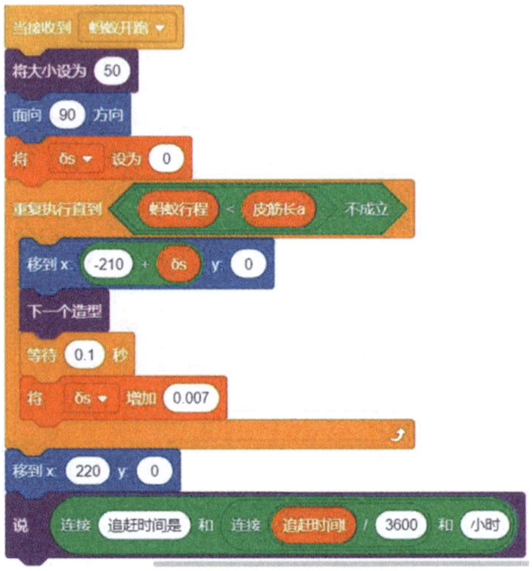

当接收到 蚂蚁开跑
将大小设为 50
面向 90 方向
将 δs 设为 0
重复执行直到 蚂蚁行程 < 皮筋长a 不成立
移到 x: -210 + δs y: 0
下一个造型
等待 0.1 秒
将 δs 增加 0.007
移到 x: 220 y: 0
说 连接 追赶时间是 和 连接 追赶时间 / 3600 和 小时

图 9-96　蚂蚁角色的代码

因此，蚂蚁的行程增量就是：$1\times\delta t+\frac{\text{蚂蚁的行程}}{\text{皮筋的长度}}\times10\times\delta t$ cm。某个时段 $\delta t$ 蚂蚁行程变化示意图如图 9-97 所示。

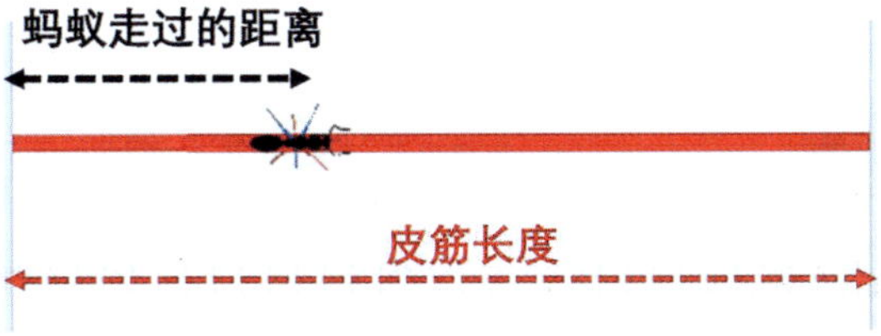


图 9-97　某个时段 $\delta t$ 蚂蚁行程变化示意图

以上是蚂蚁爬绳的核心算法，一共给出了三个角色：计算、皮筋头和蚂蚁。由于 Scratch 的舞台宽度有限，蚂蚁角色只能大致模拟，实际数据以计算为准。如果把 $\delta t$ 设为 0. 001 s 时精度已经很高了，如图 9-98 所示。

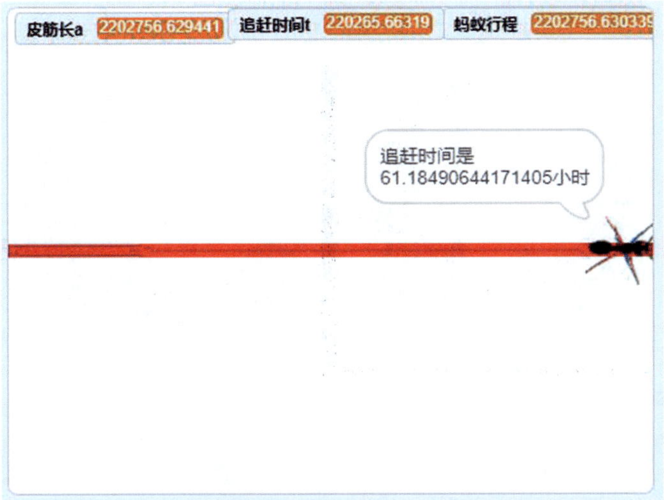


图 9-98　把 $\delta t$ 设为 0. 001 s

## 项目小结

本项目主要介绍了使用循环结构、分支结构、变量、列表、字符串，首先介绍了坐标变换绘图；其次介绍了杨辉三角的不同绘制技巧；再次介绍了遗传算法解决旅行商问题；最后介绍了元胞自动机的使用和蚂蚁爬绳。通过本项目的学习，读者能通过编程和算法来模拟现实世界中的复杂系统，编写出更多复杂游戏和动画制作。

## 项目习题

1. 画一个曲面 $x^2+y^2=z$ 的图形，如图 9-99 所示。

2. 根据杨辉三角部分模块，编一个打印九九乘法表的程序，如图 9-100 所示。

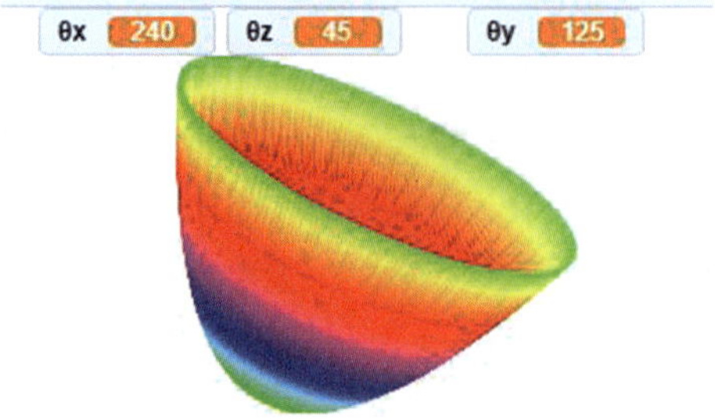


图 9-99　曲面图形

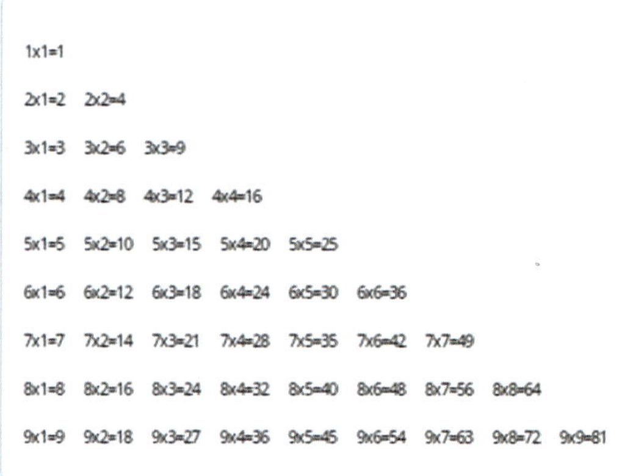


图 9-100　九九乘法表

3. 用非克隆方法编写 90 个旋转的正三角形，要求各个三角形的大小按如图 9-101 形式排列，并要动起来，甚至是实心彩色三角形。

（a）　　（b）

图 9-101　变换大小的 90 个旋转三角形

4. 编写大数乘法程序。

（1）计算 $55^n$。

（2）用梅森素数找完美数。

5. 用角色克隆、私有变量和列表，编写模拟诗词拼图游戏程序。具体要求如下。

（1）用鼠标点击屏幕，进入游戏界面。先要选难度（打乱顺序次数），再点按钮“开始”开始游戏。游戏过程中，允许玩家点击“帮助”按钮显示提醒内容。

（2）把选好的七绝诗（28 个不同的字）内容文字依次录入一个（装字符的）变量“内容”，然后依次把文字在舞台上的适当位置，正确地排成 4 行。

（3）根据难度，把次序打乱，并让“光标”（另外一个角色）随机到 28 个位置中一个去。这里需要根据每个文字方块的长度，计算安排 4 行 7 列的每一个位置。

（4）开始游戏后，用户点击需要与“光标”位置交换的字块，它会跟“光标”换位置，当所有字块，按古诗的顺序拼好后，报告成功。

（5）可对“文字”角色建 28 个以内容文字为造型。克隆“文字”角色 28 次，每个克隆体对应一个文字。可以给“文字”角色设置适当的“私有变量”(如原有顺序号、原有 $x$ 坐标、原有 $y$ 坐标等)。

(6)打乱次序可以使用列表生成一个 1 ~28 的随机乱序表，然后再根据乱序表的顺序在(装字符的)变量里面取文字角色的造型名称，让符合条件的克隆体去舞台对应位置。注意：打乱前要把正确的位置信息(原有 $x$ 坐标、原有 $y$ 坐标)保存起来在列表里。便于后面判断，而且要把原来的克隆体全部删掉。

(7)判断位置正确与否，就看当前位置坐标与原有的正确位置坐标是否吻合。

(8)还需要一个“正确字数”的变量，打乱顺序前这个变量值是 28，打乱后，判断每错 1 个减小 1，玩家每操作 1 次都要判断，正确的换成错的扣 1，错的换成正确的加 1，其余的不变。

6. 借鉴用“长列表”替代矩阵、“邻居位置”列表、图章等办法，编写一个五子棋游戏程序。具体要求如下。

(1)画棋盘借鉴元胞自动机，用长列表记录落子情况(该表原先全赋值为 0，表示没落子，每落一子，根据行列位置找到长列表的编号，把对应位置的 0 换成 1 或 2)。

(2)根据五子棋的规则，每落一子需要判断该子在 4 个方向(左→右，上→下，左下→右上，左上→右下)的邻居与它相同(值同为 1 或 2)的个数是否为 5，是就报告结果，否则继续。甚至可以用克隆私有变量，让这个游戏可以悔棋(删除克隆体)。

7. 仿照杨辉三角，(1)编写摆放“斜线蛇形矩阵”的程序(图 9-102)；(2)计算该矩阵第 $n$ 行第 $n$ 列的元素的值；(3)编写摆放转直角“内卷式”蛇形矩阵的程序(图 9-103)。

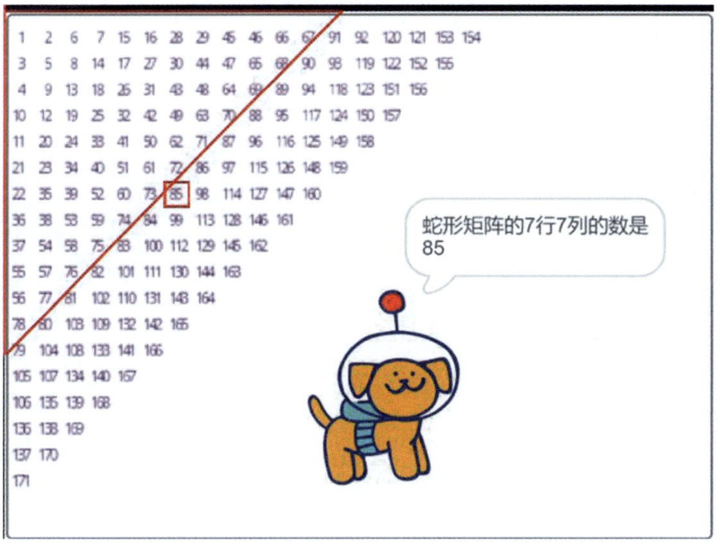
蛇形矩阵的7行7列的数是
85

图 9-102　斜线蛇形矩阵

【分析】

(1)设 $i$，$j$ 为行列的序号，根据 $i+j$ 的奇偶性确定走向的模式：$i+j$ 是偶数右上走向(先下落一步，然后右上移动当前层数减 1 次)，否则左下走向(先右移一步，再左下移动当前层数减 1 次)。每个数字显示前保存位置，显示完了要恢复。

(2)第 $n$ 行第 $n$ 列的元素所在的斜线左上方共有 $2n-2$ 条斜线，由于每条斜线的数字个数是公差为 1 的等差数列。

因此第 $2n-2$ 条斜线的最后一个元素就是 $1+2+3+\cdots+2n-2=\frac{1}{2}(2n-2)(2n-1)=2n^2-3n+1$，故所求元素为 $2n^2-3n+1+n=2n^2-2n+1$，可以用此公式直接编程计算出来。也可以像(1)那样逐个斜线走，直到找到第 $n$ 行第 $n$ 列的元素($i=n-1$，$j=n-1$)为止。

(3)比斜线蛇形还有简单一些，在一个方向上显示一个数字前进一步 $n$ 次右转 90 度，每两轮减少 1 次($n-1$)。注意每个数字显示前保存位置和方向，显示完了要恢复。

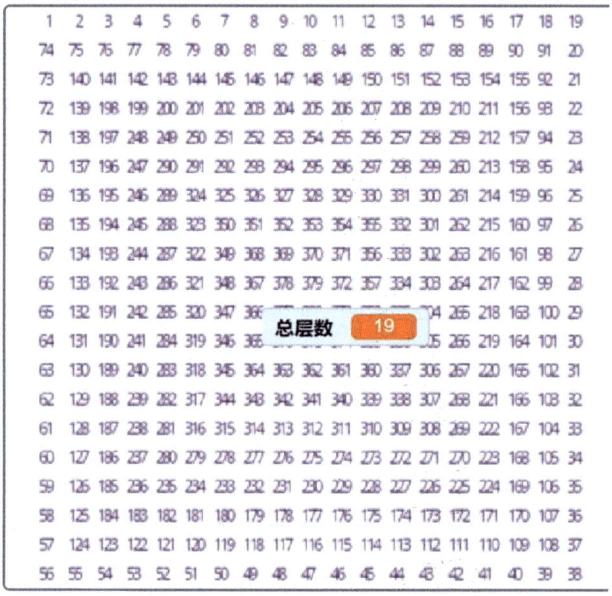


| | | | | | | | | | | | | | | | | | | |
|---|---|---|---|---|---|---|---|---|---|---|---|---|---|---|---|---|---|---|
| 1 | 2 | 3 | 4 | 5 | 6 | 7 | 8 | 9 | 10 | 11 | 12 | 13 | 14 | 15 | 16 | 17 | 18 | 19 |
| 74 | 75 | 76 | 77 | 78 | 79 | 80 | 81 | 82 | 83 | 84 | 85 | 86 | 87 | 88 | 89 | 90 | 91 | 20 |
| 73 | 140 | 141 | 142 | 143 | 144 | 145 | 146 | 147 | 148 | 149 | 150 | 151 | 152 | 153 | 154 | 155 | 92 | 21 |
| 72 | 139 | 198 | 199 | 200 | 201 | 202 | 203 | 204 | 205 | 206 | 207 | 208 | 209 | 210 | 211 | 156 | 93 | 22 |
| 71 | 138 | 197 | 248 | 249 | 250 | 251 | 252 | 253 | 254 | 255 | 256 | 257 | 258 | 259 | 212 | 157 | 94 | 23 |
| 70 | 137 | 196 | 247 | 290 | 291 | 292 | 293 | 294 | 295 | 296 | 297 | 298 | 299 | 260 | 213 | 158 | 95 | 24 |
| 69 | 136 | 195 | 246 | 289 | 324 | 325 | 326 | 327 | 328 | 329 | 330 | 331 | 300 | 261 | 214 | 159 | 96 | 25 |
| 68 | 135 | 194 | 245 | 288 | 323 | 350 | 351 | 352 | 353 | 354 | 355 | 332 | 301 | 262 | 215 | 160 | 97 | 26 |
| 67 | 134 | 193 | 244 | 287 | 322 | 349 | 368 | 369 | 370 | 371 | 356 | 333 | 302 | 263 | 216 | 161 | 98 | 27 |
| 66 | 133 | 192 | 243 | 286 | 321 | 348 | 367 | 378 | 379 | 372 | 357 | 334 | 303 | 264 | 217 | 162 | 99 | 28 |
| 65 | 132 | 191 | 242 | 285 | 320 | 347 | 366 | [illegible] | [illegible] | [illegible] | [illegible] | [illegible] | [illegible] | 265 | 218 | 163 | 100 | 29 |
| 64 | 131 | 190 | 241 | 284 | 319 | 346 | 365 | [illegible] | [illegible] | [illegible] | [illegible] | [illegible] | [illegible] | 266 | 219 | 164 | 101 | 30 |
| 63 | 130 | 189 | 240 | 283 | 318 | 345 | 364 | 363 | 362 | 361 | 360 | 337 | 306 | 267 | 220 | 165 | 102 | 31 |
| 62 | 129 | 188 | 239 | 282 | 317 | 344 | 343 | 342 | 341 | 340 | 339 | 338 | 307 | 268 | 221 | 166 | 103 | 32 |
| 61 | 128 | 187 | 238 | 281 | 316 | 315 | 314 | 313 | 312 | 311 | 310 | 309 | 308 | 269 | 222 | 167 | 104 | 33 |
| 60 | 127 | 186 | 237 | 280 | 279 | 278 | 277 | 276 | 275 | 274 | 273 | 272 | 271 | 270 | 223 | 168 | 105 | 34 |
| 59 | 126 | 185 | 236 | 235 | 234 | 233 | 232 | 231 | 230 | 229 | 228 | 227 | 226 | 225 | 224 | 169 | 106 | 35 |
| 58 | 125 | 184 | 183 | 182 | 181 | 180 | 179 | 178 | 177 | 176 | 175 | 174 | 173 | 172 | 171 | 170 | 107 | 36 |
| 57 | 124 | 123 | 122 | 121 | 120 | 119 | 118 | 117 | 116 | 115 | 114 | 113 | 112 | 111 | 110 | 109 | 108 | 37 |
| 56 | 55 | 54 | 53 | 52 | 51 | 50 | 49 | 48 | 47 | 46 | 45 | 44 | 43 | 42 | 41 | 40 | 39 | 38 |

图 9-103　19 层直角蛇形矩阵